中国国土景观研究书系

王向荣 主编

山东小清河流域
传统地域景观研究

王越 林箐 王向荣 著

『十四五』时期国家重点出版物出版专项规划项目

中国建筑工业出版社

审图号：GS（2025）1036号

图书在版编目（CIP）数据

山东小清河流域传统地域景观研究／王越，林箐，
王向荣著. --北京：中国建筑工业出版社，2025.6.
（中国国土景观研究书系／王向荣主编）. -- ISBN 978
-7-112-31231-3

Ⅰ. TU983

中国国家版本馆CIP数据核字第2025D1L172号

责任编辑：杜　洁　李玲洁
责任校对：李美娜

中国国土景观研究书系
王向荣　主编

山东小清河流域传统地域景观研究

王　越　林　箐　王向荣　著

＊

中国建筑工业出版社出版、发行（北京海淀三里河路9号）
各地新华书店、建筑书店经销
北京锋尚制版有限公司制版
北京富诚彩色印刷有限公司印刷

＊

开本：787毫米×1092毫米　1/16　印张：15¾　字数：305千字
2025年6月第一版　　2025年6月第一次印刷
定价：**99.00**元

ISBN 978-7-112-31231-3
（44684）

总序

国土视野下的中国景观

　　地球的表面有两种类型的景观。一种是天然的景观（Landscape of Nature），包括山脉、峡谷、河流、湖泊、沼泽、森林、草原、戈壁、荒漠、冰原等，它们是各种自然要素相互联系形成的自然综合体。这类景观是天然形成的，并基于地质、水文、气候、植物生长和动物活动等自然因素而演变。另一种是人类的景观（Landscape of Man），是人类为了生产、生活、精神、宗教和审美等需要不断改造自然，对自然施加影响，或者建造各种设施和构筑物后形成的景观，包括人工与自然相互依托、互相影响、互相叠加形成的农田、果园、牧场、水库、运河、园林绿地等景观，也包括完全人工建造的景观，如城市和一些基础设施等。

　　一个国家领土范围内地表景观的综合构成了国土景观。中国幅员辽阔、历史悠久，多样的自然条件与源远流长的人文历史共同塑造了中国的国土景观，使得中国成为世界上景观极为独特的国家，也是景观多样性最为丰富的国家之一。这样的国土景观不仅代表了丰富多样的栖居环境和地域文化，也影响了中国人的哲学、思想、文化、艺术、行为和价值观。

　　对于任何从事国土景观的规划、设计和建设行为的人来说，本应如医者了解人体结构组织一般对国土景观有充分的认知，并以此作为执业的基本前提。然而遗憾的是，迄今国内对于这一议题的关注只局限于少数的学术团体之内，并且未能形成系统的和有说服力的研究成果，而人数众多的从业者大多对此茫然不知，甚至没有意识到有了解的必要。自多年前在大量不同尺度的规划设计实践中，不断地接触到不同地区独特的水网格局、水利系统、农田肌理、聚落形态和城镇结构，我们逐渐意识到这些土地上的肌理并非天然产生，而是与不同地区的自然环境和该地区人们不同的土地利用方式相关。我们持续地进行了一系列探索性的研究，在不断的思考中逐渐梳理出该课题大致的研究方向和思路：中国的国土被开发了几千年，只要有生存条件的地方，都有人们居住。因此人类开发、改造后的景观，体现了人类活动在自然之上的叠加，更具有地域性和文化的独特性，比起纯粹的自然景观，更能代表中国国土景观的历史和特征。

中国人对土地的开发利用是从农业开始的。农业最早在河洛地区、关中平原、汾河平原和成都平原得到发展。及汉代，黄河下游、汉水和淮河流域亦成为重要的农业区。隋唐以后，农业的中心从黄河流域转移到了长江流域，此时，江南水网低地和沿海三角洲得到开发。宋朝尤其是南宋时期，大量北方移民南迁，不仅巩固了江南的经济地位，还促进了南方河谷盆地和丘陵梯田的开发。从总的趋势来看，中国国土的大规模农业开发是从位于二级阶地上的河谷盆地发源，逐渐向低海拔的一级阶地上的冲积平原发展，最后扩展到滨海地区，与此同时还伴随着偏远边疆地区的局部开发；从流域来看，是从大河的主要支流流域，发展到河流的主干周边，然后迫于人口的压力，又深入到各细小支流的上游地区，进行山地农业的开发。

古代农业的发展离不开水利的支撑。中国的自然降水过程与农作物生长需水周期并不合拍，依靠自然降水无法满足农业生产的需要。此外，广泛采用的稻作农业需要人工的水分管理。因此，伴随着不同地区的农业开发，人们垦荒耕种，改变了地表的形态和植被的类型；修筑堤坝，蓄水引流，调整了大地上水流的方向和水面的大小。不同的自然环境由此被改造成半自然半人工的环境，以适应农业发展和人类定居的需要，国土景观也随之演变。

中国的主要农业区域具有不同的地理环境。几千年来，中国人运用智慧，针对各自的自然条件，因地制宜，通过人工改造，尤其是修建各种水利设施，将其建设为富饶的土地。如在河谷盆地采用堰渠灌溉系统，利用水的重力，自流灌溉河谷肥沃的土地；在山前平原修建陂塘汇集山间溪流和汇水，调蓄水资源并引渠为低处农田灌溉；在低地沼泽采用圩田和塘浦系统，于水泽之中开辟出万顷良田；在滨海冲积平原，拒咸蓄淡的堰闸与灌渠系统，以及抵御海潮的海塘系统共同保证了农业的顺利开展和人居环境的安全。

农业的开发促进了经济的发展，带来商品流通和物资运输的需求。在军事、政治和经济目的的驱使下，古代中国开挖了大量人工运河。这些运河以南北方向为主，沟通了东西向不同的自然水系，以减少航程，提供更安全的航道。除了交通功能，这些运河普遍也具有灌溉的作用。运河的开凿改变了国土上的自然河流系统，形成了一个水运网络。同时，运河沿途的闸坝、管理机构、转运仓库的设置也催生出了大量新的城镇，运河带来的商机也使得一些城市发展为当时的繁华都会。为保证漕运的稳定，运河有时会从附近的自然河流或湖泊调水，还有就是修建运河水柜，即用于调节运河用水、解决运河水量不均等问题的蓄水库。这些又都需要一整套渠、闸系统来实现。

并非所有的地区都能依靠水路联系起来，陆上交通仍然是大部分地区人员往来和商品交换的主要方式，为此建立了四通八达的驿道网络，而这些驿道网络和沿途的驿站同时也承担着经济、军事和邮政的功能。驿道穿山越岭，占据了地理环境中的咽喉要道，串联起城邑、关隘、军堡、津渡等重要节点。

农业的繁荣带来了人口的增加，促进了聚落的发展，作为地区政治、经济和管理机构的城邑也随之设立。大多数城市都位于农业发达的河谷、平原和浅丘陵地区。这些地区原有的山水环境、农业格局和水利系统就成为城市建立的基础，并影响了交通路线以及市镇体系的布局及发展。

中国古代的营城实践始终是在广阔的区域视野下进行的。古人将山水环境视为城市营造的基础，并以风水学说为山水建立起一定的秩序，统领人工与自然的关系。风水学说也影响了城邑选址、城市结构和建筑方位。有时为了满足风水的要求，还通过人工处理，譬如挖湖和堆山，在一定程度上改善了城市山水结构，密切了城市与山水之间的联系；或者通过在自然山水环境的关键地段营建标志性构筑物，强化山水形势。这些都使城市与区域山水环境更紧密地融合在一起。

在城市尺度上，古代每一座城市的格局都受到了区域水利设施的巨大影响。穿城而过的运河和塘河为城市提供了便捷的水运通道，也维系着城市的繁荣和发展；城市内外的陂塘和渠系闸坝成为城市供水、蓄水及排水的基础设施，也形成了宜人的风景。水利设施不仅保障了城市的安全，还在一定程度上构建了贯穿城市内外的完整的自然系统，将城内的山水与区域的山水体系连为一体，并提供了可供游憩的风景资源。在此基础上的城市景观体系营建，进一步塑造了每个城市的鲜明个性，加上文人墨客的人文点染，外化的物质景观获得了内在的诗情画意，城市景观得以升华。

在过去的几千年中，在广袤的国土空间上，从区域尺度的基于实用目的的土地开发，到城市尺度的基于经济、社会、文化基础的人工营建和景观提升，中国不同地区的景观一直以相似但又有差别的方式不断地被塑造、被改变，形成了独特而多样的国土景观。它是我们国家的自然与文化特质的体现，是自然与文化演变的反映，同时也是国土生态安全的基础。

工业革命以后，在自然力和人力的作用下，全球地表景观的演变呈现出日益加速的趋势。天然景观的比重不断减少，人类景观的比重不断增加；低强度人工影响的景观不断减少，高强度人工影响的景观不断增加。由于工业化、现代化带来的技术手段和实施方式的趋同，在全球范围内景观的异质性在不断减弱，景观的多样性在不断降低。

　　这些趋势在中国国土景观的演变中表现得更加突出。近30年来，在经济高速发展和快速城市化过程中，中国大量的土地已经或正在改变原有的使用方式，景观面貌也随之变化。以"现代化"的名义实施的大规模工程化整治和相似的土地利用模式使不同地区丰富多样的国土景观逐步陷入趋同的窘境。如果这一趋势得不到有效控制，必然导致中国国土景观地域性、独特性和时空连续性的消失以及地域文化的断裂，甚至中国独特的哲学、文化和艺术也会失去依托的载体。

　　景观在不同的尺度上，赋予了个人、地方、区域和国家以身份感和认同感。如何协调好城乡快速发展与国土景观多样性维护之间的矛盾是我们必须面对的重要课题。而首先，我们应该搞明白中国的国土景观是怎样形成的，不同地区的特征是什么，又是如何演变的，地区差异性的原因是什么……这也是我们这一代与土地规划和设计相关的学人的责任和使命。

　　经过多年的努力，我们在这个方向上终于有了一些初步的成果，并会以丛书的形式不断奉献在读者面前。这套丛书命名为"中国国土景观研究书系"，研究团队成员包括北京林业大学园林学院的几位教师和历年的一些博士及硕士研究生。其中有些书稿是在博士论文基础上修改而成，有些是基于硕博论文和其他研究成果综合而成。无论是基于怎样的研究基础，都是大家日积月累埋首钻研的成果，代表了我们试图从国土的角度探究中国景观的地域独特性和差异性的研究方向。

　　虽然我们有一个总体和宏观的关于中国国土景观的研究思路和研究计划，但是我们也清醒地认识到，要达成这样的目标并避免流于浅薄，最佳的方法是从区域入手，着眼于不同类型的典型区域，采取多学科融合的研究方法，从不同地区自然环境、农业发展、水利设施、城邑营建等方面，深入探究特定区域的国土景观形成、发展、演变的历史及动因，并以此形成对该地区景观的总体认知。整体只能通过区域而存在，通过区域来表达，现阶段对不同区域的深入研究，在未来终将逐渐汇聚成中国国土景观的整体轮廓。当然，在对个案的具体研究中，我们仍然保持着对于国土景观的整体认知和宏观视野，在比较中保持客观的判断和有深度的思考。

这套丛书最引人注目的特点之一，就是大量的田野考察、古代文献研究和现代图像学分析方法的综合。这样的工作，不仅是对地区景观遗产和文化线索的抢救，并且，我们相信，在此基础上建立并发展起来的卓有成效的国土景观研究思路和方法，是中国国土景观研究区别于其他国家相关研究的重要的学术基础。这也是这套丛书在学术上的创新所在。

希望这套丛书的出版，能够成为风景园林视野的一次新的扩展，并引发对中国本土景观的关注和重视；同时，也希望我们的工作能够参与到一个更大的学术共同体共同关注的问题中去。本套丛书所反映的研究方向和研究方法，实际上从许多不同学科的前辈学者的研究成果中获益良多，同时，研究的内容与历史地理、城市史、农业史、水利史等相关学科交叉颇多，这令我们意识到，无论现在还是将来，多学科共同合作，应该是更加深刻地解读中国国土景观的关键所在。

2021年7月

前言

在漫长的农业社会发展过程中，先人依靠不断积累的经验，针对不同地域的自然环境，进行相应的水利建设、耕地拓展、土壤改良和家园营建，创造了整体的山水人居环境。长期的人地互动积累了丰富的土地改造经验、空间营建逻辑和山水审美志趣，随着外部条件的变化呈现出不同的适应性特性，体现出人与自然和谐共生的哲学思想。独特的山水、农田、水利和村镇体系相互交织融合，形成区域景观系统的基本结构，展现出先人梳理土地、开展生产生活和营建居所的生态智慧。山、水、城成为城市精神与历史文脉的重要载体，实现了地方文化的交融、碰撞与发展。古代山东小清河流域位于泰鲁沂山地北侧的冲积平原，汇集山体汇水与地下泉水资源，形成丰沛的水脉基底。区域土壤肥沃，适宜耕作，先秦时期便开始了农业生产活动。历史时期通过黄河治理、小清河开凿、疏浚、裁弯取直等水利营建，形成区域洪涝防治、水路运输和生产灌溉的支撑系统，孕育了多线发展、中心两移的城乡聚落体系。作为传统人居环境建设的典范，区域水利、农业、交通和城镇发展相互影响并高度耦合，形成"自然基底—水利建设—农业生产—交通发展—城乡营建"的传统地域景观格局，体现了山水梳理、家园营建和风景塑造的生态智慧，展现出人与自然和谐共生的美好画卷。

本书是"中国国土景观研究书系"中的一册，在持续开展的国土景观研究的整体框架下，多层级、多尺度地探讨了山东小清河流域地域景观的演变历程与格局特征。全书共分为四部分。引言简要阐释了山东小清河流域的历史沿革与政区变迁过程、概述了学界针对小清河流域及典型城市的相关研究，并确定了研究对象与核心研究内容。上篇构建了区域尺度的传统地域景观体系研究框架，从自然本底、水利建设、农业生产、交通发展和城乡营建五个层次分层剖析小清河流域的传统地域景观特征与营建智慧；下篇构建了城市尺度的传统地域景观体系研究框架，以临淄、青州、济南和淄川为例，梳理了城邑发展历史、自然山水格局、城池空间结构、城市水系格局和城市景观格局，挖掘小清河流域典型城市传统地域景观特征；结语梳理了区域与城市面临的生态危机与文化断层问题，探讨传统地域景观的整体性与典型性保护策略，明确了本研究在人地关系修复、文化认同感重建及地域文脉延续等方面的现实意义。

在漫长的历史长河中，人地关系一直呈现复杂的、动态的和系统的变化，塑造了具有地域分异和区域适应性的景观。在长期的人地调和发展中，形成了独具地域特征的人居营建基本规则，也呈现出独特的地方情感、地方文化与山水审美特征。遗憾的是，快速城镇化的进程导致城市景观风貌趋同，人地关系割裂，历史文脉断层。区域景观体系的研究能够揭示人与土地的关系，重建本土文化的归属感和认同感，从而激活人们的情感认知，共同探讨地域文化的保护与发展路径。希望关于国土景观的研究能够让我们重新审视人与土地的关系，衔续地域文化发展的认知断层，重视保护山—水—城的空间结构，重建城市内外的自然系统，继承与发扬几千年来人与自然物我合一、相依相生、美美与共的人居智慧。

目录

　　基于苏秉琦先生的考古学文化区系理论，山东所在的东方文化区是中国史前文化大区之一，是中国古代文明的主要源头之一。据考古发现，在距今四五十万年前，我们的祖先就在鲁中一带劳动、生息、繁衍。在四五千年前的虞舜时代，即考古学上的龙山文化后期，山东地区就进入了人类的文明时代。而泰鲁沂山地以北，至黄河以南的小清河流域，地貌类型多样，河网水系密布，拥有广阔的平原腹地，形成了"海岱合围"这一相对独立稳定的地理环境，是山东文化发源的核心地带。这里沃壤千里，气候适宜，农业起源较早，在淄水、济水、巨洋水（弥河）、孝妇河等诸多古代大川周边分布有许多聚落城邑，是东夷文化和古齐文化的发祥地，长期作为山东的政治、经济和文化中心。泰山、鲁山和沂山是区域内海拔最高的地区，以此为分水岭，区域内诸河皆发源于此并向北流淌，注入山前平原自西向东入海的大河。由于历史上该地区河流变迁频繁，山前大河在不同的历史时期分别为济水、黄河、大清河和小清河。山前扇形水网体系成为区域内重要的航运通道和灌溉水源，古人因地制宜地营建了众多的水利设施，并发展了适宜的农业模式，形成了独具特色的地域景观本底（图0-1）。

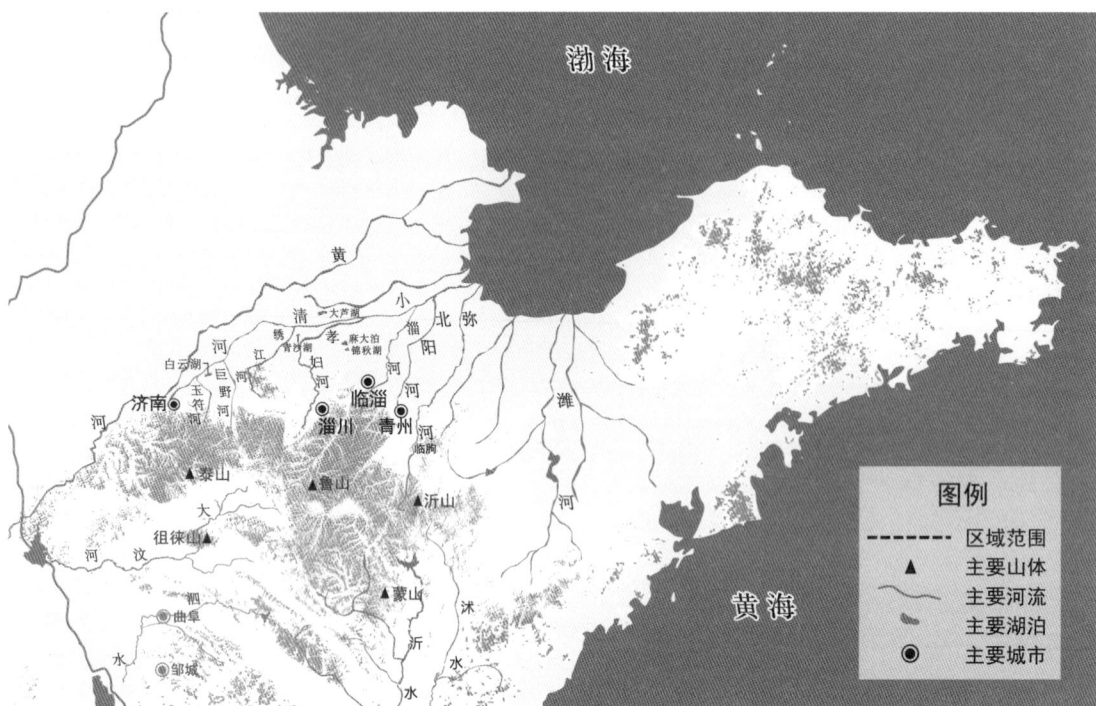

图0-1　清代小清河流域

[图片来源：作者根据谭其骧. 中国历史
地图集［M］. 北京：地图出版社，1982.
绘制]

　　小清河流域的发展经历了复杂的历史沿革与政区变迁过程，中心城市两度迁移，形成了颇具特色的政治、经济、文化形态。春秋战国时期，小清河流域就是齐国的腹地。自齐桓公尊王攘夷以后，齐国成为春秋五霸之首，齐都临淄为东周时期的名城，人口众多，经济繁盛，富甲一方。至秦一统天下，齐作为独立的政权已经消失，本地区分属青州刺史郡、济南郡和泰山郡。魏晋南北朝，国家沦入割据战乱，政区更替频仍。西晋末年，山东承宣布政使司治所自临淄迁至广固（今青州市）。青州位于鲁中北麓东西向的青齐大道与南北向的穆陵关大道的交通节点，城邑及周边城镇获得了极大的发展。至隋统一以后，恢复十三部州，本地区分属青州和兖州；唐贞观初，分全国为十道，河、济以南属河南道。隋唐时期，本地区是丝绸之路贸易商品的重要产地，同时也是与日本、朝鲜交流的交通要道，齐州城是水陆交通的中转站。北宋改道为路，本地区属京东东路、京东西路。自北宋初年，京东东路政治、经济地位突出，为藩卫京师的重要地区，济水运道将京东东路大量财赋输往京城，而泰鲁沂山地北麓的东西交通线日益繁忙。本地区作为水陆交通要冲和军事要地，经济发展动力强劲，青州、济南盛极一时。宋室南渡后，小清河的开凿使得经由济南的运输通道从北宋时期的济水一途，变为北清河（即济水北支流）、小清河两条水陆交通道，济南成为重要的水上交通枢纽。反观青州，因宋金战争期间城市遭遇多次焚毁，受到重创。至明清时期，本地区属济南府和青州府辖下。明洪武九年（1376年），山东行中书省治所由青州迁至济南。济南人稠物穰，吸引众多文人墨客前来游赏居住，成为"山东第一州"（图0-2）。由此，小清河流域的政治、经济和文化中心经历了从临淄到青州再到济南的迁移过程。

小清河流域具有得天独厚的自然条件优势，泰鲁沂山地山前平原面积广阔，土壤优沃，小清河流域河网密布，水量丰沛。先人梳理了这片土地的山水环境，并在鲁中山区及山前水系周边定居，产生了最早的农业生产活动。为适应自然，解决河流泛滥改道带来的自然灾害，先人筑坝调蓄、开渠分水、裁弯取直，总结出一套利用

图0-2 小清河流域政区变迁图
［图片来源：作者根据谭其骧. 中国历史地图集［M］. 北京：地图出版社，1982. 绘制］

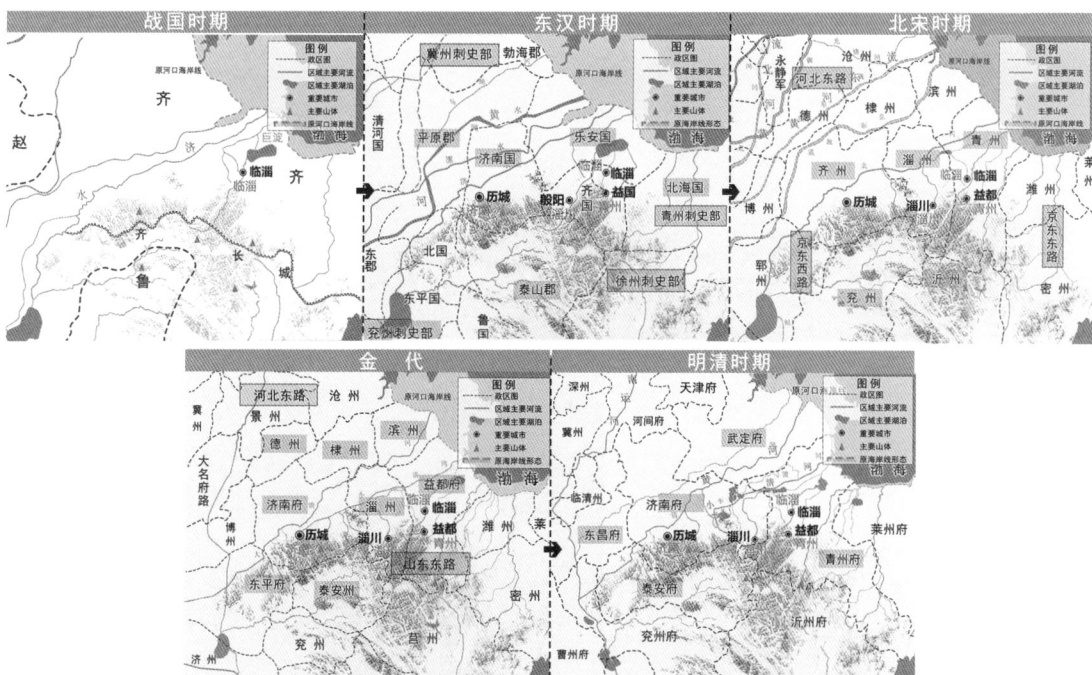

与改造水环境的方法，并将水利功能体系与人居环境营建相融合，形成具有代表性与可识别性的功能系统与风景范型。因其重要的地理位置与优越的山水环境，小清河流域成为齐文化的发祥地，并在此后漫长的历史长河中，承载着沟通内陆与海洋、联系南方与北方的重要交通作用，并承担着藩卫京师的军事功能。区域内的几条水陆交通要道几经迁移，重叠交错，先后形成以济水、小清河为主的水运要道，以及青齐大道、穆陵关道为代表的陆路交通网络。优越的自然环境与便捷的交通优势成为城市发展的持久推动力。随着国家政治、经济中心的转移，地区中心城市几经更迭，此消彼长，成为地域景观发展变迁的重要影响因素。海岱合围、河网密布的自然山水基底之上，人工的水系梳理与土地改造、齐文化影响下的礼治秩序与风水思想、区域水陆交通的持续发展，成为塑造独特地域景观的关键因素。本书从区域、城邑两个尺度入手，深入探讨古代人地关系、政治与经济因素影响下的小清河流域传统地域景观的特征与营建智慧。

在区域尺度下，本书讨论的空间范围为山东小清河流域。小清河形成于金代，前身为济水故道。如今的小清河发源于济南市西部睦里庄，汇集黑虎泉、趵突泉、孝感泉等泉水，与黄河南堤大致平行东流。途中接纳绣江河、孝妇河、淄河等河流，在寿光市境内注入莱州湾入渤海。小清河流域，西北以黄河南大坝为界，南以鲁中山区中部分水岭为界，东北至莱州湾，东至小清河最东支流巨阳水流域面积约10575 km^2（图0-3）。研究区域地处海岱地区核心位置，具有得天独厚的自然地理条件，是东夷文化和古齐文化的发祥地，山东历代政治和经济的中心地区。本书聚焦于在黄河改道、小清河开凿、鲁中北麓水陆交通大道变迁等因素影响下，小清河流域的自然山水格局、农田水利景观、交通体系发展与城乡聚落格局等特征，以及不同因素共同作用下的层积性特征。就时间范围而言，本书探讨的内容发生在从先秦至清末民初的漫长历史时期中。这两千多年中，中国社会处于农耕文明阶段，区域与城市地域景观的演变过程相对缓慢，具有一定的连续性、独立性和稳定性，并具有浓厚的中

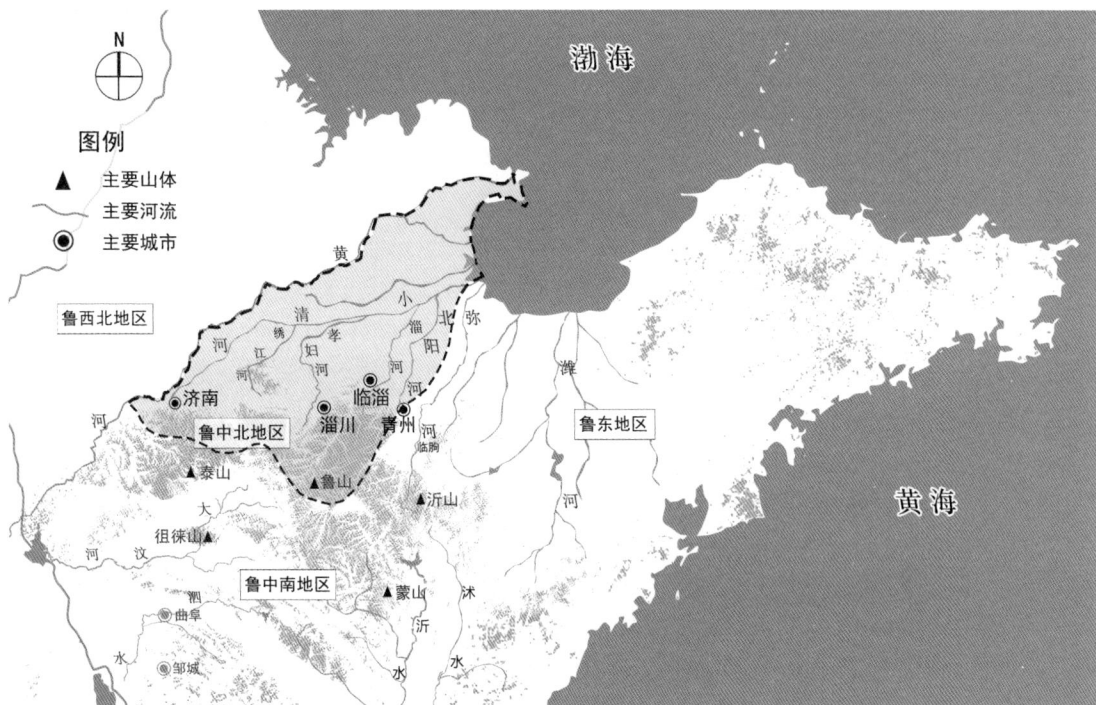

国古代哲学色彩和传统文化特征。

图0-3　研究区域范围与研究对象
[图片来源：作者自绘]

在城邑尺度下，本书选取小清河流域最具地域特征的历史文化名城临淄、青州、济南和淄川四座城市为重点研究对象。选择的依据主要是：首先，四座城市分别位于小清河流域及其主要支流的沿线，如济南位于小清河南岸，临淄位于淄河西岸，淄川位于孝妇河东岸，青州位于北阳河东岸和弥河西岸，河流沿线孕育了早期的文明，四座城邑历史悠久，文化积淀深厚；其次，临淄、青州和济南为不同时期的中心城市，淄川因具有鲁中交通大道沿线优越的区位条件而始终保持较高的发展水平，代表着本地区不同历史时期的政治、经济、文化形态与地域景观风貌特征。总体而言，四座城市具有地理空间环境的代表性和政治、经济文化形态的典型性，是研究小清河流域传统地域景观的重要样本。通过对其自然山水环境、人工景观和城市意象空间主要特征的研究，可以探究礼治秩序、风水思想影响下的人居环境营建逻辑，揭示区域极具代表性与可识别性的空间范式与审美意趣。

　　不同的学科针对小清河流域的自然环境、水文变迁、水利建设及城乡发展格局等方面已有了一定的研究基础。历史地理学的学者关注区域水环境变迁、水利建设与农业发展格局。在舆图与历史地图研究方面，《中国古地图辑录·山东省集》从190余种古籍图书中辑录出地图约900幅，有总图、府图、县图、乡村图及城池图等，是进行区域水环境及城镇群发展变迁的重要依据[1]；《中国城市人居环境历史图典·山东卷》通过对山东省90余座历史城市的研究，整理出250余幅城市图，重点从典型城市格局及营建理念、人文空间建设、地方人文胜迹景观的营造等方面总结历史城市人居环境营造经验[2]；《山东省历史地图集（远古至清）》包括八分册，详细记录了山东省从远古到清朝时期的历史地图，涵盖了各个历史阶段的行政区划、重要城镇、交通路线、河流湖泊等地理信息[3]；《山东水利志稿》上限追溯到水利事业在山东省的发端，下限断于1990年，是一部全面、系统地记述山东省水利事业发展历史和现状的资料型著述[4]；《山东全河备考》记载山东运河兴废及黄河修防事宜，对于区域水利建设、水环境变迁研究具有重要参考意义[5]；《山东运河备览》是有关京杭运河山东段的水利专著，记录了运河图志、水利工程、航运管理等经验教训[6]；《黄淮海平原历史地理》包括历史自然地理与历史人文地理两部分，对于了解黄河下游的区域历史气候、水环境变迁与城市发展情况具有重要的参考价值[7]。另外，赵炜梳理了自汉志河至清末黄河山东段河道的变迁过程[8]；陆敏梳理了小清河流域水文环境的变迁及演变规律，探讨了黄河改道对区域水网体系变迁的影响[9]；张祖陆[10]、裴一璞[11]、路延捷[12]、王涛[13]等分别探讨了小清河流域湖泊体系的历史演变过程及影响因素、小清河航运发展历程及对沿运城镇发展的影响、清代小清河水患问题与水利营建策略等。在农田水利建设研究方面，姚汉源探讨了山东盐碱地区农田放淤与黄河泥沙利用方式[14]；栾丰实[15]、刘兴林[16]、邹逸麟[17]、程方[18]、成淑君[19]分别梳理了史前时期、汉代至明清时期农业发展、耕作制度及环境、政府行为对区域农业生产的影响；《明清山东农业地理》详尽论述了明清时期山东盐碱地改良、农作物结构及分布、农业发展等情况[20]；相关学者还就山东地区台田、条田等农田类型的改碱模式、功能、规划方法、景观特征、营建效益及经验进行了探讨[21-23]。在城镇发展研究方面，侯仁之先生指出了鲁中北麓东西陆路交通大道的发展对于城镇发展格局变迁的影响[24]；李嗄从城市比较视角深入探讨了青州、济南城市发展的深层规律与中心城市迁移的历史背景[25]；安作璋等梳理了山东自远古至近现代的历史发展进程，作为地方史研究的开创之作，对山东历史发展、社会生活、文化传统和城市风貌进行了整体概述[26]。以上研究内容多从历史自然地理、人文地理学、城乡规划学等视角，以山东地区为研究对象，侧重于水系变迁、水利营建、农田水利发展及由此对城镇发展产生的影响，为本书内容奠定了重要基础。但相关研究尚未聚焦在小清河流域这一地理单元，未从流域视角探讨"人—地"互动关系，梳理自然环境变迁、人类活动对土地利用方式的改变，也未将自然环境、水利、农业和聚落作为紧密联系的整体来研究。

对于临淄、青州、济南、淄川四座城市，建筑学、城乡规划学和风景园林学界在城市发展史、空间格局演变、水文环境变迁、水利建设和文化遗产等方面有较为丰富的研究成果。吴良镛先生曾通过对济南山水格局的研究，提出大明湖以北建立新区，以鹊山、华山为城市大门，与千佛山、黄河、小清河等构成济南旧城风貌带的设想[27]；张杰等从文化景观的视角出发，探讨了济南泉水遗产的成因、人与自然的互动关系，以及由此产生的文化传统和景观特色[28]；陆敏系统梳理了济南城市水文环境变迁、城市格局演变和城市供水系统的变化历程[29]；汪凯[30]、张杰[31]、王育济[32]、赵夏[33]、杨颋[34]等学者探讨了泉城文化遗产保护、济南城区空间格局演变、城市史研究、城市历史文化变迁、古城水系及古城空间特色，为本书中济南城市发展史和空间格局演变研究提供了重要参考；宿白先生以大量史料考证了青州城池建设与城邑布局的主要特征[35]；李嗄等对青州城市地理环境、城池变迁、城池格局及城邑景观风貌进行了综述研究[36, 37]；李国华系统梳理了临淄城池发展与淄水的互动关系，探讨了城邑营建过程中顺应自然的思想体系与技术成就[38]；群力以大量考古发掘的一手资料探讨了齐临淄故城的城池范围、交通干道、排水系统等格局特征[39]。

此外，对于小清河流域城镇的相关研究还包含园林、风景名胜及城市文化、民俗、城市八景、意象等专项研究。陆敏以历史地理学方法梳理了历史时期济南园林建设重心的变迁及平面迁移特征[40]；李化澜对临淄、淄川自秦汉至明清时期的文人山水园建设历程与特征进行了考证研究[41]；马瑜理梳理了孝妇河流域历史文化渊源，探讨了以淄川为主的流域城镇的多元文化发展特征[42]；孟庆刚对青州古城园林建设、名胜及文人诗作进行了整理与记录，为青州自然环境与历史文化研究提供了重要参考[43]。此外，诸多学者就城邑特色景观要素组成展开了深入的专项研究，如名胜[44]、古桥[45]、名园[46]、古街[47, 48]、石窟造像[49]等，收集整理了单一景观类型或要素的图文资料。

在前人研究的基础上，本书更关注小清河流域地域景观的演变历程及景观格局的系统性和整体性，并搭建了区域–城市双重尺度的研究框架。从"自然—水利—农业—交通—聚落"五个方面及"自然山水—人工体系—意象感知"三个层次分别探讨区域和城市尺度传统地域景观特征，系统总结小清河流域传统地域景观的营建智慧。本书分为上、下两篇：上篇重点探讨山东小清河流域区域尺度下的传统地域景观的发展变迁、构成要素与格局特征，主要包含自然本底、水利建设、农业生产、交通发展和城乡营建五部分内容，重点梳理自然景观、土地利用景观与聚落景观的发展历程与主要特征，探讨海岱合围、齐带山海的自然地理环境背景，以及黄河改道、运河开凿和交通线变迁等多重自然与社会因素影响下地域景观的特征与变迁；下篇选取临淄、青州、济南、淄川四座城市为研究对象，梳理其城市发展历程，并从山水格局、城市营构、水系梳理、景观格局和意境感知等方面对比研究城市尺度传统地域景观的主要特征。

随着快速城镇化进程的推进，小清河流域传统地域景观受到了巨大冲击，历史上形成的自然系统与人工系统之间的固有平衡被打破，城市与自然山水的关系逐渐割裂。本书希冀通过对传统地域景观演变历程与特征的梳理，提炼出根植自然、生态高效的传统地域景观营建智慧，从而有效地保护和维护传统地域景观特征，避免盲目的城市建设导致历史文脉的断裂和城市意象的消失，为城市文脉赓续、地域特征保护、城市意象延续提供一定的理论基础。

参考文献：

[1] 王自强. 中国古地图辑录. 山东省辑[M]. 北京：星球地图出版社，2006.

[2] 王树声. 中国城市人居环境历史图典·山东卷[M]. 北京：龙门书局，2015.

[3] 山东省历史地图集编纂委员会. 山东省历史地图集（远古至清）军事[M]. 济南：山东省地图出版社，2016.

[4] 戴同霞. 山东水利志稿[M]. 南京：河海大学出版社，1993.

[5] （清）叶方恒《山东全河备考》.

[6] 陆耀. 山东运河备览[M]. 济南：济南出版社，2021.

[7] 邹逸麟. 黄淮海平原历史地理[M]. 合肥：安徽教育出版社，1993.

[8] 赵炜. 黄河山东河段河道变迁考[J]. 黄河科技大学学报，2012，14（4）：79-82.

[9] 陆敏. 济南地区水文环境的演化及其规律研究[J]. 人文地理，1999（3）：3-5.

[10] 张祖陆，聂晓红，卞学昌. 山东小清河流域湖泊的环境变迁[J]. 古地理学报，2004（2）：226-233.

[11] 裴一璞. 历史时期山东小清河盐运述论[J]. 运河学研究，2021（2）：110-120.

[12] 路延捷. 小清河航运史话[M]. 济南：济南出版社，2008.

[13] 王涛. 清代山东小清河沿岸的河患与水利建设[D]. 青岛：中国海洋大学，2010.

[14] 姚汉源. 中国古代的农田淤灌及放淤问题——古代泥沙利用问题之一[J]. 武汉水利电力学院学报，1964（2）：1-13.

[15] 栾丰实. 海岱地区史前时期稻作农业的产生、发展和扩散[J]. 文史哲，2005（6）：41-47.

[16] 刘兴林. 汉代农业考古的发现和研究[J]. 兰州大学学报，2005（2）：11-19.

[17] 邹逸麟. 历史时期黄河流域水稻生产的地域分布和环境制约[J]. 复旦学报（社会科学版），1985（3）：222-231.

[18] 程方. 清代山东农业发展与民生研究[D]. 天津：南开大学，2010.

[19] 成淑君. 政府行为对明代山东农业发展的影响——以农田水利建设为视角[J]. 济南大学学报（社会科学版），2007（2）：50-53.

[20] 李令福. 明清山东农业地理[M]. 北京：科学出版社，2022.

[21] 栾博. 台田景观研究——形态、功能及应用价值的探讨[J]. 城市环境设计，2007（6）：26-30.

[22] 吕存玉. 山东省的台田工程[J]. 农田水利与水土保持利，1964（4）：17-23.

[23] 山东省水利科学研究所. 治理涝洼地、发展农业生产的一种有效措施——山东省台、条田工程经验初步总结[J]. 水利水电技术，1965（8）：34-38.

[24] 侯仁之. 城市历史地理的研究与城

市规划[J]. 地理学报，1979（4）：
315-328.

[25] 李嘎. 从青州到济南：宋至明初山
东半岛中心城市转移研究——一项
城市比较视角的考察[J]. 中国历史
地理论丛，2011，26（4）：92-104.

[26] 安作璋，刘德军，刘芳. 山东通史
[M]. 北京：人民出版社，2010.

[27] 吴良镛. 人居环境科学的人文思考
[J]. 城市发展研究，2003（5）：4-7.

[28] 张杰，阎照，霍晓卫. 文化景观视
角下对济南泉城文化遗产的再认识
[J]. 建筑遗产，2017（3）：71-82.

[29] 陆敏. 济南水文环境的变迁与城市
供水[J]. 中国历史地理论丛，1997
（3）：105-116.

[30] 汪凯，吴迪，郭巍. 济南古城景观
的模数控制与变化探讨[J]. 风景园
林，2023，30（4）：108-114.

[31] 张杰，阎照，霍晓卫. 文化景观视
角下对济南泉城文化遗产的再认识
[J]. 建筑遗产，2017（3）：71-82.

[32] 王育济. 济南历史文化的变迁与特
征[J]. 东岳论丛，2010，31（5）：5-26.

[33] 赵夏. 鹊华景观及济南北郊水景的
历史变迁[J]. 中国园林，2006，22
（1）：7-10.

[34] 杨颋. 古济南城水系与空间形态关
系研究[D]. 广州：华南理工大学，
2017.

[35] 宿白. 青州城考略——青州城与龙
兴寺之一[J]. 文物，1999（8）：3-5.

[36] 李嘎. 青州城市历史地理初步研究
[J]. 历史地理，2010（24）：174-192.

[37] 李嘎，杜汇. 青州城历史城市地理
的初步研究——以广县城与广固
城为研究重心[J]. 管子学刊，2007

（2）：112-116.

[38] 李国华. 齐临淄水与城市互动发展
研究[C]//中国建筑学会建筑史学分
会，华南理工大学建筑学院.《营造》
第五辑——第五届中国建筑史学国
际研讨会会议论文集（上），2010：
170-171.

[39] 群力. 临淄齐国故城勘探纪要[J].
文物，1972（5）：45-54.

[40] 陆敏. 济南地区水文环境的演化
及其规律研究[J]. 人文地理，1999
（3）：3-5.

[41] 李化𤧐. 淄博古代园林[C]//山东省科
学技术协会. 2005年度山东建筑学
会优秀论文集，2005：291-302.

[42] 马瑜理. 山东孝妇河流域历史文化
探源[J]. 山东理工大学学报（社会
科学版），2016，32（2）：85-89.

[43] 孟庆刚. 青州古城[M]. 北京：新华
出版社，2002.

[44] 王秀亮. 淄川黉山名由与鬼谷子
办学遗迹考辨[J]. 管子学刊，2011
（2）：78-84.

[45] 贾元德. 淄川古桥风韵[J]. 春秋，
2012（4）：36.

[46] 王建波，阮仪三. 青州偶园小考
及园林艺术初探[J]. 建筑师，2009
（6）：83-90.

[47] 史松萌. 昭德十里古街[J]. 中国地
名，2016（2）：38-39.

[48] 张杰，方益萍. 济南市芙蓉街曲水
亭街地区保护整治规划研究[J]. 城
市规划汇刊，1998（2）：3-5.

[49] 张鹤云. 济南石窟及摩崖造像[J].
山东师范学院学报（人文科学），
1957（1）：75-106.

山东小清河流域区域尺度下的传统地域景观体系研究

在漫长的景观发展过程中，地球表面产生了三种类型的景观，分别是自然景观、半自然景观和人工景观。自然景观是天然形成的、按照自然规律演变的景观，受人类干扰的影响极小，包括原始状态的山脉、河流、湖泊、森林和草原等；半自然景观是自然景观经过人类初级改造利用、仍保持一定自然性质的景观，如农林牧生产与水利建设所形成的农田、牧场、果园、运河、陂塘等景观；人工景观是指完全由人工构筑的景观，是城市化较高的地区，是人类创造的景观。任何区域的景观都是由这三类景观构成的[1]。

本篇就从这三类景观来研究区域尺度下小清河流域的传统景观。

小清河流域区域传统地域景观体系的构成要素
[图片来源：作者自绘]

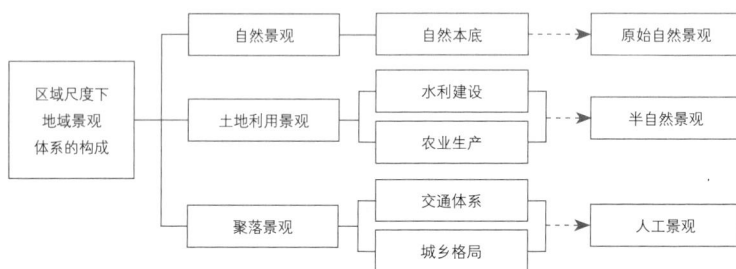

第一节　山体

　　小清河流域南部群山环绕，区域内的泰鲁沂山地为海拔最高的地区，其中最南侧泰山海拔为1524 m，鲁山海拔为1108 m，沂山海拔为1032 m。泰鲁沂山地以北为低山山地区域，主要分布有文峰山（海拔：616 m）、盘龙山（海拔：777 m）等连绵起伏的山体。低山山地区北侧分布有大面积的山地丘陵，其中济南南部的千佛山海拔为285 m，佛慧山海拔460 m，均为泰山余脉；济南北侧分布有"齐烟九点"，分别是卧牛山、华山、鹊山、标山、凤凰山、北马鞍山、粟山、匡山、药山，九座山峰中海拔最高的为华山，海拔为197 m，最低为金牛山，海拔为47 m。此外还有郎茂山、凤凰山、青龙山等诸多低矮山体。山前山地丘陵十分破碎，因此有着"山东破碎丘陵"之称。丘陵之间的沟谷大多宽而浅，呈现"U"形或者浅槽状，密度较大。河谷平原或盆地呈带状或者三角形，深入丘陵内部，将山地切割成互相不连续的单元[2]。主要的平原区域包含泰鲁沂山地山前冲积平原、倾斜平原和淄河谷地等。

　　总体而言，小清河流域地势整体南高北低，南部为中山山地

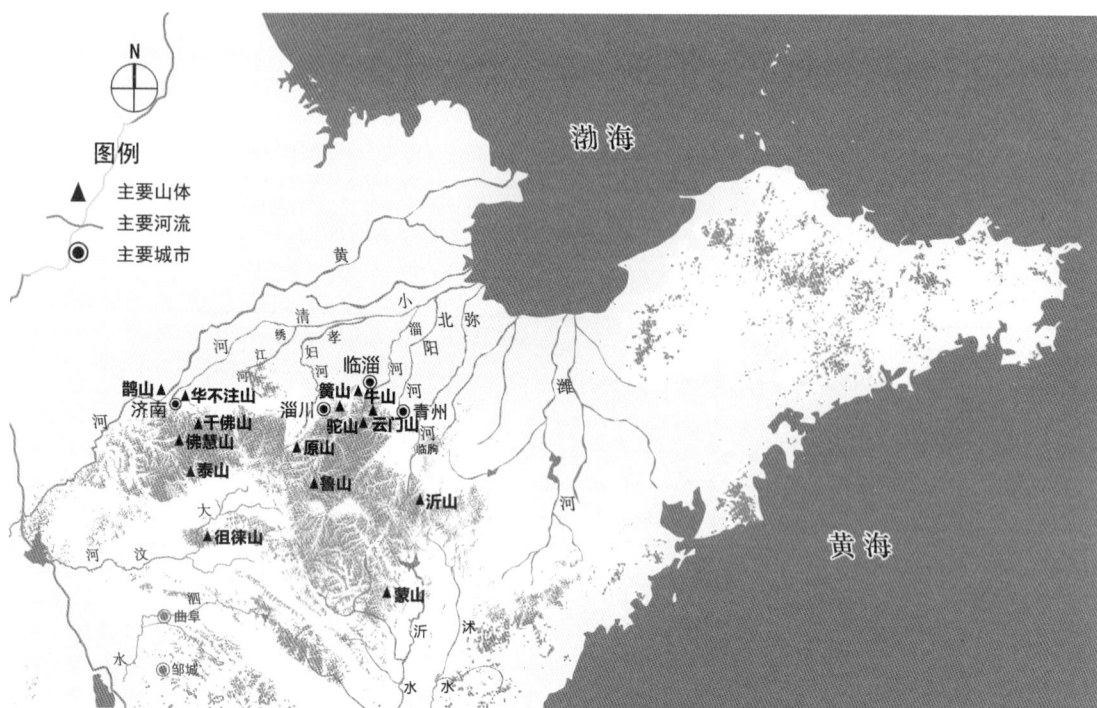

图1-1 区域主要山体概况
[图片来源：作者自绘]

区，主要包括泰山、鲁山、沂山山峰及周边山地，海拔1000 m以上；其南是低山山地区，分布范围自劈山向西到灵岩山一带，平均海拔500～1000 m；再往北是丘陵区，是面积最大的地貌类型，海拔在500 m以下；最北部为山前平原地区，地势平坦，河网密布，海拔在250 m以下（图1-1）。

第二节 水文

古代，小清河流域水网密布。除黄河、济水、漯水等东流至海的大川以外，还有淄水、孝妇水、北阳河、南阳河等诸多河流，构成地区丰富的水网体系。济水是一条天然古河道，一直到汉代都畅通无阻。后经黄河多次改道侵袭，导致济水淤废并逐渐消失。到了王莽时期，黄河乱流严重，下游择道入海，河、济分流处堤岸坍塌，黄河、济水、汴水乱流，济水河道逐渐被黄河故道所代替。金、元之后，只有大、小清河之称，济水有名无实，不复存在。

至清末，以泰鲁沂山地分水岭为界，自山系北麓发源的河流均向北注入小清河。小清河独流入海，与支流巨野河、绣江河、孝妇河、淄河、杏花沟、塌河、北阳水等共同构成区域主要的水网骨架。历史上，该地区曾有许多湖泊，大多是泰鲁沂山地丘陵北侧的山前冲积与洪积平原相接的低洼地带。有记载的古湖泊包括巨淀湖、麻大泊、清沙泊、驾鸭湾、白云湖、浒山泊等，湖泊群大多位于小清河、淄水、孝妇水等河道沿线，水源来自河水、泉水和山区汇水。随着黄河的频繁改道，气候干旱，以及森林植被破坏引起的水土流失与河流淤塞等多方面原因，许多古代湖泊大多湮灭，也有一些形成了新湖。现在区域内仅存的湖泊有章丘的白云湖、博兴、桓台一带的麻大湖和锦秋湖、青沙湖及高青的大芦湖。因地质构造原因，泰鲁沂山地地下有丰富的裂隙岩溶水，地下水在山前岩层薄弱处涌出地表，形成天然泉水。该地区泉水分布广泛、数量极多，成为河湖水系的源头和补给。最著名的泉水包括分布在青州东南方向的黑虎泉、马刨泉、龙渊、圣水泉，济南的趵突泉、珍珠泉、黑虎泉、五龙潭泉群等，泉水清澈见底、涓涓不断、百脉汇流，形成小清河流域的独特景致（表1-1，图1-2）。

相关历史文献记载的小清河流域的古湖沼　　　　　　　　　　表1-1

时间	古籍	湖沼名称
西汉	《汉书·地理志》	巨淀
北魏	《水经注》	大明湖、平州湖（今麻大、锦秋湖前身）、马常坑、湄湖、巨淀湖
唐代	《元和郡县图志》	涓沟湖（湄湖）
宋代	《太平寰宇记》	鹊山湖、四望湖（大明湖前身）、乌常泛、湄沟湖（湄湖）
元代	《齐乘》	大明湖、平州湖、巨淀（清水泊）、西湖（大明湖）
明代	《明史·地理志》	马踏湖、清水泊
明代	《明史·河渠志》	马踏湖
清宣统	《山东志》	大明湖、鹊山湖、四望湖、白云湖、浒山湖、新白云湖（青沙湖）、庞家泊（麻大湖的一部分）、麻大湖、锦秋湖、会城泊（麻大湖的一部分）、青沙湖、清水泊、黑冢泊等

［资料来源：作者根据相关古籍资料整理而成］

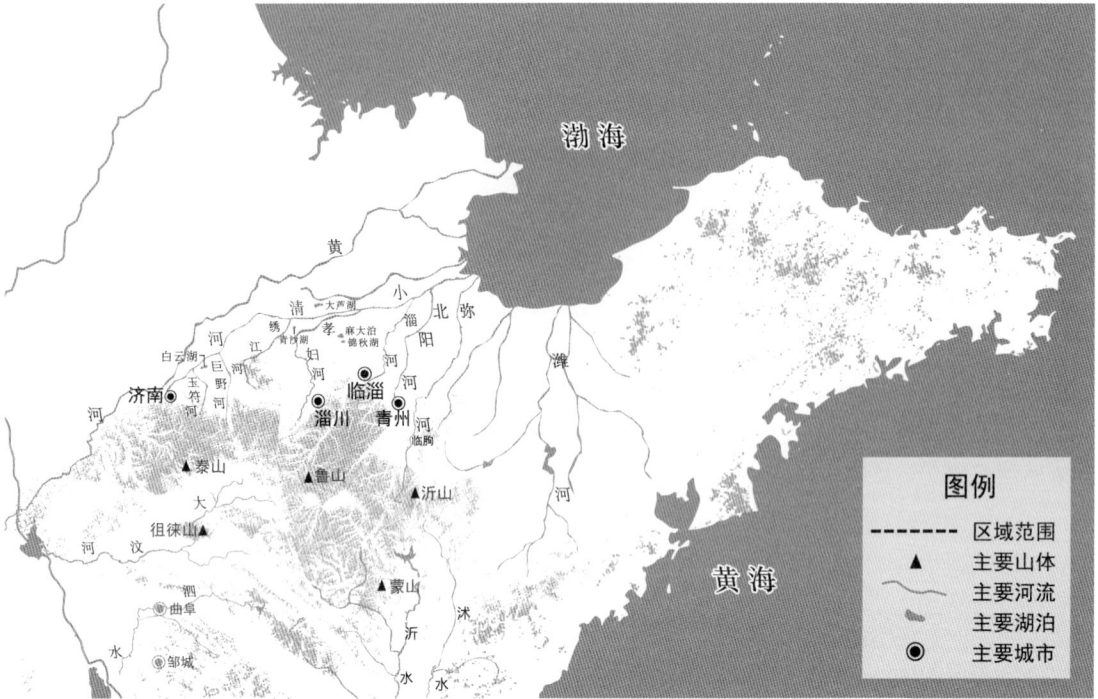

图1-2　小清河流域主要水系分布图
[图片来源：作者自绘]

第三节　植被

　　小清河流域历史时期的植被覆盖率较高。从大汶口、龙山等新石器遗址出土的木质房屋及木炭等可知[3]，当时森林、草原等植被分布广泛。《禹贡》中记载："厥草惟繇，厥木惟条"[4]，可知这一地区植被发育良好。茂盛的植被也孕育了多样的动物。根据甲骨文记载，早在商代时期，小清河流域便已经开始了狩猎活动。根据《禹贡》《山海经》《神农本草》《诗经》等诸多古籍的记载，小清河流域在商周时期存在诸多小国，境内分布有虎、野象、豹和犀牛等野生动物，动植物资源十分丰富[5]。

　　到了周朝初年，以齐、鲁为主的封国开始了土地垦殖和森林砍伐。《诗经》中的"徂徕之松，新甫之柏。是断是度，是寻是尺"[6]，记录了鲁僖公为政时期人们对徂徕森林的砍伐。这一时期虽然不少地区都有垦殖和狩猎活动，但是由于人口较少，垦殖过程缓慢，对于原始植被的破坏并不严重。到了春秋后期，随着人口的迅速增加，垦殖快速发展，"隙地"才逐渐减少[7]。前500多年，齐景公登牛山望临淄城，发出了"美哉国乎"[8]的感慨，此时临淄附近的山林景观应该还是不错的。约200年后，孟子云："牛山之木尝美矣……斧斤伐之……牛羊又从而牧之，是以若彼濯濯也"[9]，可知曾经葱郁的牛山至彼时已经因森林破坏严重而光秃了。随着生产的发展，春秋战国时期耕地面积逐渐扩大。根据《汉书·地理志》的记载，齐国广阔之地"膏壤千里"，不再是"少五谷而人民寡"的状态，许多荒地开垦成农地，大量原始森林和草地遭到破坏。此外，战国时期的冶铁业、煮盐业迅速发展，薪柴的大量使用使森林数量锐减。至西汉初年，鲁中丘陵西麓因伐薪冶金、变林为田，已是"地小人众""颇有桑麻之业，无林泽之饶"[10]了，而东部出现了薪柴缺乏的现象。自秦代以来，人们已开始意识到"斩伐林木亡有时禁，水旱之灾未必不由此也"[11]，但随着人口的增加，对土地的开垦和对森林的砍伐不断加剧，原生植被和生态环境不断退化，水旱灾害逐渐加剧[12]。

第四节 土壤

《禹贡》对于全国九州土壤的肥瘠情况和田地的等级有着相关记载："济，河惟兖州……厥土黑坟……厥田惟中下""海，岱惟青州……厥土白坟，海滨广斥。厥田惟上下"。可见，战国时期，济水与黄河一带是"黑坟"土，即肥沃的灰棕壤，草木茂盛，耕地为第六等；而泰山和渤海之间的古青州地区，是"白坟"土，即腐殖质较多的浅灰色壤土，肥力较好，耕地列在第三等，海滨地带盐碱土分布广泛。

整体而言，小清河流域受到湿润、半湿润季风气候的影响，分布有地带性棕壤和褐土。具体的土壤类型主要有粗骨土、钙质粗骨土、潮褐土、普通褐土、潮棕壤土等。盐碱土分布在滨海地区、山前平原及黄泛平原的地势低平地带和河间洼地，主要沿小清河及麻大泊、黑冢泊等湖泊呈带状分布。先秦时期，人们就开始通过灌溉、冲洗、排水等方法改良盐碱土，从而发展农业生产。总之，除了滨海和低洼地带的盐碱地之外，小清河流域的土壤都适合农业生产。

第五节　小结

　　小清河流域地势整体南高北低，南部为鲁中山地区，主要包括泰山、鲁山、沂山及周边山地，北部为山前平原地区，地势平坦，河网密布。区域内的水文环境变迁复杂，经历了以古黄河、济水、漯水、小清河为主干的河流网络变迁过程，且拥有白云湖、锦秋湖等湖泊群及丰富的泉水资源。区域内植被覆盖率较高，但随着人口增加，出现土地开垦和森林砍伐，导致原生植被和生态环境不断退化，水旱灾害逐渐加剧。小清河流域受到湿润、半湿润季风气候的影响，分布有地带性棕壤和褐土，海滨地带盐碱土分布广泛，整体而言，较为适合开展农业生产，具有良好的自然基底条件。

参考文献：

[1] 王向荣. 自然与文化视野下的中国国土景观多样性[J]. 中国园林, 2016, 32（09）: 33-42.

[2] 孙庆基. 山东省地理[M]. 济南: 山东教育出版社, 1987: 76-78.

[3] 郭沫若. 中国史稿（初稿）第一册[M]. 北京: 人民出版社, 1976.

[4] （战国）托名大禹《尚书·禹贡》.

[5] 赵善伦. 山东历史时期人口的增长与天然植被的消逝[C]//中国地理学会. 土地覆被变化及其环境效应学术会议论文集, 2002.

[6] （春秋）《诗经·鲁颂·閟宫》.

[7] 顾德融, 朱顺龙. 春秋史[M]. 上海: 上海人民出版社, 2003: 82-83.

[8] （宋）太宗《太平寰宇记·齐州》.

[9] （战国）《孟子·告子上》.

[10] （西汉）司马迁《史记·卷二十九·河渠书》.

[11] （东汉）班固《汉书》.

[12] 山东省地方史志编纂委员会. 山东史志资料[M]. 济南: 山东人民出版社, 1982.

"农资于水，水得其用，可以挽凶而为丰，化瘠而为沃，利莫大焉"[1]。对于小清河流域而言，以黄河为支撑、以古济水、古漯水、小清河及流域周边的古湖泊为主体的水网体系是地区水利建设、农业发展与城市建设的"血脉"。人们通过设闸、筑堤等水利设施，营建了支脉沟—小清河—预备河航运泄洪体系，并通过蓄水通渠、排灌斥卤等农田水利措施，改善了区域水文及土壤状况，保证区域航运体系的顺利运作及农业生产的发展。

水文环境变化与城市建设亦是相互影响。河湖水网的位置决定了城市的选址，也影响着城市的拓展方向。先民择水而居，开发利用水源，引水灌溉，防御灾害，为城市的发展创造基础条件。水系的变化不仅关系着城市建设，也影响着城邑园林的兴建。同时，随着城市的发展和繁荣，又需要建设更多的水利设施以保证水文安全和航运便利。

第一节　水系变迁

自古以来，黄河便是一条"善决、善淤、善徙"的河道。据历史记载，自春秋战国以来，黄河决口共1500多次，改道26次，其中

重大改道六次（图2-1，表2-1），形成了自鲁西北至今淮河流域的巨
大扇形改道区域，对小清河流域水网体系产生了重大影响。

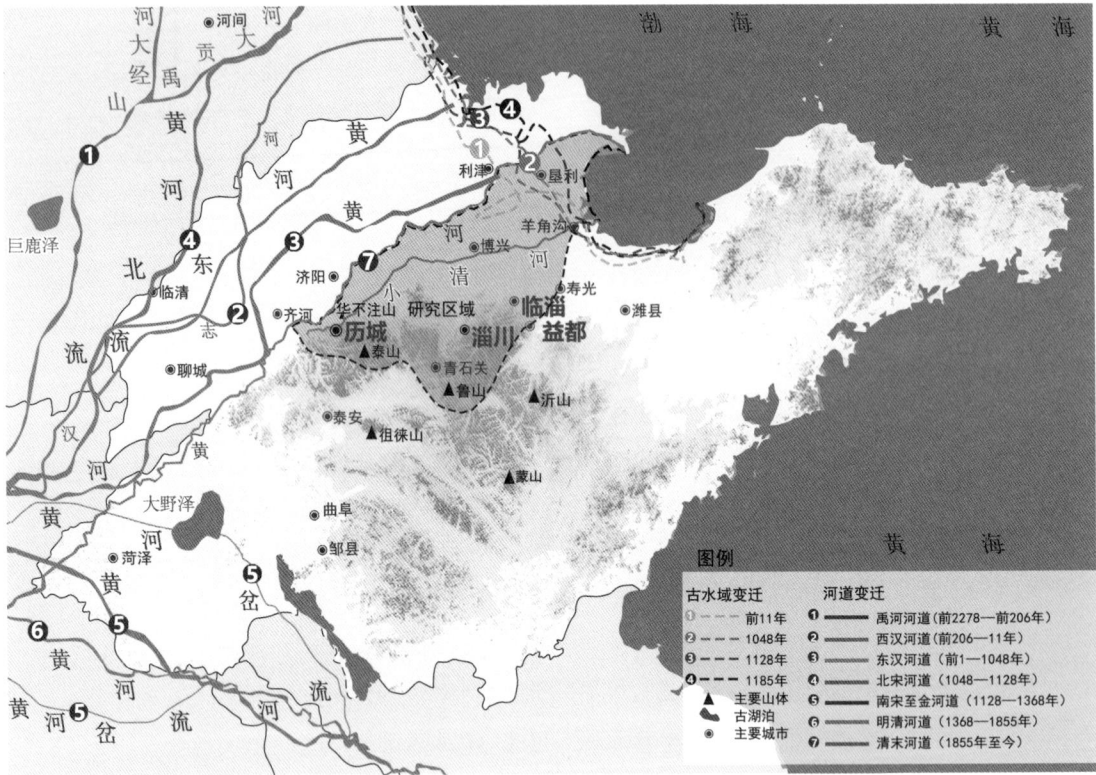

图2-1　黄河六次重大改道图纸
［图片来源：作者自绘］

历史上黄河六次重大改道及影响　　　　　　　　表2-1

次数	时间	决口地	原因	河道变化	河道走向	对小清河流域水文条件的影响
1	汉武帝元光三年（前132年）	濮阳瓠子	自决	行淮河河道	古宿胥口—今濮阳西南临清南—东光东—孟村北—黄骅西南入海	春秋以前黄河始终呈漫流状态，战国中期开始筑堤，汉代文献记载了河流走向，称《汉志》河。黄河第一次改道后，小清河流域形成以漯水和济水为主干的东西向原始河运水运系统
2	王莽政权时期（11年）	濮阳	自决	河漯一体	今濮阳西南—范县北—莘县东—聊城南—禹城西—滨州北—利津东南入海	漯水故道逐渐湮灭，到唐彻底消失。东汉永平十二年（69年），王景对黄河、汴渠进行治理，形成了新东汉河道，原河道称"大河故渎"或"王莽河"。河漯一体成为山东主要的东西向河道，漯水故道为黄河主河道，汴水为黄河主要泄洪河道

续表

次数	时间	决口地	原因	河道变化	河道走向	对小清河流域水文条件的影响
3	北宋庆历八年（1048年）	澶州商胡埽	自决	北流：今濮阳东—清丰东馆陶东—临清西—武强东—静海西—天津西入海 东流：分为三股，分别是京东故道、横陇故道和二股河		黄河在北流与东流之间来回摇摆，频繁决口，河道不固定。水过之处，田庐无存。这一时期开挖了广济河，即古济水运道的再现，宋室南迁后，广济河水运停顿，只余大清河为水运航道。同时，因黄河泛滥致梁山泊淤塞，余水成南旺湖
4	南宋建炎二年（1128年）	今滑县李固渡	人为决口	黄河由泗入淮	滑县—濮阳南—鄄城西—巨野东—嘉祥东—入泗—由泗入淮	改道之后黄河在鲁西南一带形成诸多岔流，南泛淮河七百余年。宋室南渡后，刘豫下令开凿小清河以保证盐运通畅
5	元代（1232年）	归德凤池口（今商丘西北）	人为决口	河道乱流现象严重，分别通过汴水、涡水、颍水等注入淮河		黄河形成多条支流，下游河道已达扇形平原的西南边限。黄河多次夺支流入海，水患严重。元代京杭大运河的南北贯通避免了水运和陆运交替的麻烦，使济南、青州两府成为交通枢纽
6	清咸丰五年（1855年）	兰阳铜瓦厢	自决	夺大清河自渤海湾入海		黄河抬升为地上河，屡泛致济南北郊水害频发，大、小清河淤塞严重。因此对小清河进行疏浚和裁弯取直，原大清河南岸诸河流皆注入小清河

［资料来源：作者根据（西汉）司马迁《史记·卷十二·孝武本纪》及相关资料整理而成］

　　汉武帝元光三年（前132年），黄河行淮河河道，小清河流域形成以漯水、济水为主干的东西向水运系统，西通黄河，东达渤海；王莽政权时期（11年），漯水湮灭，黄河占据漯水故道，河、漯一体成为山东主要东西向河道；北宋熙宁十年（1077年），黄河决澶州曹村，导致济水山东段逐渐淤塞，黄河分为两派，北派由北清河入海，南派由南清河入淮，形成南、北清河两条河道；南宋建炎二年（1128年），黄河由泗入淮，南泛淮河七百年，曾经的黄河故道称作北清河（即大清河），并不断向北偏移，脱离济水故道，向北流入济阳县境。大清河水运拥挤，宋室南渡之后，伪齐政权刘豫下令开凿小清河以保证盐运通畅。刘豫在华山之南的泺口筑下泺堰，使泺水注入小清河，泺水成为小清河的源头。小清河其实是在济南以东的章丘、长山、新城、博兴一段古济水河道基础上疏浚而成，建成后就成为沿线诸河汇流之地[2]。就地理形势来看，济南以东，淄水以西，刚好需要一条横贯东西的河流宣泄泰鲁山脉以北、大清河以南的泉水和雨水，从而保证泰鲁山脉山前广大平原地区的排涝。自此，原北清河一分为二，自汶口至洮口一带以汶水为源，经洮口后改向北流，称大清河；自洮口以下以洮水为源，称小清河。小清河的开挖使得济水故道复活，成为盐运通道，并在此后的八百年间发挥着重要作用。清咸丰五年（1855年），黄河于兰阳铜瓦厢决口，沿鲁西一带泛滥，夺大清河自渤海湾入海，重新北流。随着黄河河床的不断淤高，济南地区呈现出北有黄河堤坝、南有丘陵的低地地势。城内的河流和泉水原本依靠大、小清河入海，但黄河改道大清河后，因积沙淤垫难以接纳周围的排水，小清河又常年淤塞，宣泄不及。为解决济南地区的水患问题，山东地方对小清河进行了疏浚和裁弯取直等治理，形成如今之小清河（表2-1）。

在黄河改道影响下，区域水环境变迁复杂。金代以前，小清河尚未开凿，区域以济水为主要运道，时水、淄水、渑水均汇入济水，研究区域范围北至济水，东北至莱州湾，南至鲁中山区分水岭，东至小清河最东支流巨阳水（今北阳河）；金至明时期，黄河南泛淮河，区域形成大清河—小清河并行的运道体系，沿线巨野河、绣江河、孝妇河、淄河等支流均改为注入小清河，构建了小清河水网体系，区域边界西、北至大清河，其余边界不变；1855年，黄河第六次重大改道，由淮河改行大清河河道，东流入海，区域边界西、北至黄河，其余边界不变。区域水网格局变迁呈现以下几个阶段的发展演变特征。

先秦时期

在春秋之前，黄河在河北平原地区始终呈现漫流状态，洪水奔流，四溢成泽，整个河北平原旷无人烟。战国中期，人们开始在河道两侧筑堤，形成主河道。流经山东境内的黄河河道有两条重要的支流，其中北侧分支为漯水。自春秋战国到秦末，本地区的原始航运体系以漯水、济水为主干，在淄水东北转弯处开挖的运河沟通了济水和淄水，成为齐地与中原之间的交通要道。这一时期虽然已经有了人工运河，但由于引水等设施较少，航运能力较弱，仍属于原始水运的性质。

由于先秦时期处于温暖期，降水丰沛，本地区形成许多大面积洼地沼泽，加之黄河在华北平原频繁决口泛滥，河道摇摆不定，其留下的废弃河床和洼地都是湖泊发育的良好基础。根据《水经注》记载，当时的区域内有马常泊、平州泊和古大明湖、鹊山湖、乌常泛等湖泊。这一时期湖泊的水源来源主要是黄河及其支流济水，以及山前冲积平原的泉水，大明湖、白云湖就是典型的由泉水补给形成的湖泊。至战国时期，区域形成济水、时水、淄水、淯水及位于寿光县境内的巨淀湖构成的水网体系（图2-2）。

秦汉魏晋时期

公元11年王莽政权时期，黄河开始了第二次大改道，迁至今山东利津入海。东汉永平十二年（69年），王景自上而下地对黄河、汴渠进行治理，通过修堤、分洪、滞洪、放淤的综合措施，采用"十里立一水门"的方法，令"更相洄注，无复溃漏之患"。黄河下游自

图2-2 先秦时期水文状况

[图片来源：作者根据谭其骧. 中国历史地图集［M］. 北京：地图出版社，1982. 绘制]

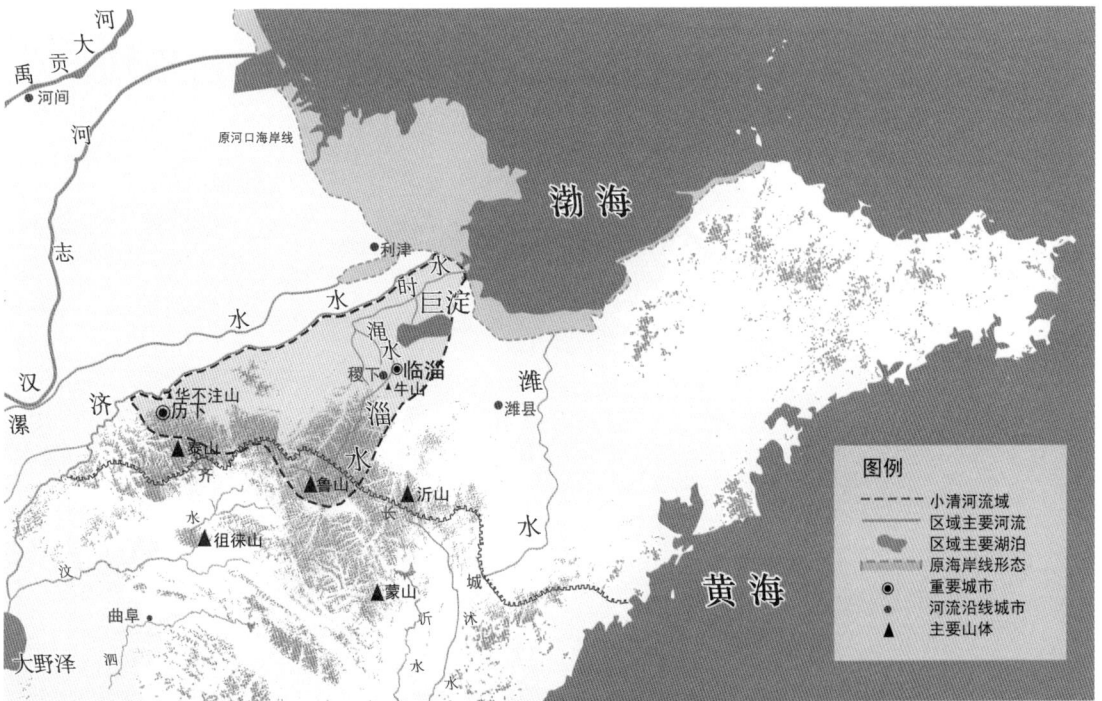

秦以来第一次形成了统一的防洪工程，为后世五六百年黄河安流奠
定了重要基础，从而形成了新的东汉河道，原来的黄河河道仍然保
持着一定的河形，史称"大河故渎"或"王莽河"。对于王景治理的
黄河新道经流所在，水利史家认为，大致起于长寿津（今河南濮阳
县南），与西汉大河分流，借古漯水河道东经范县南，在今山东阳谷
县西与漯水分流，又经莘县东、东阿县北，东北流经今黄河和马颊
河之间，至今利津县境内入海。新河道在泰山北麓低地上通过，比
旧河道短，且更顺直。此时，河漯一体成为山东主要的东西向河道，
漯水故道为黄河主河道，汴水为黄河主要泄洪河道（图2-3）。

隋唐宋时期

隋代开凿通济渠以后，巨野泽以上的济水故道逐渐湮灭，巨野
泽以下的济水故道改称清河，但是济水之名尚存。中唐以后，藩镇
拥兵，截粮破漕，时称汴渠的通济渠水运淤废，济水之源断绝。直
至唐末，济水基本湮灭。北宋时期黄河多次决口，洪水趋向巨野泽，
使得巨野泽日益淤塞，安山至位山一带古济水两侧的洼地常年淤塞，

图2-3　秦汉时期水文状况
[图片来源：作者根据谭其骧. 中国历史
地图集［M］. 北京：地图出版社，1982.
绘制]

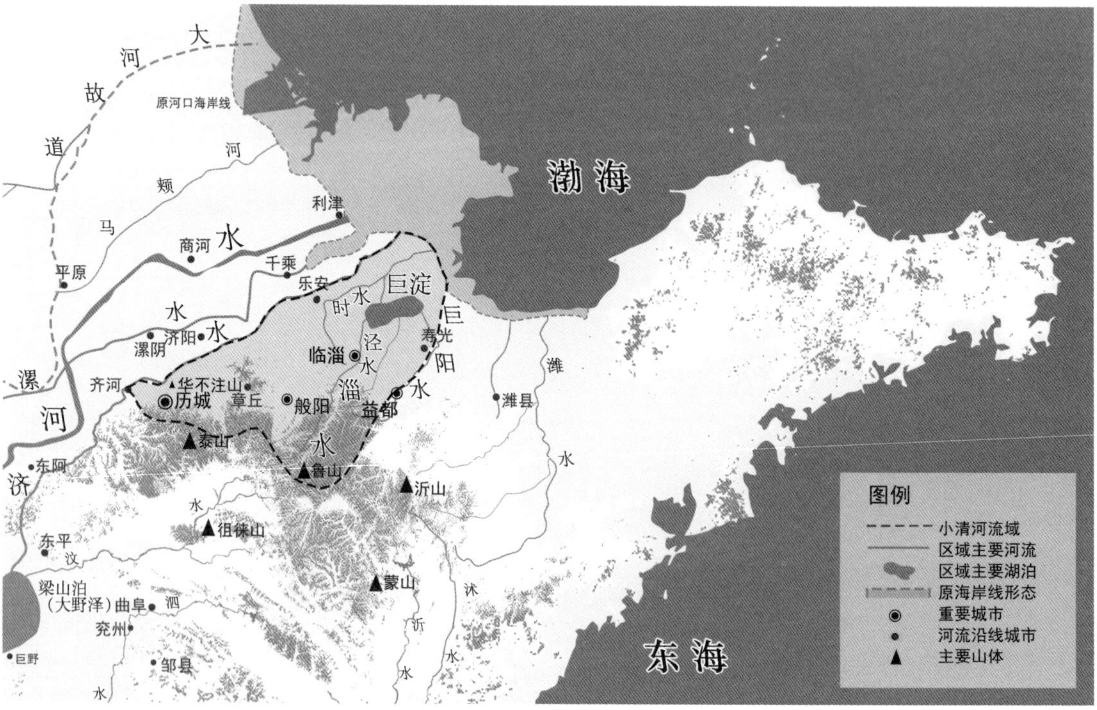

与巨野泽东部融合，形成了宋代的梁山泊（亦名梁山泺），大野泽或巨野泽之名被梁山泊取代。宋熙宁十年（1077年），黄河决澶州曹村（今濮阳西南），河入梁山泊后分为南、北清河两条河道，北清河延续了济水故道。

北宋时期，区域水网体系以北清河（即济水）为主，沿线有博兴县、高苑县境内的麻大泊共同构成水系格局。而北清河在历城东北决口后分出支流流入济阳县，水势日盛，渐成主流，被称为大清河，同时流经章丘的故河道水势渐微。南宋建炎二年（1128年），南宋政权为阻挡金人南下，在今滑县李固渡扒开黄河大堤，人为决口，黄河由泗入淮，南泛淮河七百余年。大清河成了黄河故道，水量减少。而梁山泊的大部分在金大定二十一年（1181年）时已淤平，残存的部分称作南旺湖（图2-4）。

金元时期

金代，伪齐政权的刘豫为保证海盐的西运，开挖了小清河。刘豫在华山北筑"下泺堰"，将源于济南泉群的泺水向东引入济水故

图2-4 隋唐宋时期水文状况

[图片来源：作者根据谭其骧. 中国历史地图集［M］. 北京：地图出版社，1982. 绘制]

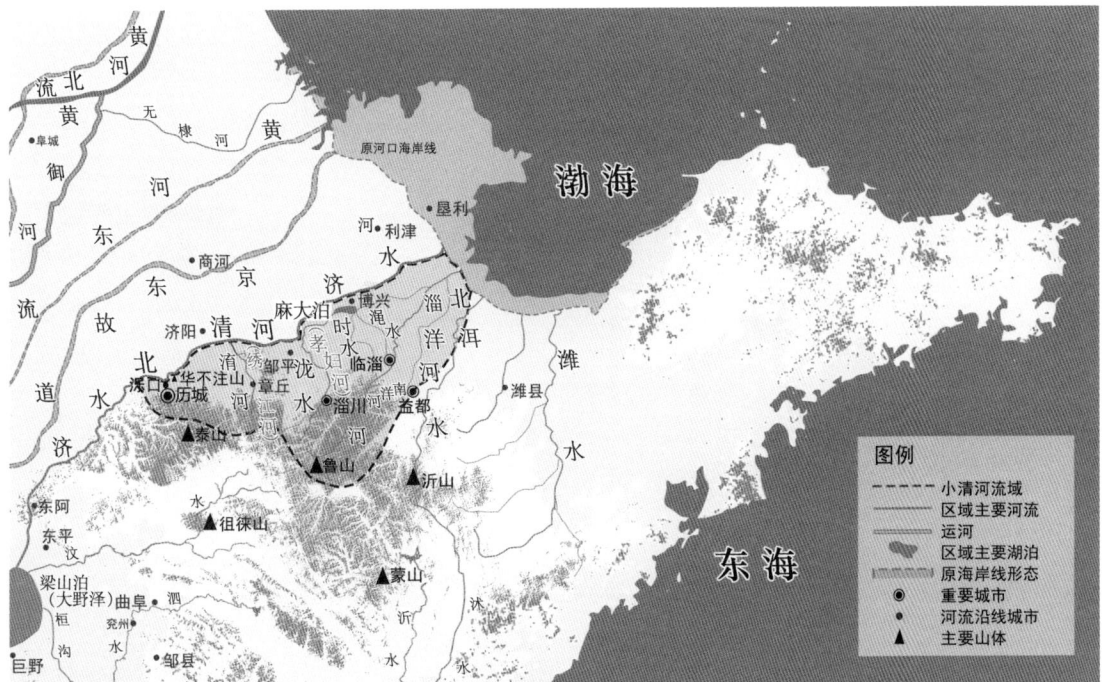

道，只有在水量较大时才会注入大清河。据《齐乘》记载："至唐宋时，河行漯川，其后大清兼行河、漯二川，其小清所行断为济水故道也"[3]。小清河成为从济南东北经历城、章丘、齐东、邹平、高苑、博兴、广饶等地独流入海的一条河流。自此，大、小清河并行东流，济水之名已名存实亡。小清河成为联系滨海盐场与济南的盐运通道，并在此后的八百年间发挥着重要作用。随着人类活动的加强，黄河泥沙量逐渐增加，河床抬高，决口改道频繁，区域内许多湖泊均被泥沙淤塞。人工水利工程建设也改变了水文环境。刘豫引泺入小清河导致济南北部鹊山湖湖水干涸，鹊山湖从此消失。区域内仍以平州泊为主要湖泊，淄水沿线寿光、乐安县境内古巨淀湖此时名为清水泊（图2-5）。

明清时期

明清时期，小清河水患频繁，山东当地投入了大量精力进行治理，不断疏浚和筑堤，但也不时复淤复溢。明嘉靖四十五年（1566年），泺水自泺堰决入大清河，巨野、绣江河穿过小清河注入大清

图2-5　金元时期水文状况
[图片来源：作者根据谭其骧. 中国历史地图集［M］. 北京：地图出版社，1982. 绘制]

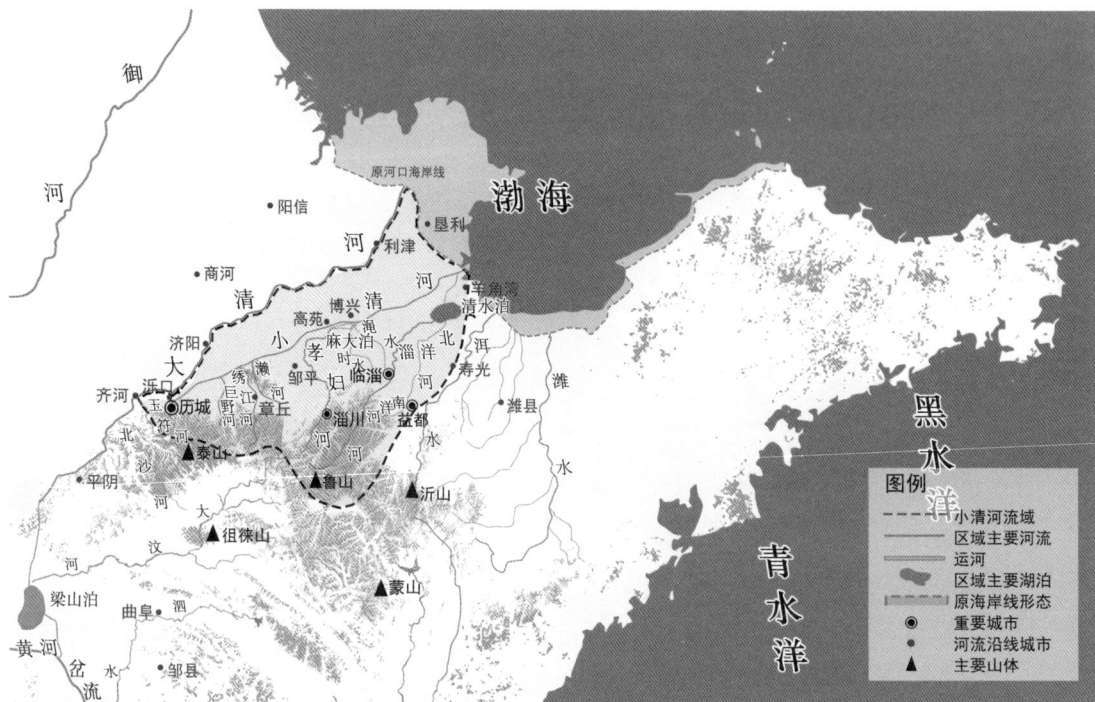

河，历城至章丘的小清河河道湮废，小清河的源头退至章丘，以漯河为源。嘉靖以后，小清河淤塞，失去航运功能。康熙五十七年至五十八年（1718—1719年），山东巡抚李树德重开明代支脉沟旧道以分泄小清河洪水，又在小清河南开预备河分洪。这样，小清河中下游形成了以小清河为中心、北有支脉沟、南有预备河、三流入海的格局。

清咸丰五年（1855年），黄河结束下游七百多年由淮入海的历史，于兰阳铜瓦厢决口，夺大清河自渤海湾入海。黄河水迅速冲入大清河河道并四处泛滥，原有的大清河最终仅存上游的戴村坝到东平湖一段。黄河改道深刻地改变了区域水文环境，"自铜瓦厢决口，黄流并入大清河，积沙淤垫，岁岁漫溢，沿河筑堤防守，历、章诸水北流，无可宣泄"[4]。随着泥沙淤积，使得河床升高，加上黄河堤坝的影响，原大清河南岸的绣江、玉符河、巨野河等在入黄口处水流难以宣泄，频繁出现积水成灾的情况，甚至发生河水倒灌，水患严重。光绪年间，盛宣怀对小清河进行了大规模治理，对支脉沟进行裁弯取直，并疏浚小清河，改经黄台由羊角沟入海。治理后的小清河被称作"新清河"，即如今之小清河，河道航运也得到恢复。自此，原大清河南岸的河流皆注入小清河，不再注入大清河，水患得到有效改善。漯水演变成小清河上游，漯水之名遂废。

这一时期，黄河和小清河流域泥沙淤积问题严重，加上水利建设和农业围垦的人为影响，导致小清河流域湖泊面积逐渐缩小。宋元时期还完整的平州泊，到明末已分解为会城泊、鱼龙湾、麻大泊和庞家泊等几个湖泊。清代，鱼龙湾、庞家泊均湮灭，麻大泊、会城泊已变成浅湖沼泽，锦秋湖成为一个河湾（图2-6、图2-7）。白云湖在明前期达到空前规模之后，到清中期因水源不足而逐渐枯竭。小清河流域主要湖泊变迁过程如表2-2所示。

清代记载的小清河流域的湖泊群主要包括麻大泊、会城泊、清沙泊、浒山泊、白云湖、驾鸭湾等。同一湖泊有多种别称，如大明湖，也称莲子湖、四望湖。会城泊、驾鸭湾、清沙泊、浒山泊等均位于小清河及其支流沿线，清水泊位于淄水沿线，构成区

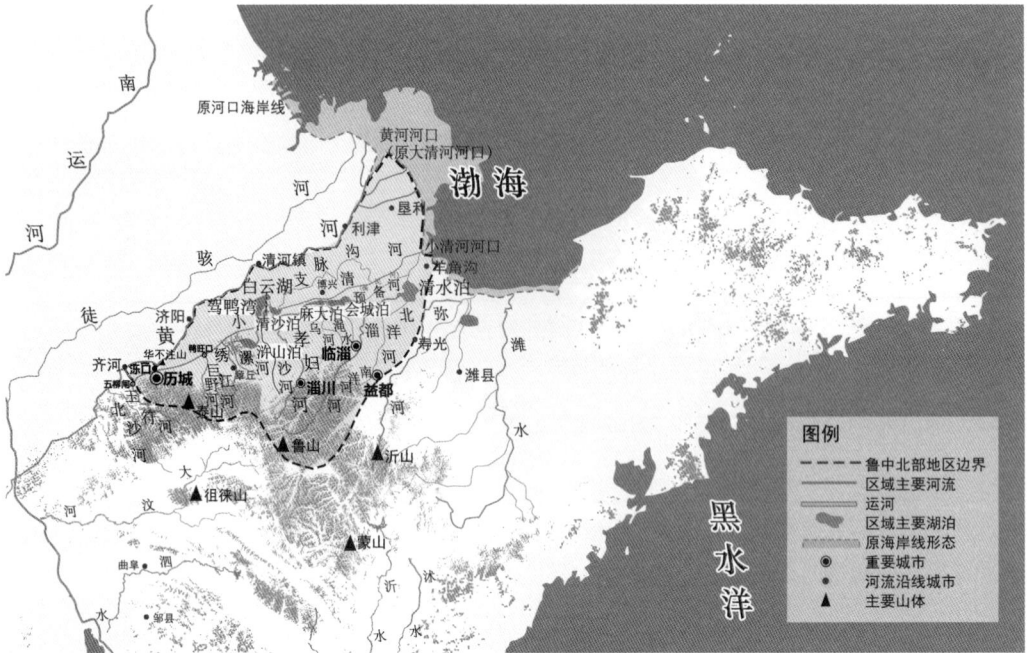

图2-6 明末水文状况

[图片来源: 作者根据谭其骧. 中国历史地图集 [M]. 北京: 地图出版社, 1982. 绘制]

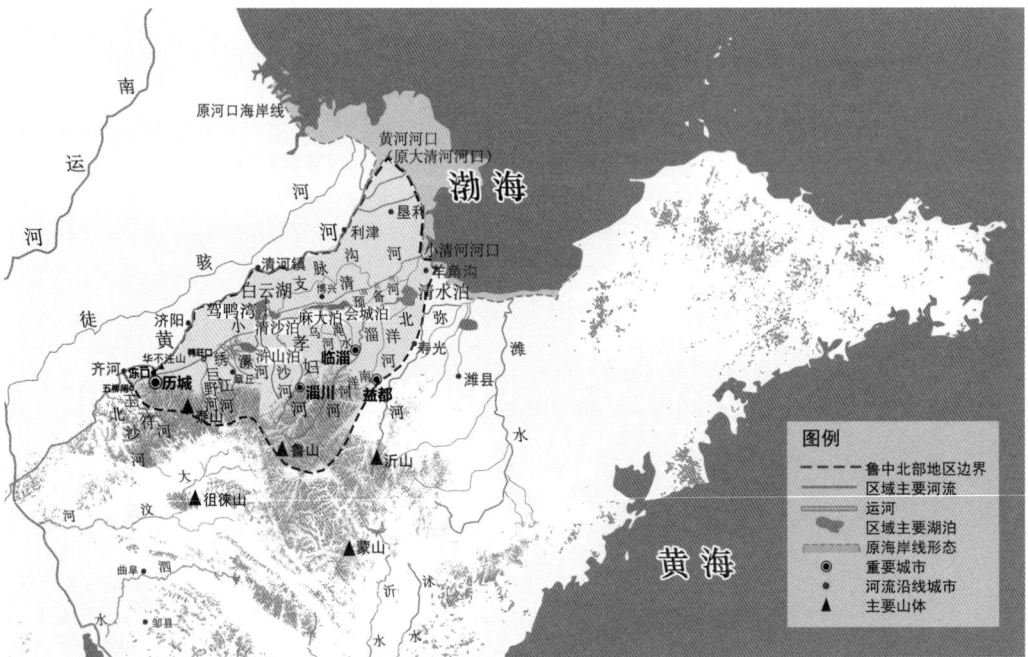

图2-7 清代水文状况

[图片来源: 作者根据谭其骧. 中国历史地图集 [M]. 北京: 地图出版社, 1982. 绘制]

小清河流域主要古湖沼的历史演变　　　　　　　　　　　表2-2

湖泊名称	基本特征	变化时间	变化情况
巨淀湖	寿光西北50里（1里=500 m），古称巨定，又名青丘泺	北魏时期	为巨洋水（今弥河）、淄水、浊水（今北阳河）、女水、时水、淄水等河流的吐纳湖
		北魏到元代	河流改道和泥沙淤积致湖泊逐渐缩小。淄河长期注入湖中冲刷形成了自然堤[5]
		自元开始	此时亦称清水泊。因巨洋水、淄水改道，加之泥沙淤积和围湖造田，乾隆年间湖泊面积锐减[6]
		清末民初	开挖排水沟，沟岸逐渐塌陷至湖区，湖区蓄水减少[7]
鹊山湖	位于济南北郊，因地势较低汇泉湖之水形成	宋代	鹊山湖逐渐淤塞成平陆，并开垦为农田
麻大泊（马踏湖）	北临小清河，南有孝妇河、朱龙河、乌河注入两湖，由缓岗分开，北为麻大湖，南为锦秋湖	明之前	麻大湖、锦秋湖为一湖，称平州
		明万历二十六年（1598年）	平州分为两区，东北为锦秋湖，西南为麻大湖
		明天启四年（1624年）	湖泊面积缩小，乌河东岸为会城泊，乌河以西、荆家以东依次为鱼龙湾、麻大泊和庞家泊[7]
		清道光二十年（1840年）	麻大泊、会城泊，锦秋湖成一河湾，鱼龙湾、庞家泊均湮灭
白云湖	济南东北部，大致呈东西向，湖水来自地表径流和地下水补给	汉、晋时期（前206—420年）	今白云湖一带由于地势低洼已成沼泽，白云湖成形
		明正统五年（1440年）	最为繁荣的时期，水量最为丰沛
		清嘉庆至康熙年间	小清河逐渐淤塞，湖水渐涸
浒山泊	济南东北部	明清时期	浒山泺西隅筑堤围湖，形成芽庄湖

[资料来源：作者根据相关古籍资料整理而成]

域湖泊水网体系（图2-8）。虽然清代文献中的湖泊数量较之前古籍记录的数量要多，但考古和地层沉积研究证明了古湖沼的数量远大于近现代[8]。

图2-8　清咸丰五年至清同治九年（1855—1870年）前后直隶山东两省地舆全图局部

[图片来源：美国国会图书馆（Library of Congress）藏]

第二节　水利设施建设

　　小清河流域的水环境，决定了该地区的水患威胁主要来自北面的黄河（或大清河）和南面的山区汇水。黄河的多泥沙导致河床不断淤垫抬高，不仅容易决口和改道，也使周围河湖水难以排入黄河。黄河源远流长，河宽水急，其治理主要依靠修筑和巩固河堤。小清河的开挖将大部分南部山区汇水导流入海，在黄河不能接纳周边汇水之后对地区的水文环境尤为重要。小清河水源多来自南部泰鲁沂山地的几条支流，流程短，比降大，雨季容易形成山洪，并携带大量泥沙。小清河主流坡度较缓，河道不宽且比较曲折，极易淤塞和洪水宣泄不畅，导致决口和泛滥。且南来支流与主流几乎垂直相交，大水汇入主河道往往冲决北岸。历代小清河的治理方式主要是疏浚、筑堤和导流。总之，为解决黄河、小清河的泥沙淤积及水患问题，历代采用了筑堤、通渠、设闸、筑坝等水利措施以形成该地区的防洪、泄洪体系，并进行河道的疏浚整治。

一、筑堤。根据史料记载，黄河下游大规模筑堤活动共有五次，包括春秋战国期间筑石堤，东汉王景筑堤安河，明朝白昂、刘大夏筑堤治河，潘季驯筑堤和铜瓦厢决口后修筑临黄大堤。小规模筑堤及民间筑堤活动数量更是数不胜数。黄河的大规模筑堤，对于河道两岸平原地区的地貌、水文和农业生产活动都有着重大影响。

对于小清河流域来说，1855年铜瓦厢决口以后，北徙的黄河成为影响该区域环境的重要因素。"迨光绪之初，黄河浊流，淤垫日以高仰，各水入口之处时虞倒灌。岁甲申，新宁陈公俊丞抚东，兴筑黄河大堤，各水口尽行堵塞"[9]。也就是说，最晚至1884年，山东段黄河修筑了大堤，各支流入黄的水口被堵，水流不再汇入黄河。图2-9展现了清光绪年间的山东黄河济南段堤防。可以看出，除在平阴、长青两地之河南岸，黄河依靠地形作为自然堤防之外，大部分地区沿岸均修筑了内外两道堤防，一些薄弱岸线有加固工程，并修筑了许多月堤以加强防线，只在南岸齐东、北岸利津以下，堤防减为一道；两层堤坝之间还有一些纵向隔堤，可以在洪水冲破第一层堤坝后尽量把洪水控制在一定范围。除玉符河之外，研究范围内的其他河流均不再汇入黄河，包括济南周边的泉水。可见，在黄河北徙之后的二三十年间，黄河已经修筑了完善的堤防系统，并且深刻地改变了周边的水文环境（图2-9）。

自金代开挖以来，小清河不仅是小清河流域的航运通道，也对地区的防洪排涝起到了重要的作用。清后期黄河改道大清河以后，

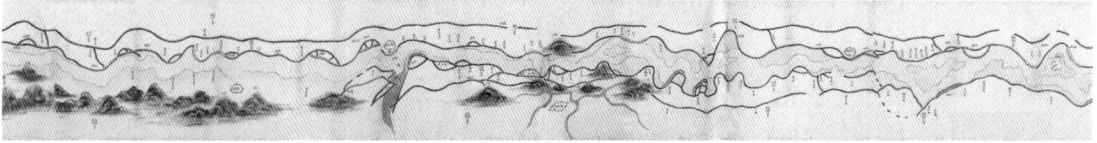

图2-9 （清光绪）山东黄河全图济南段显示了黄河两岸的堤防
［图片来源：饶权，李孝聪，主编. 中国国家图书馆藏山川名胜舆图集成［M］.上海：上海图书出版社，2021］

随着黄河堤坝的建设和入河水口的封堵，黄河堤坝已然成为区域北部的分水岭，小清河成为南部泰鲁沂山地和黄河之间的唯一泄洪通道，成为地区水利建设的关键所在。小清河上游相对安全，中游承接多条支流汇水，但河道并无明显加宽，河道易淤塞，也易决口；下游河缓曲折，周围湖泊众多，流域汇水难以宣泄，易泛滥成灾。因此，小清河中游的治理措施主要是疏浚河道和修筑河堤，包括在主河道、支流下游、支流与主河道交接处、小清河吞纳湖泊周边等重点地段；小清河下游的治理主要采用裁弯取直、开减水河导流等措施，促使水流顺畅归海。小清河流域几次主要的筑堤工程有：明代在博兴、乐安段修筑堤坝解决水患与河道淤塞问题；清康熙年间筑桑公堤减轻清沙泊水患，筑新桥堤治理孝妇河，减轻小清河泄洪压力；清光绪年间盛宣怀主持的小清河治理工程，在小清河主河道、支脉沟、新河两岸以挑浚之土为堤（表2-3，图2-10）。

小清河重要堤防的建设情况　　　　　　　　　　　　表2-3

筑堤形式	建设时间	建设情况	主要作用
堤坝	明弘治十八年（1505年）	在疏浚小清河干流章丘到博兴段的同时，在博兴、乐安河段筑堤百八十余里	解决了小清河支流汛期的水患问题
	明嘉靖二十三年（1544年）	疏浚河道，在博兴、乐安段修筑堤坝一百八十余里	解决了小清河干流的淤塞问题，防止水患决口给周边居民带来灾害
"桑公堤"与新桥堤	清康熙三十三年（1694年）	"于泊之南涯筑一坚堤"，即"桑公堤"。还在孝妇河南北两侧筑新桥堤，并疏浚河道（图2-10）	桑公堤的修筑减轻了清沙泊水患，新桥堤使孝妇河的下游河道保持了几十年稳定
支脉沟、新河、小清河河堤	清光绪十八年至二十一年（1892—1895年）	支脉沟上段裁弯取直、展宽筑堤，开新河140里，疏浚预备河30里，疏浚小清河正河150里，出土成堤	"而后岱阴诸水有所归宿，下游数邑，可免其鱼之患矣"。小清河全线疏通，并恢复航运，出现了长期安流的局面，奠定了今日小清河之规模

［资料来源：作者根据相关资料整理而成］

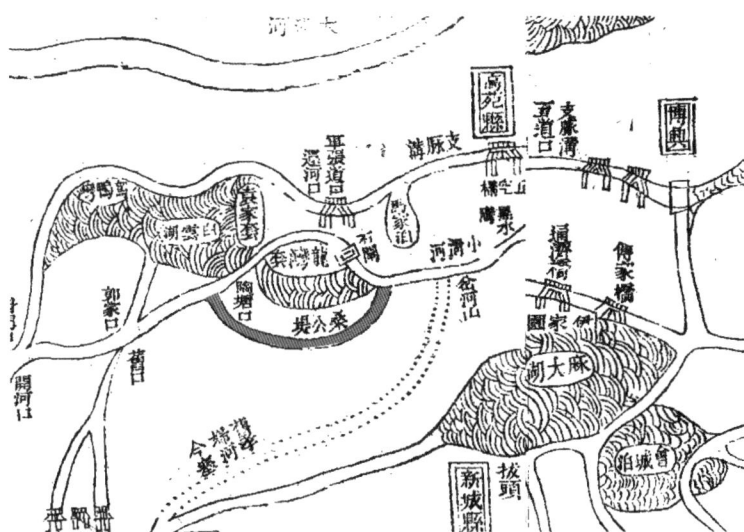

图2-10　小清河桑公堤
［图片来源：（清）道光《博兴县志·卷
一·水道旧图》］

二、通渠。自元代开始，便有了疏浚小清河的相关记载。明代起，小清河泄洪体系开始营建。明成化元年（1465年），县令陈恺在白云湖北侧开通减河，称"陈恺沟"，是支脉沟的前身[10]。明成化九年（1473年），官府疏浚小清河，从历城到入海口共设置三十余处闸所，闸旁均开凿月河[11]，在黄河与小清河之间开挖支脉沟，以分流泄洪与引水灌溉。康熙年间，山东巡抚重开支脉沟以分泄洪水。位于小清河南岸的预备河也于同期开凿而成，主要为分小清河之水而建。预备河起初河道窄狭，至清雍正十二年（1734年）开拓河道，连通麻大湖至淄河门，形成一定规模，取名福民河。自此，自北向南的支脉沟—小清河—预备河三条相连河道，结合河道上的船闸、水坝等工程，形成完整的泄洪体系，有效排洪防涝，并为沿途农田提供灌溉水源（图2-11）。

清光绪十七年（1891年），支脉沟上截，裁弯取直，开新河140里。自此，自清康熙五十八年（1719年）以来断航170余年的小清河又全线贯通，具有了现在黄台桥与羊角沟之间的规模[12]，称作新清河。新清河的开凿，使济南、青州两府沿河县城水患问题得到解决，沿河一带洼地涸出千百顷农田，而孝妇河、乌河、汉河三河纳入乾河入海[13]。

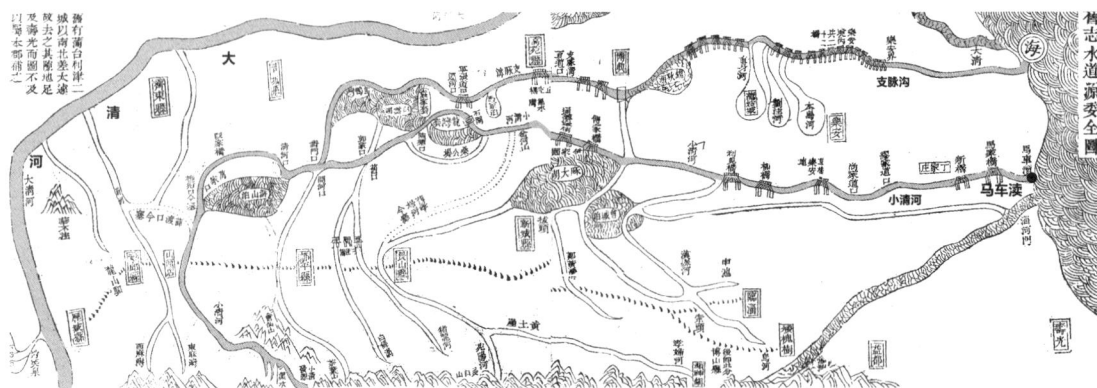

图2-11　支脉沟—小清河关系图
[图片来源：（清）道光《博兴县志·卷
一·水道旧图》]

三、设闸。由于小清河承担通航、灌溉、排涝等多项功能，主河道又与诸多湖泊和减水河相连相通，所以小清河之上设置了众多的水闸，以实现水量的调蓄与利用。"兹闸不修，则水势湮郁矣。以利蓄泄，浸陂田"[11]。唐代曾于西沥水与济水交汇处设立五柳闸，提供灌溉用水，并用于泄洪防涝；明成化年间，在小清河上设置了38处闸口，用以调蓄水位，水大时分流，旱时闭闸，从而保证航运通畅，避免沿线发生洪涝灾害；清代又修建了十余处水闸，包括睦里闸、卫闸、边庄闸等，承担了灌溉、排水、调蓄、养殖等多重功能（表2-4）。清康熙二十五年（1686年），张鹏治理小清河时，提出在万家口、对门口、军张口设立石闸，以控制水流进行分洪、泄洪，但因种种原因未能实现。直至清康熙年间，李树德在军张口建立石闸，控制上游汇入浒山、清沙二泊之洪水缓慢释放到支脉沟，防止下游水患。

小清河主要闸口设置　　　　　　　　　　　　　表2-4

时间	建设情况	主要作用
唐武德年间（618—626年）	"五柳闸，在府城北八里云庄后"。五柳闸连接西沥河与济水（小清河前身），明清时期进行多次重修	城内排水及附近农田灌溉
明成化九年（1473年）	疏浚刘豫时期小清河故道，设置38处闸所，水大开闸分流，旱则闭闸。另置潴水闸以备浅，置减水闸以防溢	用于调蓄与防溢
清光绪三十三年（1907年）	山东巡抚吴廷斌集资修建11座水闸，河源段6座，分别是睦里闸、五柳闸、卫闸、边庄闸、刘庄闸和张公坟闸	具有航运、灌溉、排水、水量调蓄和养殖等功能
清康熙五十五年（1716年）	山东巡抚李树德对疏浚支脉沟，重开预备河，并在军张口设立石闸	控制水流的主要闸口，形成完善的泄洪体系

[资料来源：作者根据秦若轼.《济南水利漫话》[M].北京：华文出版社，2013. 整理而成]

小清河沿途有诸多古湖泊，通过在河流与湖泊之间设置水闸以控制泄蓄方向，这些湖泊成为小清河的天然水柜，其中麻大湖就是其中最重要的吞纳湖。

四、筑坝。在小清河历史时期的治理中，人们通过筑坝进行水流管理和水量分配，主要采用土坝和滚水坝两种形式。金代，在济南华山脚下筑下泺堰截泺水入小清河，水多时才能从堰上溢流入大清河。清代，位于博兴县的土坝将小清河分为两段，其中一段上承章丘等四县之水，最终汇入支脉沟；下段受麻大泊、会城泊诸水，入小清河。清乾隆五年（1740年），为解决新城、高苑两县居民围绕清沙泊积水宣泄问题而产生的关于闸板启闭的长期纷争，原来军张口石闸被改为滚水坝。总体而言，小清河的两种筑坝方式，均为解决沿途各县及古湖泊的雨水调蓄问题，控制进入麻大泊、会城泊、清沙泊等湖泊的水量，并使洪水及时宣泄入支脉沟和小清河，保证沿线农业生产与聚落安全（表2-5）。

主要筑坝方式　　　　　　　　　　　　　　　表2-5

形式	时间	建设情况	主要作用
土坝	康熙五十八年（1719年）	博兴县在傅家桥东塞土坝将小清河首尾分为两段	上段城受章丘、邹平、长山、新城四县之水，汇为清沙泊，并由张家口进入支脉沟；下段受乌河、麻大湖、会城泊诸水，至博兴进入小清河旧河，后自乐安县新桥入支脉沟合流入海
滚水坝	清乾隆四年（1739年）	改建军张闸为滚水坝，坝顶较桑公堤低二尺	在浒山、清沙泊蓄积的水以滚水坝为宣泄，不至逆流成灾，水出泊后全部注入支脉沟

［资料来源：作者根据相关古籍资料整理而成］

水利建设与农业发展密切相关。小清河流域自古以来就是农业十分发达的地区，由于降水季节分配不均，农田水利的建设以蓄、引、保水为主要目的。该地区的农田水利开发历史非常悠久，古代文献记载中的农田水利建设主要有以下几个方面。

一、蓄水通渠。管仲相齐时，提倡农耕，齐国农业生产逐渐发展。这一时期，齐国设有专门的水官掌管河渠修防，其农田灌溉已经达到了一定规模。根据《管子》中"地有不生草者，必为之囊。大者为之堤，小者为之防，夹水四周，禾稼不伤，岁埤增之，树以荆棘，以固其地……民得其饶，是谓流膏"[13]，可知齐国在土壤不适宜耕作之处修建水库，以堤防拦水，保障灌溉，形成适宜农耕的环境。

二、排灌斥卤。在最初齐地分封之时，"地泻卤，人民寡"，较之鲁地有着诸多自然条件的缺陷，因此齐地采用灌溉、冲洗、放淤、排水和种稻等措施改良盐碱土，很多技术后世一直沿用，甚至到今天。

"沟洫排盐"：沟洫是早期农业的排水系统，春秋战国时期在此基础上发展出"畎亩耕作法"，可兼顾灌溉和排水。齐地土壤盐碱的原因在于地下水位较高，通过这一耕作技术可以排除积水，降低地下水位，从而减缓盐碱化过程。经过长期实践，这一耕作技术在盐碱土地的改良方面卓有成效。

"引水洗盐"：战国时期，随着铁制农具的普及和水利工程技术的发展，人工引水洗盐代替雨水淋洗成为盐碱土治理的重要手段。齐国兴修水利，引淡水灌溉洗盐，并结合排水放淤和种稻洗盐等措施[14]，形成排灌与洗盐相结合的农业方法[15]。

"放淤压盐"：放淤是指通过涵洞引洪等工程措施，利用地形高差，让洪（河）水漫流，使水中的泥沙淤积在土地上。这种方式既可改良土壤，也可以淤填洼地或巩固堤防。淤过的土地土质肥沃，适宜耕种[16]。"木皆立枯，卤不生谷""若有渠溉，则盐卤下湿，填淤加肥……高田五倍，下田十倍"，由此可知，灌溉和填淤可以显著改良土壤和增加粮食产量。

"种稻降盐"：水稻是耐盐碱作物，其种植过程中需要的大量灌溉用水又可以洗去土壤中过多的盐分。经过春秋战国时期的持续治理，齐国的斥卤之地变成了"宜桑麻、宜稻麦"的"膏壤千里"之地，农业发展十分迅速[17]。明末清初的顾炎武在《天下郡国利病书》中说，山东"海上斥卤原隰之地皆宜播稻，每亩可收五六石，次四五石"。种稻降盐是盐碱土利用与改良相结合的措施。

"台田排盐"：台田是在沟洫系统和排灌系统上发展出来的更高效的农田盐碱改良水利工程，即修筑深沟高畦台田，以深沟排水，降低地下水位，又以高畦垫高土层，阻隔地下水，为作物生长创造条件。这一方法至少在元代已经成熟，一直沿用至今。

三、引水灌溉。包括引河、引泉和凿井灌溉。引河灌溉是通过在河道筑堰、坝和闸等方法引水，为农业生产提供灌溉水源。据史料记载，春秋战国时期，黄河的自然支津济水与黄河引出的鸿沟分流之后东流，是本地区主要的灌溉水源；汉武帝时期，巨淀湖是临淄一带的主要灌溉水源，可灌溉农田万余顷；王莽时期，河、漯一体，黄河行漯水河道，成为本地区的主要航运通道，同时也是主要的灌溉水源；清代，大、小清河成为主要的航道和灌溉水源，小清河的支流绣江成为沿河村庄种植荷花和水稻的主要水源（表2-6）。泰鲁沂山地的山麓地带泉水十分丰富，在《水经注》中就有引泉水灌田的记载。古沥水就是由泉水汇聚，对于历城北部的诸多农田具有重要的灌溉作用。明末济南城北建有11座闸，设专人管理调节下游农田灌溉，"水利所关，蔬稻之家往往相竞，故设闸夫以司番泄"[18]。章丘明水引百脉泉水灌溉，在泉源附近形成了著名的水稻产区。在引河水和泉水不便的地方，凿井灌溉非常普遍。明清时期，由于频繁出现大旱，地方政府鼓励民间凿井以抗旱救灾。清道光二十八年（1848年），巡抚部院饬令各县，劝谕民众打井，通力合作，公挖公浇，以利灌溉。2002年，济南考古研究所在济南高都司巷的抢救性挖掘中，发现各个时期的古井四十余口，证明济南地区自战国始便有先民在此繁衍生息，以井水满足生产生活之需[19]。日本人在民国29年的调查中显示，章邱县有灌溉水井32918眼，说明井灌对于当地农业具有重要作用。

主要引水灌溉方式　　　　　　　　　　　　　　　　　　　　表2-6

时期	主要工程	作用
春秋战国时期	济水和鸿沟。济水是黄河的一条自然支津，鸿沟是由黄河引出，自荥阳开始分济水的人工水道。济水与鸿沟最初所行为同一河道，分流以后，济水东流，鸿沟东南流	曾经是黄河下游至淮河北岸广阔平原的重要灌溉水源
汉武帝时期	"东海引巨定"[20]。北海郡引巨定水形成巨定灌区，"征和四年，汉武帝幸东莱，临大海，三月，耕巨淀"[21]；"泰山下引汶水"[20]	可灌溉农田"万余顷"，临淄、广饶一带的巨定灌区和泰山引汶灌区为重要灌区
王莽时期	"民皆引河、漯山川水溉田。春夏干燥，少水时也，故使河流迟，淤而稍浅；而多水暴至，则溢决。而国家数堤塞之，稍益高于平地，犹筑垣而居水也"	王莽时期的河、漯二水成为一道，作为沿线聚落与居民的重要水源来源
清代	"沿河居民，灌田畴，置水磨，种稻养荷，受其利者，甲于他邑"	沿线居民引绣江水灌溉农田，种植稻田、荷花
	在清代，大、小清河沿线的居民，充分利用其丰富的水资源引水灌溉稻田	博兴、章丘、寿光等沿河地区水田多达数百公顷

［资料来源：作者根据（东汉）班固《汉书·沟洫志》、（北魏）郦道元《水经注》等资料整理而成］

第三节　小结

　　小清河流域以黄河为支撑，是以古济水、古漯水、小清河及流域周边的古湖泊为主体的水网体系，是水利建设、农业发展与城市建设的"血脉"。自春秋战国以来，黄河先后六次重大改道，为区域水文环境带来巨大变化，水网体系的变迁过程经历了先秦时期济水—淄水、汉晋时期河漯一体和金代以来以小清河为主的航运体系。人们通过设闸、筑堤等水利设施，营建了支脉沟—小清河—预备河航运泄洪体系，并通过蓄水通渠、排灌斥卤等农田水利措施，改善了区域水文及土壤状况，保证区域航运体系的顺利运作及农业生产的发展。

参考文献：

[1]（清）钱泳《履园丛话·卷四·水学》.

[2] 史念海. 论济水和鸿沟（上）[J]. 陕西师范大学学报（哲学社会科学版），1982（1）：70-77.

[3]（元）于钦《齐乘·卷二·济南水·大清河》.

[4]（清）盛宣怀《疏浚小清河记》.

[5] 韩美，张维英，李艳红，等. 莱州湾南岸平原古湖泊的形成与演变[J]. 地理科学，2002，6（4）：430-435.

[6] 王守春，郑滨海，李瑞成，等. 巨淀湖的变迁及其在古代鲁北地区历史进程中的作用[J]. 管子学刊，1999（3）：30-44.

[7]（明）天启《新城县志·卷首》.

[8] 张祖陆，聂晓红，卞学昌. 山东小清河流域湖泊的环境变迁[J]. 古地理学报，2004（02）：226-233.

[9]（清）秦奎良《疏凿新清河始末》.

[10]（清）道光《章丘县志·卷一·山川·小清河》.

[11]（清）乾隆《历城县志·卷八·山水考三》.

[12]（民国）《清史稿·列传一百二十·李清时传》.

[13]（战国）《管子·度地篇》.

[14] 邹逸麟. 黄淮海平原历史地理[M]. 合肥：安徽教育出版社，1993：54-56.

[15]（西汉）班固《后汉书·安帝纪》.

[16] 姚汉源. 中国古代放淤和淤灌的技术问题[J]. 山东水利史志汇刊十三辑，1989（5）：1-11.

[17] 韩茂莉. 中国农业地理[M]. 北京：北京大学出版社，2012.

[18]（明）《历乘》卷五《建制考·桥闸》.

[19] 李铭. 济南考古图记[M]. 济南：济南出版社，2016.

[20]（西汉）司马迁《史记·河渠书》.

[21]（北魏）郦道元《水经注·卷二十六·淄水》.

第一节　农业系统变迁

"理民之道，地著为本。故必建步立亩，正其经界"[1]，农业是聚落发展的基础。历代统治者都把发展农业作为富国强民的重要措施。《管子》最早阐述了生产发展与城市建设的关系，认为："地不辟，则城不固"[2]，土地治理是政治稳定、经济繁荣的标志。小清河流域土壤条件较好，水网密集，农业发展较早，并随着水利疏导、农田水利工程的兴建和生产工具的发展而不断进步。

先秦时期

山东是我国农业开发最早的地区之一，农业最早出现在黄河下游的冲积平原与山地交界处的冲积扇顶端[3]。章丘小荆山出土的原始农具，说明在距今约8000年的后李文化时期，小清河流域就有原始农业的产生和发展。史前的主要作物是粟和黍，也有稻。该地区最早的稻作农业遗址属于龙山文化时期，在泰鲁沂山地以北淄河沿岸的桐林遗址发现了储存加工稻谷的场所[4]。商代，齐地临淄以西地区是十分重要的农业区。战国时期，黄河漫滩农业开始发展，"齐地卑下，作堤去河二十五里……虽非其正，水尚有所游荡。时至而去，则填淤肥美，民耕田之。或久无害，稍筑室宅，遂成聚落"[5]。可见，堤防以内的河漫滩土壤肥美，适宜耕作。由于铁器和牛耕的发展，耕地面积迅速增加。齐桓公任管仲为相，提倡通过"深耕"达到土地的增产。此时，齐国以济水、淄水为主要灌溉水源，形成济淄运河灌区。齐国开垦的土地已经大片相连，沿河流冲积平原形成了诸多重要的古田，包括济水沿线的郓田、济西田等。关于当时的作物，成书于战国时期的《周礼职方氏》有记载："青州，其谷宜稻麦；兖州，其谷宜四种"，就是说古青州地区适合种稻子和麦子，古兖州地区适合种黍、稷、稻、麦四种谷物。黍和稷相对耐旱，而稻麦的种植都需要较好的灌溉条件，可见青州地区的水源丰沛，也较早地发展了灌溉农业。

根据《尚书·禹贡》的记载，位于黄河与济水之间的古兖州"厥贡漆丝，厥篚织文"，特产是漆与丝；而位于泰山与渤海之间的古青州，"厥贡盐、絺，海物惟错"，特产为盐、细葛布与海产品；泰山一带，"岱畎丝、枲、铅、松、怪石"，产丝、大麻、锡、松和怪石；而"莱夷作牧，厥篚檿丝"，莱芜地区畜牧业发达。《史记·货殖列传》也评价说："齐带山海，膏壤千里，宜桑麻，人民多文采布帛鱼盐。"可见，先秦时期，小清河流域不仅农业发达，而且广泛种桑养蚕，种植大麻，纺织等手工业发达。

秦汉时期

小清河流域河流纵横，湖泊星罗棋布，水源充沛，土地肥沃，适合农业的开发。汉武帝时期，"东海引钜定，泰山下引汶水，皆穿渠为溉田，各万余顷"，以巨淀湖为灌溉水源，形成临淄一带的巨淀灌区，面积达一万多公顷。征和四年（前89年），汉武帝东巡东海，曾亲自"耕于巨定"[6]。临淄一带仍是小清河流域的经济中心，史称"天下膏腴地，莫盛于齐者矣"[7]，人口密度也是当时山东最高的地区之一。王莽政权时期，沿河、漯形成主要灌区。这一时期的农地类型主要有旱地、水浇地、水田和菜园，旱地分布最为广泛，山前倾斜平原靠近河流和湖泊地区有水浇地分布[8]。在铁制农具广泛使用、牛耕技术发展推广的基础上，农业生产追求精耕细作，代田法开始推行。

　　主要农作物仍然为粟、麦、菽，水源丰沛的地方种植水稻。"济水通和宜麦"[9]，因济水水量充沛稳定，沿途人们多引水灌溉，在济水流域形成了麦作区。整个汉代，麦作在泰鲁沂山地山前平原不断扩展，也逐渐蔓延到了山地丘陵地带。

　　此时，该地区的桑麻种植和纺织业愈加繁荣，《汉书·地理志》记载，"天下之人冠带衣履皆仰齐地"。西汉时，"今齐三服官作工各数千人，一岁费数巨万"[10]，皇家在临淄设置服官三所，专为生产宫廷衣料，共有工匠数千人，每年耗费数万，由此可见当时齐地纺织业在整个国家中的地位。

唐宋时期

　　魏晋南北朝时期的战乱对农业生产造成了破坏，但小清河流域的农业仍然处于领先的地位。成书于北魏时期的《齐民要术》，总结了当时的农业生产活动，提及麦与菽（豆）、黍稷与菽的轮作复种制度。作者贾思勰为益都（今青州）人，书中所述应当可以反映当时小清河流域的农业发展水平。到隋唐时期，随着农田水利的发展，农业生产再度繁荣。此时，地区的经济中心已从临淄转移到青州和齐州（今济南），两地农业也欣欣向荣。虽然小麦仍为主要作物，但有条件的地方也发展了稻作。济南北郊鹊山湖一带水源丰沛，当地民众种植了大片藕池和稻田，唐人的诗句"负郭喜粳稻，安时歌吉祥"[11]描绘了济南附近水稻生长旺盛的喜人景象。章丘明水泉水丰盈，土壤肥沃，人们引百脉泉水种稻，生产的明水香稻远近闻名。

　　北宋时期，黄河下游频繁决溢和改道，对农业生产破坏极大，也导致大量沿岸人民被迫迁徙。黄河泥沙造成土壤沙化和盐碱化，也淤塞了大量湖泊。宋廷投入了大量力量进行治理和恢复，稳固了农业生产。齐州与青州的南部地区位于山麓倾斜平原，受黄河决溢的影响较小，农业生产一直较为稳定。北宋时期，青州的桑蚕纺织业非常发达，设立了官方的纺织作坊，专门生产供应皇家和官府的高档丝织品。宋室南渡后，山东一带是为金国提供纺织品的重要基地。伪齐政权开挖小清河，促进了山东海盐向金国各地方的转运和销售。

明清时期

经历了金元时期的战乱和农业生产的衰退之后，从明中叶至清中叶，山东人口数量从740万人增至近3000万人，虽然耕地从57万公顷增至96万余公顷，但是远远不及人口的增长，人均耕地从7.69亩降至不足4亩，人地矛盾日益加深。人口的压力促进了农田的开垦，山地、湖泊成为开垦的目标[12]。小清河流域湖泊众多，明代顾铎在《修博兴小清河记略》中提到，新城县堵塞了姚家口等三个河湖相通的水口，开湖田耕种，导致水不得入湖而横溢冲溃，造成水患。到清代，这一现象愈发严重。军张口闸建立后，附近居民趁清沙泊水退之际，纷纷开垦泊地，并在泊中筑堤，阻碍了行洪通道，由此也造成了新城与下游高苑县之间的长期纠纷[13]。虽然湖田的开垦影响了小清河流域的行洪泄洪，但周边民众长期侵占已形成了既成事实，加上人口的压力，政府在一定程度上承认了湖田的开发。清康熙年间，清政府实行开荒奖励措施，湖田列入官地的范围。并且，随着小清河流域的水利工程建设，水路得到疏通，一些洼地浅泊涸出，也为湖田的垦殖创造了条件。到清乾隆年间，湖田已得到普遍开发，近湖地带被修成台田，低洼处为水田，种植稻、蒲、藕等并养鱼[14]。至清末，曾经烟波浩渺的麻大湖湖面缩小至20 km²。"麻大湖通小清河之道有二：一为老清河，亦名里河；二曰预备河……湖中淤地种高粱、豆菽之类。水产亦多……麻大湖不仅是小清河天然之良好水柜，其物产之丰富，尤冠诸湖泊"[15]。农业的开发加速了该地区湖泊的萎缩和消亡，也加剧了洪水的危害。

明清时期，伴随着小清河流域的治理，该地区的农业灌溉也发展起来，历城、章丘、邹平、淄川、新城等地都享有小清河灌溉之利。明嘉靖年间，博兴县引小清河水灌田，"变斥卤为膏腴"；崇祯时修堤建闸，修复被洪水冲坏的稻田，重新发展水稻种植。清代，淄川县有"流渠若带，灌溉民田"的记载。人们在小清河沿岸开垦稻田，至清康熙时期开垦数百顷[16]，新城一带也通过种植水稻改良积水洼地[17]。随着人们在生产实践中总结出了有效的盐碱地治理技术，青州滨海盐碱土上引淡洗盐种稻取得了成功，生产的稻米品

图3-1　槐荫区小清河流域水稻种植区
［图片来源：作者自摄］

质可与江南的媲美[18]。明清时，小清河流域是山东主要的水稻产区（图3-1）。

　　虽然小清河流域丰富的水资源孕育了北方地区少有的稻作区，但总体而言，小清河流域的水稻田在农田中所占比例并不高。明末宋应星曾说："四海之内，燕、秦、晋、豫、齐、鲁诸道，烝民粒食，小麦居半，而黍、稷、稻、粱仅居半"[19]。可见，当时包括山东在内的我国北方地区，百姓的主要粮食已经是小麦，占总数的一半左右。乾隆年间，山东巡抚方观承说，山东全省的田地中种麦者"十居六七"。总之，明清时期，小麦已经是区域内第一粮食作物，平原地区麦作比重较高，山地丘陵区麦作比重较低，并且，二年三作的多种形式的主粮组合轮作复种制度被普遍采用，保障收获的同时还可以保持地力[20]。

　　黄河泛滥平原沙质土壤分布较广，适宜棉花的生长。棉花在元代初期传入中国，但并未普及。明初，为使人民能够丰衣足食并且保证军需，太祖朱元璋下令，"凡民田五亩至十亩者，栽桑、麻、木棉各半亩，十亩以上者倍之，其田多者率以是为差。有司亲临督劝，惰不听令者有罚，不种桑，使出绢一匹；不种麻及木棉，使出麻布、棉布各一匹"[21]。此举极大地促进了棉、麻的种植和桑蚕的生产，推动了纺织业的发展。凭借良好的纺织业基础和优越的交通，山东

图3-2　章丘地区梯田玉米种植区
［图片来源：作者自摄］

图3-3　东营种植玉米和棉花的台田景观
［图片来源：作者自摄］

一带成为全国棉花和棉布的重要产地，促进了市场经济的繁荣[22]。

清代，本地区引进的美洲作物，如玉米、番薯和土豆等，因其耐旱、耐贫瘠、播种期长、高产等优势，很快改变了几千年来以粟为主的山区作物结构（图3-2、图3-3）。这些新作物的引入，不仅改变了传统的种植结构，也促使耕作制度从两年三熟发展为一年两熟。为获取较高的经济利益，章丘、长山、临朐、寿光等地还引入了烟草种植。

明清时期，济南北乡农民专门进行蔬菜种植，其中尤以种蒜者居多，"北门外盈畦接壤……获蒜亦历人一季之利"[23]。济南城北因广辟菜园而被称作"北园"，出产的蔬菜被称作"北蔬"[24]。山东的果树种植也有很大发展，青州的益都、临朐等地出产核桃、栗子、柿饼等果品。

第二节　农田景观类型

　　区域主要的农田类型有旱地、台田、条田、梯田、水田等，其中旱地是最广泛的营田模式，梯田广泛分布在山地丘陵一带。为解决地势低洼处的水患和盐碱问题，当地人民创造性地采用了台田、条田的土地耕作模式。由田垄和排碱沟构成的营田模式可以有效排碱，抬高的种植面可以避免积水，更有利于农作物的生长。台田、条田分布在小清河流域，其中在麻大泊、黑冢泊等湖泊周边分布广泛，是围湖造田的主要模式。水田主要分布在小清河沿线的清水泊、麻大泊、白云湖、鹊山湖和大明湖，主要种植莲藕、水稻等作物。

　　第一类，旱地。旱地是小清河流域最主要的农田类型，主要分布在山前平原，其中以小清河、孝妇河、淄水、北阳河、南阳河、玉符河等河流周边分布最为广泛，且起源最早。

　　第二类，台田。先民根据对盐碱地区农业耕作探索的经验，通过挖土成沟（或塘），渗碱排碱降低地下水位，并通过抬高田垄来避免盐碱回田。台田系统可以抽象为一种网格化"田—沟"模式，其中"沟"共由四级构成。许多地区将台田与养殖塘结合，形成"上农下渔""农基鱼塘""台田—鱼塘"等多种模式[25]，小清河流域大多开辟沟洫台田以改良盐碱土壤（图3-4）。

　　历史上，小清河流域盐碱化程度较高的区域主要分布在黄河、大清河和小清河沿线以及滨海地带。清光绪年间，小清河沿岸博兴县土地盐碱严重，地方官员"率众掘为台地，民众始得粒食"；清乾

图3-4　台田剖面图
［图片来源：作者自绘］

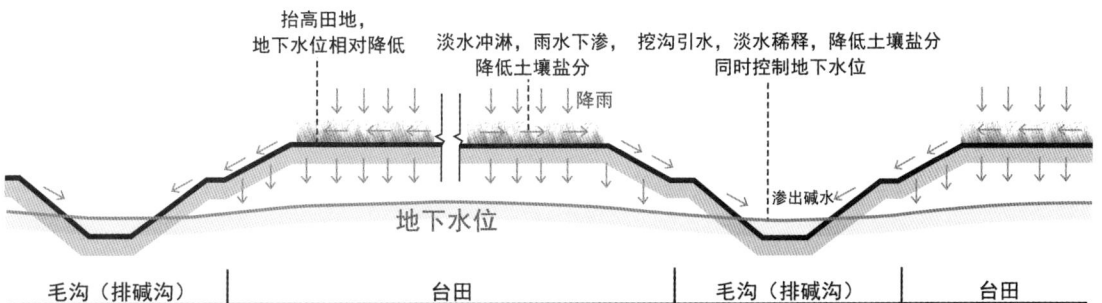

图3-5 马踏湖、东营沿黄区域种植玉米的台田景观
[图片来源：作者自摄]

隆年间，济阳县县令胡德琳提出台田的耕作方法，即"照谕定宽深丈尺，开沟泄水，将碱地四周犁深为沟，以泄积水"[26]。博兴县界处的麻大湖（今马踏湖）为小清河重要水柜，自晚清时期开始水面逐渐缩减，湖中台田与沟汊纵横交错，台田间芦苇、蒲草生长旺盛，稻田、藕田、苇田分布广泛（图3-5）。

第三类，条田。条田即在田间的骨干排水体系基础上再开条田沟形成的营田模式，这一方式可以加速地表水和表层土壤水分的排出，防止土壤含水量过高。条田沟与排水沟连通，以达到排涝治碱的作用，所以条田也称沟洫条田[26]。与台田相比，条田并未抬高很多，对于土壤的改良程度相对较弱。

第四类，梯田。梯田是人地关系紧张状态下一种集约化的土地利用方式。梯田通过改坡面为台地，防止水土流失，存蓄水分，达到保土、保水、保肥的目的，使得山地也能适合农业生产。梯田是山区广泛使用的一种农田模式，能有效提高土地利用率，提升生态和生产功能（图3-6）。

鲁中山地丘陵区分布着广阔的梯田，在淄川东南山区分布有著名的齐国军垦梯田和明清涌泉村梯田。春秋战国时期，淄川一带属于齐国，在其南部山区驻扎有大批军队。为保证军资供应，齐国驻军在附近劈山上选择百余亩土地进行了中国历史上最早的军垦。直至明代以后，这一带开始了民用石堰梯田的开垦，形成几千亩的石砌梯田，并一直保存至今。劈山军垦梯田与民用梯田在开垦时间、分布和特征上存在明显差异。军垦梯田选址在土壤肥沃、周边有较大山泉并靠近军队驻扎的地方，选用坚固石材砌筑梯墙，砌筑手法比较规整，规模明显大于民用梯田，且梯田两侧预

先设计甬道（表3-1）。淄川、博山一带的民用梯田也在春秋战国时
期就已经出现，唐宋时期逐步发展，到了明清时期已有较大规模。
除此以外，淄川峨庄及济南西南的大寨山等也是区域重要的梯田分
布区（图3-7）。

图3-6　鲁中山区梯田景观
[图片来源：作者自摄]

淄川劈山军垦梯田与民用梯田的区别　　　　　　　　表3-1

特征区别		军垦梯田	民用梯田
开垦时间		春秋战国时期	明清时期
分布		分别分布在劈山齐长城北侧的阳坡和劈山对面的阴坡	明代梯田大多处于半山坡以下土壤条件较好的阴坡，面积约2000亩（1亩≈666.67 m²）；清代以后的大多选择在古河道、溜顶和山坡之上
特征	选址	土壤肥沃，周边有较大山泉，靠近驻扎地	方便生产劳作
	取材	选用质量上乘的石材，保证坚固	用当地石岩碎片和自然石垒砌而成
	规模	明显大于民用梯田，堰墙高度、地块宽度几乎相等，修筑手法规整	高1.5~2 m，宽2~4 m，堰高2~2.6 m。堰墙底部宽于顶部，堰墙向内倾斜
	排水沟	梯田两侧分建通道，较长的梯段在中间预设梯形通道	根据水流状况，预先留有排水水道，往往不设置坡度
	植被特征	乔木、灌木较少，以农作物为主	有大量乔木、灌木在梯田间种植
	辅助设施	建有专用的石砌房屋，供劳作者休息、储存劳动工具和看护梯田	一般较少，若存在往往较为简陋

[资料来源：作者根据相关资料整理而成]

图3-7　槐荫区小清河流域灌溉水田
[图片来源：作者自摄]

图3-8　章丘明水香稻田
[图片来源：作者自摄]

　　第五类，水田。水田指经常蓄水，用于种植水稻等水生作物的土地类型。区域内水田主要分布在河流、湖泊周边，包括黄河、小清河沿线的白云湖、巨淀湖、清水泊等。章丘明水香稻盛产于明水百脉泉畔，由发源于1 km外的百脉泉水全年浇灌，称"泉头米"（图3-8）。据考证，明水香稻早在战国时期即有种植，距今已有2000余年历史，被历代封建王朝选作贡品。至1903年，随着胶济铁路贯通，明水香稻从章丘走向全国，享誉海内外。

第三节　小结

山东是我国农业开发最早的地区之一，形成先秦时期的济淄运河灌区和秦汉时期的河、漯灌区，唐宋时期黄河频繁决溢破坏农业生产，明清时期因湖田开发及黄泛治理形成山东主要水稻产区，并凭借良好的纺织业基础和交通条件成为棉花和棉布主产地。区域主要农田类型有五类，其中旱地是最广泛的营田模式，梯田广泛分布在山地丘陵一带，台田、条田有效解决了地势低洼地区的水患和盐碱问题，水田分布在清水泊、麻大泊、白云湖等湖泊周边，主要种植莲藕、水稻等作物。

参考文献：

[1] （西汉）班固撰．金少英校．汉书·食货志[M]．北京：中华书局，2017．

[2] （春秋）《管子·牧民篇》．

[3] 林忠辉，莫兴国．历史时期黄淮海平原农作制度变迁与农业生产环境演变[J]．中国生态农业学报，2011，19（5）：1072-1079．

[4] 栾丰实．海岱地区史前时期稻作农业的产生、发展和扩散[J]．文史哲，2005（6）：41-47．

[5] （西汉）班固《汉书·沟洫志》．

[6] （东汉）班固《汉书·武帝记》．

[7] （西汉）司马迁《史记·三王世家》．

[8] 杨蕊．两汉山东农业地理[D]．西安：西北大学，2007．

[9] （西汉）刘安《淮南子·地形训》．

[10] （东汉）班固《汉书·卷七十二》．

[11] （唐）李邕《登历下古城员外孙新亭》．

[12] 李令福．明清山东农业地理[M]．北京：科学出版社，2021．

[13] 李嘎．“罔恤邻封”：北方丰水区的水利纷争与地域社会——以清前中期山东小清河中游沿线为例[J]．中国社会经济史研究，2011（4）：62-72．

[14] 王涛．清代山东小清河沿岸的河患与水利建设[D]．青岛：中国海洋大学，2010．

[15] （民国）《博兴县志·卷二·水》．

[16] 张育曾，刘敬之．山东政俗视察记[M]．济南：山东印刷局，1934．

[17] （民国）《新城县志·卷一·山水》．

[18] 李令福．明清山东农业地理[M]．北京：科学出版社，2021．

[19] （明）宋应星《天工开物·乃粒》．

[20] 许檀．明清时期山东商品经济的发展[M]．北京：中国社会科学出版社，1998．

[21] （明）《太祖实录·卷十七》．

[22] 李令福．明清山东省棉花种植业的发展与主要产区的变化[J]．中国历史地理论丛，1998（1）：87-102．

[23] （明）崇祯《历城·卷七·风俗》．

[24] 栾博．台田景观研究——形态、功能及应用价值的探讨[J]．城市环境设计，2007（6）：28-32．

[25] （清）胡德琳《劝谕开挑河沟示》．

[26] 贾如江，王万新．涝洼地区沟洫台条田作用的探讨[J]．华北农学报，1966，1（1）：65-68．

第四章

交通发展

　　小清河流域东临东海，南倚泰鲁沂山地，农业发达，又有渔盐之利，历史上一直是政治、军事和经济的战略要地。该地区自古就是工商业发达的地区，其内部交通网络以及通往其他地区的全国性交通网络，是维持内部商品交流和对外产品输出的通道，有力地支撑了当地经济的繁荣。

第一节　交通网络变迁

先秦时期

　　沿泰鲁沂山地北麓，有一条古老的东西向交通大道。根据侯仁之先生的研究，这条东西大道历史悠久，自古就是中原地区和山东半岛文化交流与社会政治经济联系的大动脉。它萌芽于原始社会末期（龙山文化时期），到商代已经发展，至周代已基本形成。齐国建都临淄之后，控制着这条东西大道，位于大道中间位置的临淄城迅速发展为海内名都[1]。自临淄向西，历下是齐都的重要门户，也是通往中原的必经之地；自临淄向东，是齐国东略之路，是齐与东夷商业往来的重要线路。从南北交通大道向南穿过齐长城青石关，是齐国与鲁国等南部诸侯国交流通商的通道。

济水为"四渎"之一，是本地区最古老的河流，在商周两代就已是联系中原的水运要道。齐国的商品就是通过济水转运黄河，运送到中原地区或者关中平原。春秋战国时期，齐国号称"冠带衣履天下"，还出产铁、盐等重要物资。借助以临淄为中心向四方辐射的道路，以及济水—黄河运道，齐国借交通之便，乘渔盐之利，加强了与各国的商业往来，率先称霸于诸侯。

秦汉魏晋时期

秦统一六国后，修筑了驰道，"东穷燕、齐，南极吴、楚，江湖之上，濒海之观毕至"[2]。据史料记载，驰道宽五十步，两旁每隔三丈种植一株松树。从咸阳通往齐郡的驰道是当时秦帝国的交通干道，秦始皇多次沿驰道东巡，其中三次到达齐郡。根据历史信息，从咸阳到临淄的驰道线路大致是咸阳—函谷关—阳武—濮阳—临淄[3]。通过驰道的修筑，秦王朝加强了中央对齐郡的控制。

汉代，山东是国家重要的粮食产地，也是中央政府财税的重要来源地。汉武帝时，"山东漕岁六百万石"，漕粮运输推动了山东内河航运的发展。元狩年间实行盐铁专卖之后，全国设盐官34处，山东有11处，包括本地区的千乘、寿光；设铁官48处，山东有12处，包括本地区的历城、东平陵和临淄，盐铁业在全国举足轻重[4, 5]。除此之外，山东的纺织业也很发达，设服官三所，生产大量的纺织品供应皇室。山东的粮食、海盐和其他大宗物资，主要通过济水水道汇聚到黄河，然后再转渭水或者人工运河漕渠，运送至长安。

唐宋时期

唐代，中国与世界各国经济文化交流频繁，胶东半岛的莱州、登州、黄县、成山等港口是大唐与日本、新罗、渤海诸国海上往来的主要港口。唐朝水军东征朝鲜半岛，也是从胶东半岛扬帆起锚[6]。从长安通往胶东半岛的交通干线，经泰鲁沂山地北麓的东西大道，过齐州（今济南）、益都（青州）再转向胶东半岛沿海，是连接海上丝绸之路的要道。北宋时，密州板桥镇成为胶东对外贸易的重要港口，设立了继广州、杭州、明州和泉州之后的第五大市舶司，商船不仅往来朝鲜半岛、日本列岛、东南亚，还远达中东阿拉伯地区，贸易极为繁荣[7]。全国各地的商品通过陆路和内河航道运送到这里，再通过港口转运至世界各地。

隋唐时期，济水逐渐湮灭。随着大运河的开挖，济水的遗脉清河发挥了重要的航运通道作用，连接了洛阳与山东地区。后周、北宋定都开封后，多次整治唐代旧渠五丈河（广济河），改善通往山东大清河的航道，形成了广济河-梁山泊-清河水运通道，而齐州城是水陆交通的中转站。北宋京东路的漕粮都是由广济河运抵京师，可见这条水运通道的重要。

北宋时期，从开封至胶东半岛的登州，有两条驿路，是东京联系山东一带的通衢。一条是经过曹州、郓州、齐州、淄州、青州、潍州、莱州，另一条是经过濮阳到郓州再走齐、淄、青、潍、莱的路线，两条线路的后半段是重合的，都要经过济南与青州间的青齐大道。随着贸易的繁荣，山东内部的交通道路已成网络，商旅不断。经由淄川的青石关道、经由临淄的长裕道、经由益都的穆陵关道和经由齐州的河北东路南北交通道四条道路是鲁中地区南北向的主要交通道。东西向的青齐大道与南北向的穆陵关大道在青州相交；而齐州北通德州、沧州，南达兖州，东至青、潍、登各州。齐州（今济南）和青州两个城市是这一时期水运、陆运的枢纽城市（表4-1~表4-3）。

南北向陆路交通大道的发展　　　　　　　　　　　表4-1

道路名称	重要城市	线路走向
青石关道	青石关、颜神镇	张店—淄川—颜神店（今博山）—青石关—莱芜—泰安一线
长裕道	莱芜 临淄	穿越淄河河谷，从临淄到达莱芜
穆陵关道	青州	穆陵关道大致由临沂向北经沂水县，过穆陵关入临朐，后经大关镇、蒋峪镇等到达临朐县城，继续北上到达青州，并延伸至寿光
经由济南的南北向交通大道	济南	由金代都城中都南下的必经之地

［资料来源：作者根据（元）脱脱《金史·卷一百零二·蒙古纲传》整理］

东西向陆路交通大道的发展

表4-2

时期	中心城市	线路走向及途经城市
自西周至春秋战国	临淄	经济南、城子崖、东平陵、临淄、青州、平度直至胶东半岛的莱阳、栖霞、牟平一线的东西交通大道是重要的交通线
西晋至明末	济南、辛店、广固城-青州	"青齐要道"——从旧章丘县城出发，过长山以后向东南到达张店之后向正东，又经金岭镇、辛店、淄河店再向南到达广固城
唐宋开辟，清初重修	济南、王村、周村、青州	由白云山北迁至南侧，以济南为起点，经王村、周村，过鲁中及白云山间的"王村峪"后沿着旧道向东至青州

[资料来源：作者根据侯仁之. 城市历史地理的研究与城市规划 [J]. 地理学报，1979 (4)：315-328. 整理]

水运交通大道

表4-3

运道名称	开凿时期	线路走向	发展情况
济水运道	商周时期	经济南，沿济水运道朝向都城方向	自商周时期，为联系中原的水运要道。隋唐时期湮灭，遗脉清河连接洛阳与山东
广济河—梁山泊—清河	后周时期	连接山东与都城，齐州城市水陆交通中转站	后周时期重要通道
小清河	金宋室南渡后	自济南向东，经章丘、邹平、长山、新城、高苑，在博兴与时水合流，东北入海	金元时期北清河、小清河两条水路交通要道；金至明嘉靖年间始终通航，明成化年间淤塞，清康乾时期恢复通航。随后又淤塞，光绪年间通航
济州河	元十九年（1282年）	济宁至安山	漕船自淮安沿黄河北上至徐州，后经泗水、济州河转大清河，由利津入海，走海运至直沽，达京城
京杭大运河	元二十六年（1289年）	开会通河（安山—聊城—临清）接卫河，大运河全线贯通	金元时期水量不稳定，形成河海并行、海运为主的漕运方式；明永乐年间，京杭大运河漕运通畅；1855年，黄河夺大清河河道，大运河山东段淤废

[资料来源：作者根据（元）于钦《齐乘·卷二·山川下·济南水》和李嘎. 从青州到济南：宋至明初山东半岛中心城市转移研究——一项城市比较视角的考察 [J]. 中国历史地理论丛，2011，26 (4)：92-104. 整理]

金元时期

由于黄河改道冲决的影响，北清河在宋金时期水运拥挤。宋室南渡之后，刘豫下令开凿小清河，从而保证海盐的西运。经由济南的水运通道从北宋时期的济水一途，变为北清河（即济水北支流）、小清河两条水路交通道。

元定都大都（今北京），距离南方粮食产区数千里，漕粮运输成为难题。至元十七年（1280年），为了开辟更便捷的漕运路线，元世祖命人开凿胶莱运河，纵贯胶东半岛，以减少路程并降低航行风险。运河开通后，漕粮从江南通过海运转胶莱运河内河航运又转海运的方式运输到直沽，再走内河至大都。但因耗费太大，胶莱运河很快被废弃。至元十九年（1282年），元世祖令人开济州河（济宁—安山）。开通后，漕船从淮安循黄河北上至徐州，然后经泗水、济州河转大清河，从利津入海，再走海运至直沽，达京城。不久后大清河入海口泥沙堵塞，漕运路线又改为从济州河转陆路至临清入御河至京城。至元二十六年（1289年），朝廷开会通河（安山—聊城—临清）接卫河，使京杭大运河全线贯通，但因运河水量不稳定，始终未能发挥出应有的效益。与此同时，元政府也一直尝试漕粮海运，不断优化路线，提高航海技术，最终形成河海并行、海运为主的漕运方式。在这一过程中，大清河一度发挥了重要的作用，即使在失去漕运功能后，它与小清河一起仍然是鲁北地区重要的区域性水运通道。

金元时期，山东内部的陆路交通延续了历史道路。由于金元政权定都北京，华北平原上的南北向水陆交通日益重要，位于南北、东西交通线汇聚点的济南的交通优势凸显，城市日益繁荣，逐渐超越青州。

明清时期

明清时期，陆路交通上最大的变化是白云山南麓古道的重修，这导致东西大道由白云山北侧迁至南侧，但原有的道路也没有废弃，济南、青州依然是重要的沿线城市，保持着繁荣发展[8]。此时的东西大道以济南为起点，取道鲁中及白云山间的"王村峪"，过王村、周村后沿着旧道向东至青州。鲁中山区成为联系东西、南北向经济贸易往来的重要纽带。

明永乐年间，京杭大运河的航运恢复，漕运归于运河，一系列沿运城镇发展起来。明清两代，作为沟通山东西部与东部沿海一带的重要物资运输航道，大、小清河依靠山东盐业的繁荣而帆樯如云。从金代到明嘉靖年间，小清河一直可以通航。明成化以后，小清河堵塞，直至清代的康雍乾时期，经过治理才恢复通航。但之后又淤塞，直到光绪年间盛宣怀治理小清河后，才恢复了全线通航。这之后，船只可以从历城直接到达海边的羊角沟，沿岸市镇随之繁荣发展。1855年黄河夺大清河河道以后，大运河山东段淤废，南北交通动脉堵塞，漕粮改为轮船海运。大清河山东段也逐渐淤积，航运停滞，原有的沿岸港口码头也随之衰落。

民国时期

1840年鸦片战争以后，中国沦为半殖民地半封建社会，烟台被辟为通商口岸，胶州湾沦为德国租借地，德国修建了青岛港和从青岛到济南的胶济铁路（图4-1）。烟台、青岛成为中外贸易的港口，大量商品通过胶济铁路在鲁北平原的济南、山东腹地和青岛之间流通，并连接海外市场。1908年，清政府开始修建从天津到南京浦口的津浦铁路。建成后，济南成为胶济铁路和津浦铁路的交会点，交通四通八达，商品流通顺畅，成为山东内陆的中心市场。

随着帝国主义的入侵和民族工业的兴盛，山东地区呈现出沿海、沿铁路线并行发展的态势。铁路的修建使得山东海陆交通连为一体，从根本上改变了原有以大运河和鲁中山区陆路为主干的交通体系。由于胶济铁路运量大、速度快，因而迅速取代鲁中大道成为内陆的主要交通方式[9]。本地区的交通体系从明清时期的海运、运河、官路和驿道体系逐渐演变为以港口、铁路和公路为主的现代体系（图4-1）。

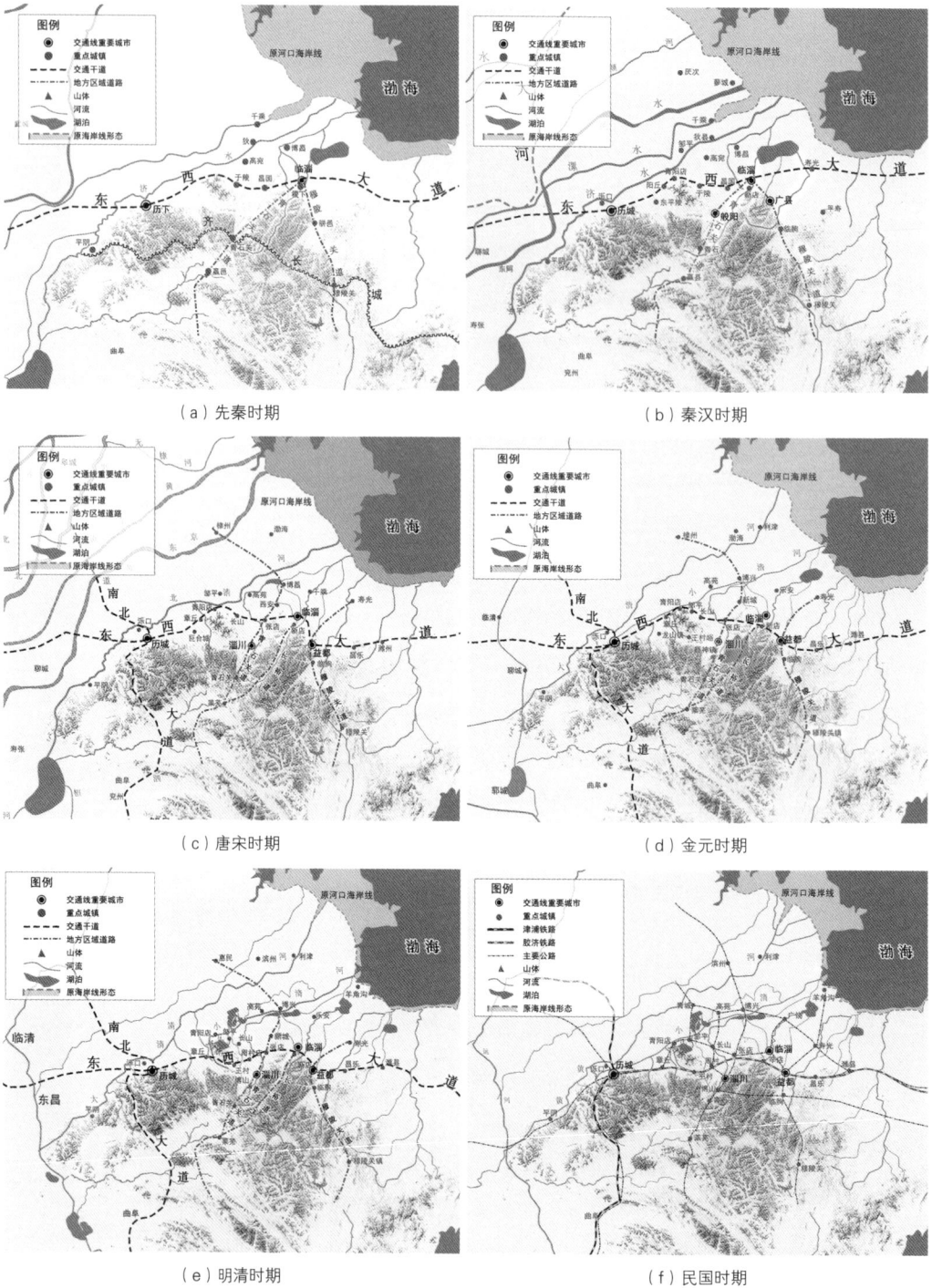

（a）先秦时期

（b）秦汉时期

（c）唐宋时期

（d）金元时期

（e）明清时期

（f）民国时期

图4-1　小清河流域不同时期的陆路交通体系

［图片来源：作者根据谭其骧. 中国历史地图集［M］. 北京：地图出版社，1982. 中的《胶济铁路全图》和青岛市政府新闻办公室. 青岛指南［M］. 1947. 绘制］

第二节　交通体系特点

沿山穿谷的陆路交通

泰鲁沂山地北麓历史上就是人类早期聚落发展的地区，连接这些聚落的道路在原始社会末期就已经出现，到春秋战国时期形成了从中原到胶东半岛的东西大道。鲁北平原通往胶东、鲁中、鲁南，需要穿过鲁中山区，山区的山谷、河谷等孔道成为区域性陆路交通的天然选择。这些道路在很长的历史时期内一直是人员往来、商品交换的重要通道。

漕、盐驱动的水路交通

古代的都城及京畿地区，往往吸引大量人口，也驻扎着人数众多的军队，但却生产不了足够的粮食以满足人口的需求，需要从外部地区调粮。所以漕运是关乎国之根本的大事。小清河流域历来是重要的粮食产区，自秦汉以来就是国家漕粮的重要来源。本地区沿海一带也是重要的盐场，生产的海盐是国家专营的商品。为了保证漕粮和海盐的运输，历代朝廷在本地区维护天然河流航道，开挖人工运河，并不断疏浚整治，维护水路的畅通，形成了与全国水、陆交通网连通的水路交通体系。

现代交通发展较早

19世纪中叶开始，随着烟台、济南等城市开埠，以及帝国主义占领胶州湾，西方最新的火车、轮船技术被引入本地区：胶济铁路和津浦铁路为地区的交通带来了巨大的变革，铁路连接的海港使本地区拥有了通往世界各地的贸易和人员往来通道，不仅使本地区成为全国各地商品的转运中心，也促进本地近代工商业的发展，带来经济的繁荣。

第三节　小结

小清河流域历史上一直是政治、军事和经济的战略要地，其内部交通网络以及通往其他地区的全国性交通网络，是维持内部商品交流和对外产品输出的通道，有力地支撑了当地经济的繁荣。区域交通网络具有陆路交通和水运交通两种类型，其中陆路交通包括南北向的青石关道、长裕道、穆陵关道和经由济南的南北向交通大道，东西向的青齐要道、穆棱关大道；水运交通包括济水运道、广济河—梁山泊—清河运道、小清河运道、济州河运道及京杭大运河，形成了便捷的水陆交通网络。在民国时期，较早开发了胶济铁路和津浦铁路，为地区的交通带来了巨大的变革，促进了近代工商业的发展，带来了经济的繁荣。

参考文献：

[1] 侯仁之. 历史地理学的理论与实践[M]上海：上海人民出版社，1979.

[2] （西汉）班固《汉书·卷五一·贾邹枚路传第二十一》.

[3] 王开. 陕西古代道路交通史[M]. 北京：人民交通出版社，1989.

[4] 臧文文. 从历史文献看山东盐业的地位演变[J]. 盐业史研究，2011（1）：55-61.

[5] 王茹. 两汉盐铁研究[D]. 太原：山西大学，2014.

[6] 王赛时. 唐代山东的沿海开发与海上交通[J]. 东岳论丛，2002（5）：130-132.

[7] 王磊. 古代胶州与海上丝绸之路研究[C]//中国国际科技促进会国际院士联合体工作委员会. 文化艺术创新国际学术论坛论文集，2022：55-62.

[8] 杨发源. 清代山东城市发展研究[D]. 成都：四川大学，2009.

[9] 董建霞. 胶济铁路的修建与近代山东经济格局的重构[J]. 理论导刊，2013（10）：93-97.

第五章

城乡营建

小清河流域的城乡发展受到自然条件、交通发展状况及政治、经济等诸多社会条件的影响，其中，黄河改道与治理、大运河的开凿是影响区域城镇群发展的核心因素，而泰鲁沂山地北麓水陆交通大道是带动区域发展的主要动力。区域城镇群在不同时期始终呈现多线发展的趋势，并发生三次城镇群发展重心的迁移。在整个历史时期，临淄、青州、济南、淄川始终位于泰鲁沂山地北麓陆路交通大道沿线，具有较好的区位条件，在区域城镇中处于重要地位。

第一节　城乡格局变迁

先秦时期

基于苏秉琦的考古学文化区系理论，小清河流域所在的东方文化区是中国史前文化大区之一，是中国古代文明的主要源头之一，依次经历了后李、北辛、大汶口、龙山文化的发展序列，历史十分悠久（表5–1）。后李文化时期，在济水、淄水沿线分布有长清月庄、张庄、章丘西河、摩天岭等12处原始聚落遗址；北辛小清河流域史前聚落的分布   表5-1

时期	文明时期	分布情况	典型遗址
旧石器时代		主要分布在沂源、新泰、沂水河畔和沭河河边	
距今8500~7500年前	后李文化	分布在济水、淄水沿线	后李村遗址
距今5400~4400年前	北辛文化	主要集中在鲁北和鲁中南地区	桃园遗址
距今6300~4600年前	大汶口文化	泰鲁沂山地北是大汶口文化的重要分布区	广饶县傅家遗址、丹土遗址
距今4600~4000年前	龙山文化	基本呈东西向排列，以鲁中和鲁西分布最为集中	城子崖遗址、邹平县丁公、临淄桐林和寿光边线王城址
距今4000~3500年前	岳石文化	以泰鲁沂山地为中心向四周扩展，后因商文化东进走向衰落	龙山镇城子崖、青州郝家庄等

［资料来源：作者根据安作璋. 济南通史·先秦秦汉卷［M］. 济南：齐鲁书社，2008. 和高广仁. 海岱文化与齐鲁文明［M］. 南京：江苏教育出版社，2005. 及相关考古资料整理］

文化时期，该地区出现过青州桃园、临淄后李官庄等原始聚落；大汶口文化遗址主要分布在泰鲁沂山地以北、淄水沿线；岳石文化遗址以泰鲁沂山地为中心向四周扩展，以山前平原地区为主（图5-1）。

鲁中山地及山前平原地区为原始聚落的主要分布区域，这里河网密布，地势高爽，沃壤千里，气候适宜，农业起源较早，孕育了早期的文明。在淄水、济水、巨洋水（弥河）、孝妇河等诸多古代河流周边分布有许多聚落城邑。济水作为水运体系主干，孕育了薄姑、贝丘、桓台、历下、博兴等早期聚落文明。

由于自然、政治、经济等方面具有得天独厚的发展优势，该地区在历史上产生过一系列区域中心城市。商代，山东分为商王朝统治下的鲁西南地区、商势力东拓所至之地和青州以东三大区域，济南大辛庄、滕州前掌大和青州苏埠屯三大遗址印证了商王朝东进的历史过程。西周时期，周王朝封姜太公于营丘（今淄博临淄区），为齐。齐都临淄人口众多，经济繁盛。围绕临淄周边，分布有谭国、牟国等多个诸侯国，城邑分布广泛，均位于淄水、弥水和济水等河谷平原及山麓冲积扇、黄河冲积平原之上，以淄水和孝妇河沿岸最为集中，有渠丘、袁娄、夫于等。战国后期，齐国势力衰微，于前

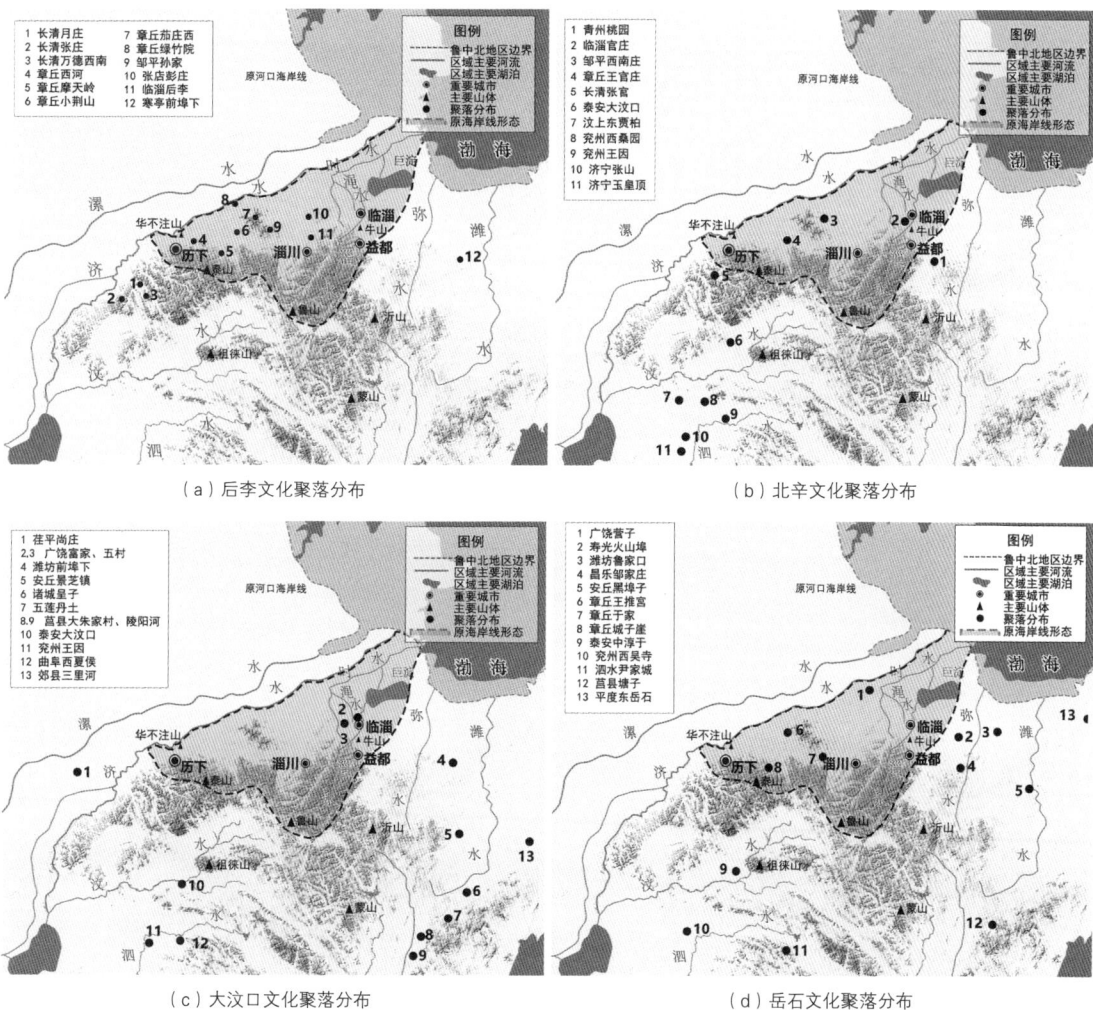

（a）后李文化聚落分布

1 长清月庄
2 长清张山
3 长清万德西南
4 章丘西河
5 章丘摩天岭
6 章丘小荆山
7 章丘茄庄西
8 章丘绿竹院
9 邹平孙家
10 张店彭庄
11 临淄后李
12 寒亭前埠下

（b）北辛文化聚落分布

1 青州桃园
2 临淄官庄
3 邹平西南庄
4 章丘王官庄
5 长清张官
6 泰安大汶口
7 汶上东贾柏
8 兖州西桑园
9 兖州王因
10 济宁张山
11 济宁玉皇顶

（c）大汶口文化聚落分布

1 茌平尚庄
2,3 广饶富家、五村
4 潍坊前埠下
5 安丘景芝镇
6 诸城呈子
7 五莲丹土
8,9 莒县大朱家村、陵阳河
10 泰安大汶口
11 兖州王因
12 曲阜西夏侯
13 郯县三里河

（d）岳石文化聚落分布

1 广饶营子
2 寿光火山埠
3 潍坊鲁家口
4 昌乐邹家庄
5 安丘黑埠子
6 章丘王推官
7 章丘于家
8 章丘城子崖
9 泰安中淳于
10 兖州西吴寺
11 泗水尹家城
12 莒县塘子
13 平度东岳石

221年归于秦（图5-2）。商周时期以齐为核心的诸侯国在经济、文化、政治等方面发展迅速，在与中原的交流与融合中促进了华夏文明起源。比如春秋战国时期稷下学宫的兴起及百家思想的传播对我国传统思想与文化的形成产生了深远影响。

临淄地处淄河西岸，位于古代东西交通大道的中间位置。临淄以西，城子崖和东平陵是齐都的重要门户，也是从东部各诸侯国通往齐国都城的关口；自临淄向东，则是通往青、莱、登的必经之路。

秦汉魏晋时期

秦朝统一天下，废除分封，小清河流域属于临淄郡和济北郡。

图5-1　史前文明聚落分布
[图片来源：山东各时期重要遗址示意图，山东省博物馆史前文明序列展览馆藏]

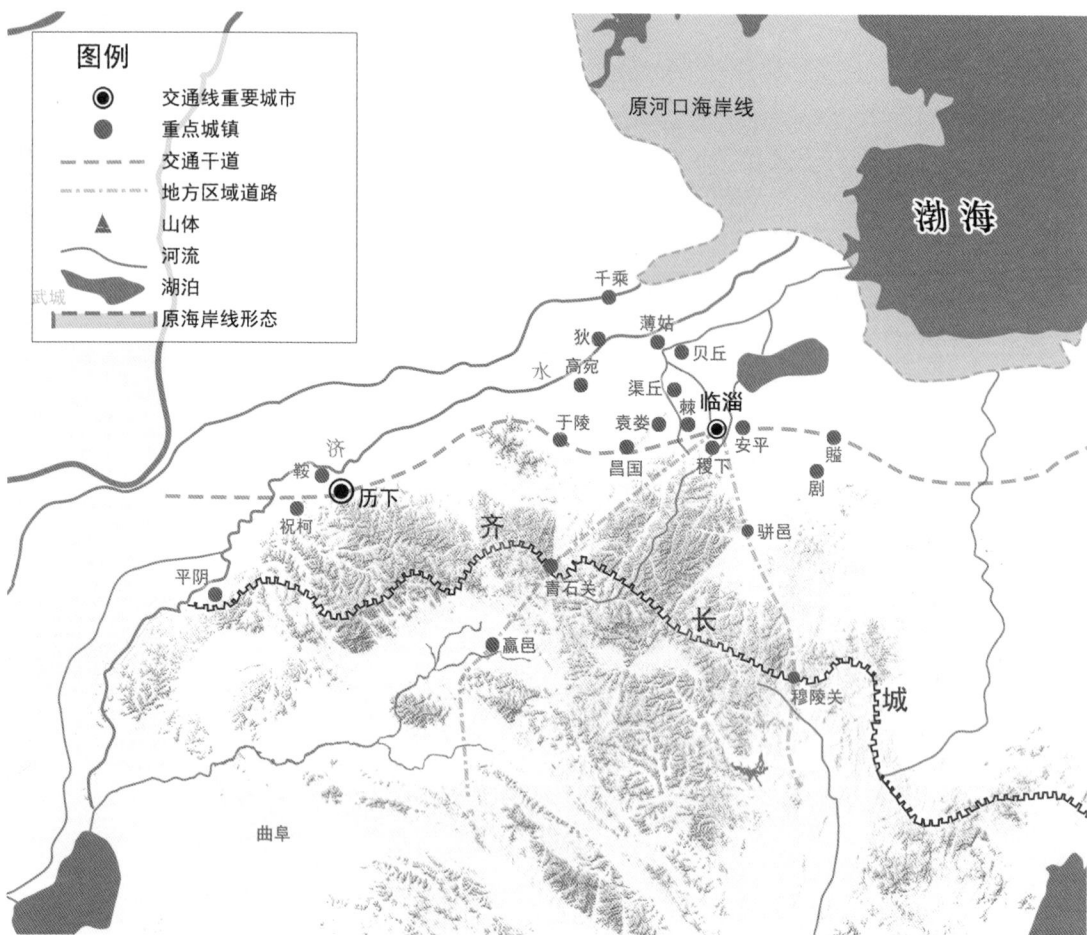

图5-2   先秦时期区域城乡聚落格局
[图片来源：作者根据谭其骧. 中国历史地图集［M］. 北京：地图出版社，1982. 绘制]

西汉恢复分封制度，小清河流域属于齐国、济南国。"七国之乱"以后，汉武帝分天下为十三州，小清河流域由青州刺史统领，这一建置一直延续到东汉时期。西晋时期，青州取代临淄成为区域中心，原先以临淄为中心的道路随之改为经过广固城，泰鲁沂山地北麓的大道从临淄向南移，经青州继续通往东南，即"青齐要道"，带动了沿线城镇群的经济发展（图5-3）。

汉代该地区的主要城市有临淄、祝阿、千乘、博昌、历城、东平陵、昌国、易县、巨定、利县、广饶侯、于陵等。城邑主要位于水源附近，如河、湖岸边，或者泉水近旁。如临淄位于淄水西岸，般阳位于般水与孝妇水交汇处，千乘濒漯水，博昌濒时水和绳水，历城临泺水、历祠下泉等泉水，东平陵附近有武元泉，巨定则位于巨定湖边[1]。

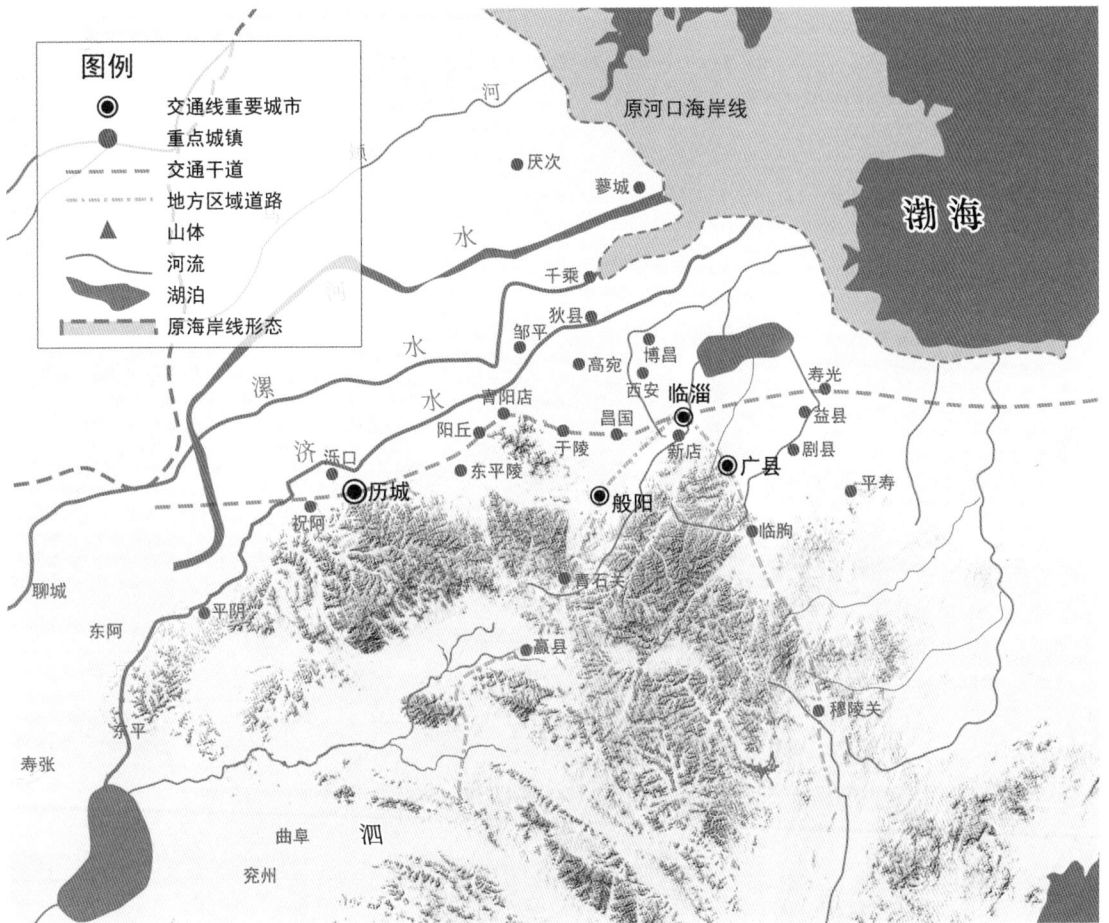

图例

- ◉ 交通线重要城市
- ● 重点城镇
- ━ 交通干道
- 地方区域道路
- ▲ 山体
- 河流
- 湖泊
- 原海岸线形态

原河口海岸线

渤 海

厌次
蓼城
千乘
狄县
邹平 博昌
高宛 西安 临淄 寿光
青阳店 益县 剧县
阳丘 昌国 新店 平寿
济 泺口 于陵 广县 临朐
历城 东平陵 般阳
祝阿
聊城 青石关
东阿 平阴
赢县
穆陵关
东平
寿张
曲阜 泗
兖州

图5-3 秦汉时期区域城乡聚落格局
［图片来源：作者根据谭其骧. 中国历史地图集［M］. 北京：地图出版社，1982. 绘制］

唐宋时期

唐代，山东纺织业发展迅速，是丝绸的重要产地，青州、齐州均为著名的商业城市[2]。杜甫诗曰："齐纨鲁缟车班班，男耕女桑不相失"[3]。北宋时，山东是国家重要的财税来源地。山东沿海的港口是海上丝绸之路的起点，依靠内陆交通网络连接中原地区。泰鲁沂山地北麓和西麓的陆路和水路交通非常发达，带动了沿线城镇的发展，形成了沿交通线的城镇密集带。而在梁山泊以下的济水周边，城镇密度已经超过了陆路沿线[1]。对外贸易不仅刺激了本地区丝绸、瓷器等商品的生产，全国各地的商品也通过便捷的交通运输到这里。由于商品经济的发展，一些地处人员往来必经之地的商埠发展起来，如淄州张店镇、历城洛口镇、历城中宫镇等[4]。商业型市镇的蓬勃

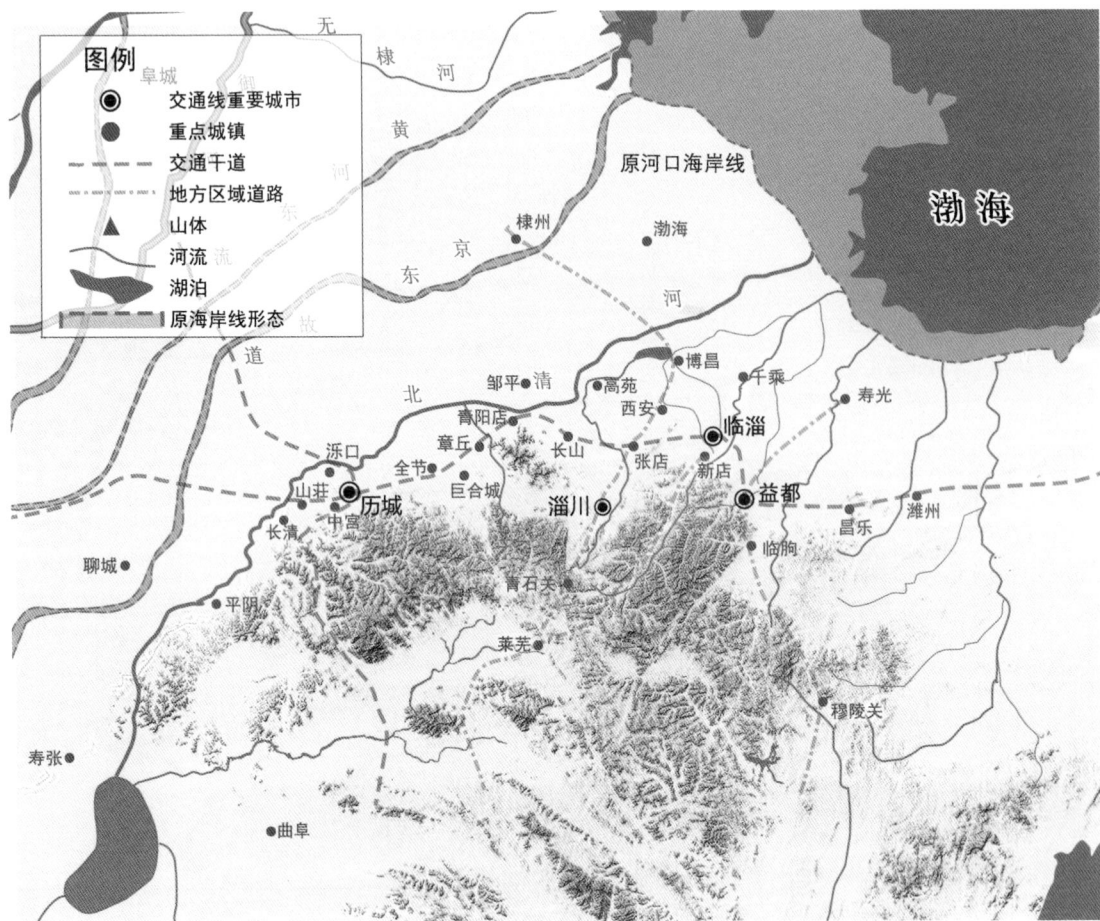

图5-4　唐宋时期区域城乡聚落格局

[图片来源：作者根据谭其骧. 中国历史地图集［M］. 北京：地图出版社，1982. 绘制］

发展进一步促进了农业和手工业产品商业化程度的提高，一批手工业型市镇也随之兴起（图5-4）。

金元时期

　　小清河开挖后，济南成为重要的水上交通枢纽，也带动了以泺口为代表的多个码头、港口城镇的兴盛与发展。而大清河虽然常常受淤塞困扰，但航运一直持续，沿岸的主要码头有泺口、北镇、清河、利津等。青州是山东的行政中心，地处齐东经济发达区的核心腹地，又在东西向的青齐大道与南北向的穆陵关大道的交会处，也是重要的枢纽城市。这一时期，济南、青州为该地区的两个经济中心和水运、陆运枢纽城市（图5-5）。陆路交通沿线有一些重要的市镇，如淄川县有三个镇，金岭、张店位于东西大道上，颜神店位于

图5-5　金元时期区域城乡聚落格局
[图片来源：作者根据谭其骧. 中国历史
地图集［M］. 北京: 地图出版社, 1982.
绘制]

从鲁中山地到鲁北平原的南北交通道上[5]。但总体而言，金元时期，因战乱和政府的不善治理，地区的社会经济整体呈现衰退的态势，人口大幅减少。

明清时期

明代，朱棣迁都北京，为保证漕运，重新疏浚了元末已淤废的京杭大运河山东段，恢复了大运河航道。这一南北交通动脉带来了沿运城市的迅速发展，临清、济宁等城市形成了山东西部的城镇经济带，济南也凭借与大运河便捷的联系成为小清河流域的中心。这一时期，大运河的全面通航与政治、经济中心转移是影响城乡发展的核心因素。

明初，济南成为山东的治所，正式成为小清河流域的中心城市。其实，自隋唐以来，随着国家的统一，济南凭借优越的地理位置在区域中的地位不断提高，至北宋后期，济南的人口、税收和城镇数量已经超越青州。但青州依然是东西大道沿线的重要城市，保持着繁荣[5]。

至清末，济南府包含济南、章丘、济阳、齐河、长清、淄川等16个县城，治所在济南，此外还包含村镇80余个，分布较为广泛，尤其在黄河、小清河、玉符河、北沙河、孝妇河等重要河流沿线分布较多；青州府包含博兴、高苑、寿光、青州等村镇60余个，其中淄河、北阳河、弥河、汶河、小清河沿线村镇分布最为集中（图5-6）。小清河流域，港口市镇和商业市镇都随之发展起来，如新

图5-6　明清时期区域城乡聚落格局
［图片来源：作者根据谭其骧. 中国历史地图集［M］. 北京：地图出版社，1982. 绘制］

图5-7　民国时期区域城乡聚落格局
[图片来源：作者根据谭其骧. 中国历史地图集［M］. 北京：地图出版社，1982. 中的《胶济铁路全图》；青岛市政府新闻办公室. 青岛指南［M］. 1947. 绘制]

城县东南部的索镇，是食盐从滨海盐场转运至鲁中地区的重要水陆转运码头，高家港是小清河下游重要的盐运港口[6]。小清河沿岸的市镇从清朝中叶的11个发展到民国时期的63个，说明清后期小清河沿岸市镇发展迅速[7]（图5-7）。

民国时期

胶济铁路于1904年建成通车以后，直隶总督袁世凯与山东巡抚周馥联名上书请求清政府开放铁路沿线的济南、潍县、周村三地为通商口岸，沿线城镇的城市风貌与城市职能均发生了较大改变。民国时期，胶济铁路北侧，尤其是小清河流域市镇尤为集中。济南城内出现了许多西式建筑，与古建筑混杂，古城面貌变化巨大。此外，帝国主义在临淄建立煤炭开采公司和发电厂，使临淄迎来了自东汉衰败以来的首次城市复苏。

随着帝国主义的入侵和民族工业的兴盛，山东地区呈现出沿东部沿海、胶济铁路和津浦铁路的"H"形发展格局，本地区的城市也开始呈现出明显的殖民、半殖民地特征[8]。

第二节　驱动因素

在不同驱动因素影响下，小清河流域发展出了农业型、商贸型、交通型等不同类型的聚落，形成丰富的聚落形态与独特的分布格局。城乡发展的驱动因素包括基础条件、制约要素和支撑要素等方面。

基础条件——自然环境。区域地处泰鲁沂山地及山前平原，气候适宜，土壤肥沃，孕育了早期的文明。发源于山区的众多南北向河流与地区北部的东西向河流，如不同历史时期的济水、大清河、小清河等，共同构成了区域的水系网络。城邑选址大多沿河道展开，并以自然山体为防御屏障，如临淄选址淄水东岸，青州位于北阳河东岸，济南位于泺水、沥水的河道交叉口，淄川则位于孝妇水沿线。泰鲁沂山地山前冲积平原和河谷是农业最发达的地区，也是区域城镇群集中分布的地方。区域水网覆盖整个山前平原，为城镇发展和农业生产提供了水源。

制约要素——黄河改道。历史上的黄河一直以"善淤、善决、善徙"而闻名。黄河改道对于本区域的影响主要体现在三个方面。第一，水文条件变化和水患灾害增加。由于黄河频繁决口改道，泥沙堆积，本区域的诸多古湖泊逐渐淤平。河湖的淤浅导致黄河沿岸的泄洪能力下降，水害频发。第二，影响农业生产。先秦时期，随着黄河在黄淮海平原摆动频繁，沙岗、沼泽和洼地遍布，农业发展迟缓。由于水患频繁，漫流较多，除了宋代进行过引黄放淤以外，黄河下游地区很少进行引黄灌溉，土壤沙化、盐碱化，城乡发展迟滞。第三，影响区域城镇发展。春秋战国时期至王莽政权时期，黄河河道固定，黄河沿线、济水沿线城镇群发展良好。隋唐时期，济水湮灭，济水沿线城镇发展受到一定影响。北宋时期，小清河流域位于黄泛区边缘，洪涝灾害频繁。南宋初年，黄河南流，小清河的开凿复活了济水故道，带动了沿线港口及码头的发展。元代，大清河为漕粮海陆联运的一段重要河道，沿岸城镇繁荣。明代，大运河为漕运和南北交通的中枢，沿线商业城镇崛起，济南也因通过大清河连接大运河而更加繁荣。清后期，黄河再次北决，夺大清河河道，阻塞漕运，至光绪年间漕运废止，运河山东段沿线城镇迅速衰落。由此可见，黄河自北宋至清末频繁改道，对于本地区的水文安全、农业生产和城镇发展影响深远。

支撑要素——交通发展。水陆交通的发展是小清河流域城镇发展的重要支撑因素。小清河流域交通大道由一条东西向陆路交通道、四条南北向陆路交通道和两条水运交通航道构成。南北向的交通道主要包括经淄川的南北交通大道、经临淄的长裕道、经青州的穆陵关道和经济南的南北交通道。水运通道包含不同时期的济水运道和小清河航道。陆路交通与水运交通相结合，共同构成小清河流域的交通体系，成为城镇发展的重要支撑网络。交通道的迁移与中心城市的更替密切相关：西周至两汉时期，临淄一直是小清河流域的中心城市，大道经济南、临淄、青州向东直至胶东半岛；西晋至元，青州为小清河流域的中心城市，青齐要道从章丘出发，过长山向东南过青州；随着金元政权定都北京，华北平原上的南北向水陆交通日益重要，位于南北、东西交通线汇聚点的济南的交通优势凸显，城市日益繁荣，逐渐超越青州。明初，济南取代青州成为山东的首府。

第三节　城镇类型

城镇的兴起与国家的政治、经济、区位、交通条件等因素紧密相关。自西周时期开始，贯穿本地区东西、南北方向的陆路、水路交通已相继开辟，交通体系的完善进一步促进了商贸往来，由此也促生了不同类型的城镇发展。唐宋时期，泰鲁沂山地北麓和西麓的水陆交通发达，带动了城镇的发展，形成沿交通线的城镇密集带，淄州张店镇、博山镇和历城洛口镇等对外贸易发达的商业市镇发展起来，同时，以眉村镇为代表的手工业市镇也随之兴起。金代小清河开凿以来，济南成为重要的水上枢纽，带动了以泺口为代表的多个码头、港口城镇的兴盛。大清河虽经常淤塞，但航运一直持续，沿岸码头泺口、清河、利津等保持了长期繁荣。明清时期，山东的政治和经济中心西移济南，小清河流域的港口和商业市镇如新城索镇、高家港等日益兴盛。1904年，胶济铁路建成通车，济南、潍县、周村三地成为通商口岸，城镇风貌与职能发生较大改变。因而，本区域在长期的发展中产生了以陆路商埠、内河码头、海港、手工业镇为代表的主要市镇类型。

陆路商埠——周村、张店

商旅四达"旱码头"——周村。周村地处泰鲁沂山地和华北平原的交界处，具有得天独厚的区位优势。明清时期，它从一个普通居民点聚落迅速发展为重要的商埠型城镇。

明嘉靖年间，济南府志中首次出现"周村"之名。周村位于三水交汇之处，水周之村，故名周村[9]。明朝中叶，周村被称为"周村店"，有"居民三百家"[10]，是长山县的一个居民聚落。此时"青齐要道，无逾于此"[11]，周村未处于交通道沿线，仍是不为人知的小村。明崇祯年间，周村设立了"四、九"大集，又立"二、七""三、八"小集，赶集之人熙来攘往，百货云集，周村易名为"周村镇"，村内最古老的商业街也于此时初建。清康熙年间，随着商业、手工业的发展，周村连通王村的道路被开辟。而由于长期车马碾压造成了道路破损，原来由济南到青州的东西大道绕行白云山南侧，由长山县城改道周村，周村遂成为东西交通干道上的重要枢纽。周村的商业逐渐发展，成为名列长山县市集之首的"周村集"[12]。乾隆年间，周村的丝织业开始兴起。嘉庆年间，周村"烟火鳞次，泉货充仞"，以五行（钱行、粮行、丝行、布行、杂货行）和八作（铜器、木器、丝绸、浆麻、腿带、首饰、毡帽、剪锁）为经营主体，有"旱码头"之称，成为"百货丛积，商旅四达"的"巨镇"。1904年，周村开埠，成为胶济铁路沿线的通商口岸，城镇风貌与职能发生转变。

周村在明清的迅速崛起，离不开陆路交通转变带来的发展机会，泰鲁沂山地北麓的区位与区域经济的发展共同促成了周村"旱码头"的盛况。除地理位置以外，周村的崛起与宏观社会经济环境变化和自身经济条件改变两方面原因有关。蚕丝是周村的传统农副产品，其丝绸手工艺生产具有较高水平。明末清初地方生产力的提升，为周村的崛起提供了基本的区域条件，加之交通条件的优势，增加了当地丝绸、纺织产品外运的便利，扩大了周村集贸的辐射能力，推动了周村的迅速发展[14]（图5-8）。

淄川三镇之一——"天下第一店"张店。战国时期，燕国乐毅伐齐，被封昌国君。昌国城距今张店仅五里，自汉至北魏一度设有县治。直至永嘉之乱，昌国废没，张店才逐渐发展起来。

图5-8　民国时期周村商业街及城邑景象
［图片来源：亚东印书协会. 周村镇. 亚东印画辑·第八十七回［M］. 1924］

泰鲁沂山地北麓的东西交通大道经过两次迁移，张店地处交通道的要冲位置，其发展深受商贸活动的影响。西晋以前，东西大道从长山向东，直趋临淄；西晋末年，广固城取代临淄城地位以后，大道由长山转向东南，经姜家铺、固悬、房镇、石村，渡郑龙沟（今猪龙河），到达黄桑店，然后转而正东，经金岭镇、矮槐树、新店、淄河店，南向益都。宋代，黄桑店有一张氏店，经营有方，生意兴隆，闻名遐迩，于是"张家店"逐渐取代"黄桑店"为地名，简称"张店"。至金代，张店位列淄川县治下的三大镇之一，"淄川镇三，金岭、张店、颜神店（今博山）"[13]。金末元初，张家店"商贾云集，日进万金"，每逢农历"二、七"是集期，商贸的兴盛促进了集镇的发展，如今的张店东西大街就是当年大集所在的地方。明嘉靖年间，张店成为八镇之一。元代《金史》记载，"当东西之孔道、处南北之通衢，商旅辐辏，百货云集"，地理位置与交通的双重优势是张店兴起的原因。清顺治末年至康熙初期，于白云山北侧的东西交通线，被白云山南侧的新线代替，新线穿越王村峪，向东出峪后北行，过周村后陡转向东，直趋张店。

自西晋末年改道以来，东西大道横越淄博盆地的北部边缘，与纵贯北部平原和盆地中央的南北支路相交，张店正处于两条大道交会之处，成为地区的商贸要埠。随着淄川博山一带陶瓷琉璃业的发展，地方产品经张店外运，进一步推动了张店的繁荣发展，一度被称为"天下第一店"。张店不仅是元、明、清三代山东地区的重镇，时至今日依然在淄博的政治、经济和文化方面占有重要的地位（图5-9）。

内河码头——洰口、黄台、索镇

水路运输自古以来便是贸易交往的主要途径，区域的经济发展离不开发达的交通网络。大、小清河地处山东北部，是济水的延续，两者相傍并行，东连渤海，西接运河，是区域重要的内河航线。清末，黄河已行大清河故道，但小清河仍在发挥着航运、排洪、灌溉的作用，两河运输的繁荣也极大地带动了周边码头市镇的发展。

图5-9　民国时期张店城内景象
[图片来源: 亚东印书协会. 周村镇. 亚东印画辑・第八十七回 [M], 1924]

大清河"第一渡"——泺口。泺口位于黄河下游，是古代泺水入济水之处，在千百年间，为济南的货物运输与商贸发展发挥着重要作用，是区域举足轻重的码头重镇。古时，泺水由华不注山下入济水河道，"泺口"这座城镇便有了名称。古人将"泺口"写作"雒口"，而"雒"与"洛"相通，"泺口"在旧时也称"洛口"。汉代，泺口是济水沿岸的重要码头，承担着航运功能。宋代，出现了大、小清河的名称，大清河夺济水河道而行，小清河一路向东直达渤海，泺口成为大清河沿线的重要码头[14]。金代，泺口镇开始作为行政建制，属历城六镇之一。元代，泺口镇成为官盐集散地，商贸繁忙，酒楼林立，呈现一片繁荣景象。明朝，泺口已成为山东最大的盐运中转基地，"鹊山高峙，大清东流，楼船往来，亭阁飞甍，诚一巨镇"[15]，可见当时的繁荣景象。清咸丰年间，黄河夺大清河河道，泺口成为黄河下游的重要码头，沿黄地区的货物均由泺口中转，再运往小清河沿线地区。黄河航运，下达渤海，上至河南，交通发达，泺口镇拥有完备的城防系统，圩子墙呈扇形围合出天然城池，城内房舍整齐，"三十六街十二巷子"纵横交错，云集四方商客，集市众多，庙宇兴旺，因此缘由，泺口发展成为山东近代最重要和最繁华的内河航运重镇，甚至有"小济南"之称。随着现代交通的兴起，河道航运逐渐衰败，泺口码头的繁荣成为历史，但其仍是济南北部的商贸枢纽。泺口镇曾作为济水、大清河、黄河沿岸的重要码

图5-10　清末的泺口码头
［图片来源：亚东印书协会. 周村镇. 亚东印画辑·第九十一回［M］. 1924］

头，其航运作用和地位受水系变迁的影响一直在不断变化，市镇的兴起和繁荣皆因内河航运所带来的契机[14]（图5-10）。

小清河吞吐量第一——黄台。黄台位于济南北部，濒临黄河，地处小清河沿岸，港口建成至今仅百年左右，但在小清河航运中发挥着至关重要的作用。北齐时期，"黄台"[16]一名已载于典籍。金代小清河修建时，这一区域仍然是一片湿地，但因黄台地势较高，形成洲渚，人们在此处营建村落，贩卖鱼虾，产生"渔市"。由于风景秀丽、舟楫众多、颇似江南，故有诗赞曰："满目江南烟水秋，济南重到忆南游。便欲移家渔市侧，轻蓑短棹弄扁舟"[17]。元代，黄台周边依旧是烟波浩渺的水乡，依靠船只维系交通。清光绪年间，随着黄河夺道，大清河不再适合航运，官府对小清河进行了大规模疏浚，建造黄台港，货物可由泺口经黄台通渤海。黄台港的兴建带动了周边区域的快速发展。随着后期黄台胶济铁路专线与黄河泺口轻便铁路的修建，黄台港成为铁路、公路与内河联运，以及小清河与黄河联运的枢纽。清末民初，小清河沿岸共有八个港口，黄台港以盐运为主，是小清河上吞吐量最大的港口。航运的发达带来贸易的繁荣，黄台港客商云集，人流车马络绎不绝，兴旺繁盛。20世纪80年代，小清河航运走向衰落，并于世纪末停航，沿岸码头也失去了原有的功能（图5-11）。

图5-11　清末的黄台港
［图片来源：老照片引自带你穿越民国时期的淄博［EB/OL］.（2023-04-30）.
https://zhuanlan.zhihu.com/p/625949653］

　　乌河沿线商贸重镇——索镇。索镇位于鲁中山区与鲁中平原之间，地处乌河沿岸，乌河古称时水。这一平原河道至今已悠悠流过千年，"襟带临淄雄右攘，山河十二此咽喉"[18]，诉说着索镇自古以来的地理优势与水陆交通的枢纽地位。索镇曾两次为食邑，两次为县城，春秋战国为雍禀之食邑名为渠丘，汉代为齐郡的西安县，南北朝时于此置索卢县。唐宋时期，这一区域是主要的粮食集散地之一。元代，"以田、索二镇属焉"，索镇之名正式载入史册。乌河航运开始兴盛，索镇的商贸地位逐渐提升，农历四、九的索镇大集彰显索镇贸易往来的繁荣。一时间，索镇缘水而聚商、倚商而成市、随市而显貌，呈现出一派商贸重镇的景象。清雍正年间，下游的小清河承接了支流乌河[19]，两河相通，使得水路交通更为便利，索镇成为大型的粮食集散地，小清河航道的货物可由索镇转为陆运抵达各处，索镇生产的豆油可经乌河、小清河运至济南等地。直至民国末年，作为交通枢纽的索镇贸易更盛，曾有"五行八作，样样俱全"之称。索镇大集至今仍是集市贸易的标志性场所。位于南北走向堪称黄金水道的乌河之畔，索镇凭借水路航运的便捷和地理位置的优势，成为商贾云集、运四方物、纳八方财的商贸重镇。如今，那些伫立在乌河沿岸的老店，仍在讲述着索镇千年以来的繁荣与昌盛。

海港——利津

　　山东滨海地区由于地理环境特性，盐场众多，盐业发达，又有大、小清河等水路，可以方便地将海盐运到内陆并销往各地。水运的需求与码头的建设带动了周边市镇的兴起，而沿海的独特区位使得这些市镇在发展的过程中随地貌变化而不断变迁。

"海道咽喉，全齐户牖"——利津。利津地处内陆河流的入海口处，可谓水运的咽喉之地，有"铁门锁浪"之称，其内海港依托大清河水道成为河运与海运结合的中转港口。利津作为水陆码头和商贸重镇，曾经繁荣一时，其中最典型的二景为"东津渡"和"铁门关"。东津渡位于利津县城东门外，是大清河下游最繁忙的渡口之一，车马竞渡，店铺栉比；"铁门关"位于大清河入海口，是漕运、海运的咽喉要地。繁盛时期，永阜盐场冠盖山东，在此停泊的盐船数以百千[20]。

利津历史悠久，春秋战国时期就有盐场。此时该地位于海岸线上，北临渤海，处在黄河和济水之间，是凸入大海的古大陆。汉代，黄河第一次由千乘（今利津县东南境）入海，史称"千乘海口"。随着黄河三角洲的形成与发展，这一地区海岸线不断向渤海湾推进外扩。北宋，黄河主流从天津入海，黄河故道变为济水河道，与西汉时相比，利津境内陆地已向北、东北延伸了30多公里。隋朝，建永利镇，是利津县建置之起始，也是利津县的前身。金代，大清河渡口东岸为永利镇，渡口西岸的聚落为"东津"，境内河、海航运便利，北部海防战略地位不断提升，"本隋永利镇地，又邑有东津，合以名县"，此为利津县名之肇始。明代，大清河河道稳定，成为盐运、漕运的重要通道。利津港设在大清河入海口处，承接海运，水盛之时，海船可由此驶入内河。清中早期，便利的河海交通为利津带来商贸的繁荣，此地逐渐形成水陆码头和商贸重镇，有"小天津"之称，有诗云："济流千曲赴东津，万壑朝宗汇海滨。岸阔潮平飞野鹜，帆悬风静照游鳞。青齐车毂争先渡，吴越艨艟列异珍。此地由来似都会，千村河润泽斯民"[21]（图5-12）。清朝晚期，黄河夺大清河道入海，三十年后，铁门关及港口被黄河水彻底淹没，港口平淤为内陆，航运功能也渐渐衰弱。河海交汇区位产生的水运便利，给利津这座古老的市镇带来"海道咽喉，全齐户牖"的美誉；而黄河造陆活动形成的海岸线迁移，又带来陆地的变迁与交通的衰落，也使得利津繁盛不再。

图5-12 清末黄河航运景象
［图片来源：一组新旧对比图片，看利津城市变迁！［EB/OL］.（2021-12-06）.
https://mp.weixin.qq.com/s/u4jS9EpEz
RueXaeO5HLsnw］

第四节 小结

　　小清河流域城镇群在不同时期呈现多线发展的趋势，并发生三次城镇群发展重心的迁移。黄河改道与治理、大运河的开凿是影响区域城镇群发展的核心因素，而泰鲁沂山地北麓水陆交通大道是带动区域发展的主要动力。临淄、青州、济南、淄川始终位于陆路交通大道沿线，在区域城镇中处于重要地位。自西周时期开始，区域水陆交通网络的开辟催生多类型城镇发展。唐宋时期，泰鲁沂山地北麓和西麓的水陆交通发达，形成沿交通线的城镇密集带，淄州张店镇、博山镇、历城洛口镇等对外贸易发达的商业市镇及以眉村镇为代表的手工业市镇随之兴起。金代小清河开凿以来，济南成为重要的水上枢纽，带动了以泺口为代表的多个码头、港口城镇的兴盛。大清河虽经常淤塞，但航运一直持续，沿岸码头泺口、清河、利津等保持了长期繁荣。明清时期，山东的政治经济中心西移济南，小清河流域的港口和商业市镇如新城索镇、高家港等日益兴盛。1904年，胶济铁路建成通车，济南、潍县、周村三地成为通商口岸，城镇风貌与职能发生较大改变。因而，本区域在长期的发展中产生了陆路商埠、内河码头、海港、手工业镇为代表的主要市镇类型。

参考文献：

[1] 李嘎. 山东半岛城市地理研究[D]. 上海：复旦大学，2009.

[2] 杨发源. 清代山东城市发展研究[D]. 成都：四川大学，2009.

[3] （唐）杜甫《忆昔》.

[4] 张熙惟. 宋元山东市镇经济初探[J]. 山东大学学报（哲学社会科学版），1998（1）：34-41.

[5] 张良.《金史·地理志》抉原[J]. 历史地理研究，2021，41（4）：94-103.

[6] 裴一璞. 历史时期山东小清河盐运述论[J]. 运河学研究，2021（2）：110-120.

[7] 王涛. 清代山东小清河沿岸的河患与水利建设[D]. 青岛：中国海洋大学，2010.

[8] 李玉江. 山东城镇发展与布局特征初探[J]. 枣庄学院学报，1990（2）：42-47.

[9] 聂廷生. 周村大街话沧桑[J]. 淄博史志，2022（4）：22-27.

[10] （明）嘉靖《青州府志·卷十一·人事志四》.

[11] （明）隆庆《长山县志·卷一·形胜》.

[12] 侯仁之. 历史地理学的理论与实践[M]. 上海：上海人民出版社，1979.

[13] （元）脱脱《金史·地理志》.

[14] 牛国栋. 泺口古渡的"前世今生"[J]. 春秋，2022（3）：65-67.

[15] （明）崇祯《历乘》.

[16] （北齐）魏收《魏书》.

[17] （金）任南麓《济南黄台》.

[18] （清）成斗蚧《恒台胜览》.

[19] 尹强. 明清山东大、小清河水路运输考论（1368—1911）[D]. 广州：暨南大学，2014.

[20] 张悦. 清康熙时期济南府域城镇体系研究[D]. 济南：山东建筑大学，2023.

[21] （清）刘文确，孔毓炳《利津县志续编·卷十·艺文志》.

第六章

山东小清河流域区域尺度传统地域景观的主要特征

第一节　海岱合围、河网密布的自然山水格局

　　小清河流域北临大川、齐带山海、膏壤千里，位于海岱地区的核心位置。区域南部是连绵的山地，海拔最高；中部地势逐渐降低，分布有泰山余脉和零散分布的山地丘陵；北部为平原区域，地势呈现南高北低的走向。历史时期，区域原始植被良好，覆盖率较高，群山郁郁葱葱。但随着人口增加、伐薪冶金、变林为田，原生植被和生态环境遭到一定破坏，山林胜景不如往昔。

　　以南侧泰鲁山地为分水岭，小清河流域的水系从山地发育向北汇入平原上的东西向大河（不同历史时期的济水、清河、大清河、黄河和小清河），或者直接入海，形成山前扇形水网体系，河流密度高，河谷平原宽大。至清末，这一水网演变为以小清河为主干河道，以巨野河、绣江河、孝妇河、淄河、杏花沟、塌河、北阳水为主要支流，以巨淀湖、麻大泊、清沙泊、驾鸭湾、白云湖、浒山泊等湖泊及黑虎泉、马刨泉、龙渊、圣水泉、趵突泉、珍珠泉、五龙潭等泉群共同构成的水系格局。水网的水源丰沛，承担着区域航运、灌溉、泄洪、养殖等多重功能。整个区域呈现出海岱合围、河网密布

的自然山水特征。

第二节　三河并行、闸坝结合的水利景观格局

　　金代，刘豫开凿小清河河道，建下泺堰截泺水水源汇入小清河，解决了北清河水运拥挤和泰鲁山区的泄洪问题。小清河作为鲁中地区主要的泄洪水道，长期以来因上游水土流失导致泥沙淤积问题严重，航运不通畅。因此，自元代始，人们便开始进行小清河的疏浚。明代以后，地方政府逐步进行小清河泄洪体系的营建。明成化年间，首次开挖支脉沟，用以分流泄洪和引水灌溉。清康熙年间，小清河南岸开凿预备河，用以分流小清河之水，减轻主航道的泄洪压力。清雍正年间，预备河被拓宽，自北向南形成了支脉沟、小清河和预备河相连的泄洪体系，构成区域重要的水利体系。明清时期，在小清河博兴、乐安段修筑百余里堤坝，在清沙泊修筑桑公堤，于孝妇河两岸修新桥堤，并在小清河上修建了睦里闸、卫闸等数十座闸所，另置潜水闸以备浅，置减水闸以防溢。通过不断地整治河道和营建水利，到光绪年间基本解决了小清河的水患问题，使之保持了几十年的稳定。

　　总体而言，到清末，小清河流域建立了"支脉沟—小清河—预备河"为一体的水利设施体系，结合小清河和沿线支流及湖泊两侧的堤坝，以及小清河之上数十座闸坝，有效实现了小清河的水量调蓄，保证河道泄洪通畅，使得小清河具有了航运、灌溉、泄洪、养殖等多重功能，形成了三河并行、闸坝结合的水利景观格局（图6-1）。

图6-1　小清河流域水利体系示意
[图片来源：作者自绘]

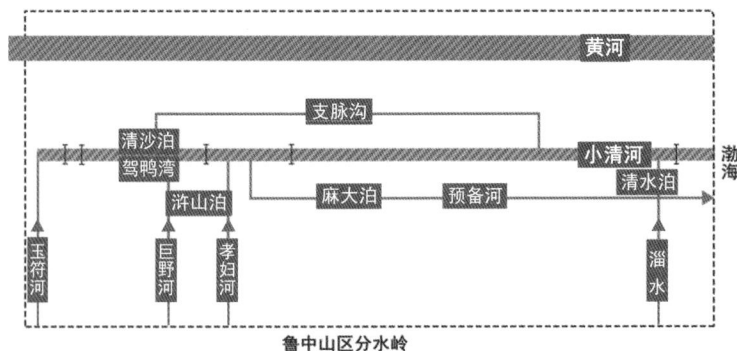

第三节　因地制宜、粮棉桑果多样复合的农业景观格局

　　小清河流域包括了山地、丘陵、山前冲积平原、滨海平原等不同地貌类型，不同区域的土壤和水文条件各不相同，适合不同的作物。黄河的屡次决口改道以及区域水利工程的营建，不断地改变着该地区的水文状况。外来作物的引进、农业技术的提高、国家政策的引导以及商品经济的发展，使得小清河流域的作物结构不断变化，农业景观也持续演变。

　　区域南部山区的农田以梯田为主，分布广泛，作物以粟、豆、玉米和番薯为主。清代，随着柞蚕业的兴起，青州南部丘陵山地出现了大量的养蚕山场。山前平原土壤肥沃，水文状况稳定，适宜耕种，是主要粮食作物小麦、粟和豆的种植区，局部有泉水灌溉的区域种植了水稻。小清河两岸灌溉条件较好，又有一些水泊洼地，形成了区域主要的稻作区。小清河下游一些水泊周边分布有盐碱土，人们通过蓄水通渠、排灌斥卤的方法改良土壤盐碱，形成了台田、条田等独特的土地利用模式，种植水稻或者棉花。台田主要分布在麻大泊等湖泊周边，条田主要分布在黑冢泊等湖泊周边。滨海平原土壤盐碱沙化，适宜种植棉花。清中期以后，小清河下游的博兴、寿光、乐安等县成为地区主要的产棉地。此外，在特定区域还形成了果树、蔬菜、烟草等特色产业。

　　小清河流域的人们根据不同地区的水土条件，合理地改造土地，选择多样的作物，采用适宜的耕作制度，并开展农业的多种经营，不仅以有限的土地供养了大量的人口，也创造了因地、因时变化的农业景观。

第四节　多线发展、中心西移的城乡发展格局

　　泰鲁沂山地山前平原地势高亢，又拥有从山区发源的密集的河网，既避免了黄河冲积平原频繁的水患，又为城镇的发展提供了水源，因此本区域城镇群主要位于山前冲积平原和山间谷地地带。在

黄河改道、小清河开凿、水陆交通大道发展等因素的影响下，小清河流域城乡格局发展具有多线发展的特征，发展中心从东部向西部迁移。

从宏观上看，北宋以前，国家的政治中心，无论是长安、洛阳、开封等，一直位于本地区的西部，本地区的粮食、丝绸、盐、铁等产品都是各个王朝的战略物资，因此本地区连接都城的东西向水陆交通要道是国家的战略通道。临淄与青州都是位于东西大道、占据齐地腹地的中心城市，其他重要城镇也都沿着济水和东西大道发展。金代以后，国家的政治中心转移到北京，连接国家南、北方的水陆交通线日益重要，位于南北、东西要道交会处的济南地位上升，经济繁荣，人口增加，逐渐取代了青州的中心城市地位，并于明代正式成为山东首府。地区的政治、经济中心从临淄和青州一带西移至济南。

从微观上来说，本地区内部陆路交通路线的开辟和调整，既是满足中心城镇交通需求的结果，也是诸多次级城镇发展繁荣的原因。西晋时，中心城市从临淄到青州的转移引起东西大道局部线路的调整。而长裕道、穆陵关道等穿越鲁中山区的区域性交通道的开辟，促进了沿线城镇的发展。地区密集的水系网络是早期城邑发展的基础，也是后期港口和商贸型市镇发展所凭借的水运通道。黄河的屡次改道带来水文条件变化，影响了农业生产环境和水运航道的兴废，继而对城镇群分布格局产生影响。金代小清河的开凿带来了区域盐运航道的变迁，带动了沿线渌口等码头市镇的发展。地区城镇格局变迁与东西大道走向以及大、小清河通航状况密切相关。

小清河流域城镇群的发展呈现出以下两个特点。

一、城镇群始终随着水陆交通线保持多线发展的趋势。泰鲁沂山地东西交通大道沿线城镇群历史悠久，长盛不衰；清末小清河恢复通航之后，沿岸大量市镇兴起；鸦片战争之后，胶济、津浦铁路带动沿线城镇群发展。总体而言，重要水陆交通沿线的城镇发展最好，也在不同时期成为当地的经济中心。

二、从先秦到清末，区域中心城市发生了两次迁移。在2000多

| 西晋以前（中心城市：临淄） | 西晋—明代（中心城市：青州） | 清代（中心城市：济南） |

图6-2　交通道及中心城市迁移示意
[图片来源：作者自绘]

年的历史长河中，为满足不同时期的政治、军事和经济需求，本地区的中心城市从临淄转为青州，再变成济南。三座城市均位于泰鲁沂山地北麓的东西陆路交通道沿线，济南还是以小清河为主的水运交通大道沿线的枢纽，并是全国性的南北交通要道的节点，占据突出的交通优势（图6-2）。

第五节　小结

在自然山水环境的大背景下，小清河流域的人民通过建设水利设施获得更好的生存发展环境，因地制宜开展农业生产，并发展手工业，依托交通要道进行商品交换，带动了城镇的发展。小清河流域地域景观中，水利、交通、城镇为结构性要素，农业为支撑性要素，各要素紧密耦合、协同发展。

小清河流域自然河道的变迁是人工水利建设频繁的原因。自先秦时期开始，本地区先后以漯水、济水、大清河、小清河为主干河道，以淄水、玉符河、孝妇河和北阳河等为支流形成水网体系。为解决小清河水患问题，人们通过开挖支脉沟、预备河排泄洪水，并结合筑堤、设闸等方式调蓄水量，在清末形成了"支脉沟—小清河—预备河"为主体的水利体系。水利是推动农业发展和城镇格局演变的重要因素。

地区内包含山地、河谷、山前冲积平原、湖泊洼地、滨海滩涂等不同的土地类型，具有不同的水土条件。千百年来，人们通过改造土地，修筑水利设施，改良耕作制度，在梯田、旱地和水田等农地上种植适宜的作物，形成了多样的农业景观，构成了区域的景观本底。

位于泰鲁沂山地北麓的东西大道、连接中国南北方的南北大道和穿越鲁中山地的交通道路交会成地域性的陆路交通网络。在不同历史时期，济水、大清河、小清河承担了该地区水上运输的重要作用，并成为更大范围的运河和内河航运体系的一部分，发挥经济、军事和政治方面的巨大作用。水陆交通线路是影响城镇发展的关键因素。

在水利建设、农业生产和区域交通体系发展的影响下，区域城镇分布极具特色。从整体分布范围看，较大的城镇聚落集中在山前冲积平原和山间谷地。位于山前冲积平原的城镇聚落主要聚集在区域交通网络和河流周边，先后出现了临淄、青州、济南三座中心城市。由此可见，在历史演进过程中，水利、农业、交通和城镇的发展相互影响并高度耦合，最终形成了小清河流域独特的地域景观格局。

下篇

山东小清河流域城市尺度下
传统地域景观体系研究

在厘清历史时期小清河流域整体景观发展变迁的基础上，本篇选取临淄、青州、济南、淄川四座历史文化名城作为研究对象，探讨流域内典型城市的传统地域景观特征，即考察城市在特定的自然山水环境中，如何利用自然条件营建城池、整理水系、塑造城池内外的景观，从而形成独有的城市空间结构和景观体系。本篇试图通过研究小清河流域传统城市营造过程，挖掘古人在城市选址、营建、理水、塑景中的文化逻辑和营建智慧。

第一节　灿烂辉煌的城邑发展历史

临淄初名营丘，是周代齐国的都城，汉代齐国的王城。齐地东临大海，北临黄河，淄水、时水、济水在境内汇流。临淄位于淄水西岸，其兴衰大致分为三个阶段。

第一阶段，起源——淄水之畔的文明起源。《汉书·地理志》云："少昊之世有爽鸠氏，虞、夏时有季萴，汤时有逢公柏陵，殷末有薄姑氏"。《左传》云："昔爽鸠氏始居此地，季萴因之，有逢伯陵因之，蒲姑氏因之，而后太公因之"[1]。根据这些记载，齐地很早就有氏族部落在此繁衍生息，最初是落爽鸠氏，夏朝有季萴，殷商有逢公伯陵，殷末有薄姑氏。而根据考古发现，早在8000年以前，淄水流域就有人类繁衍生息，后李文化、大汶口文化遗址证明了这里人口较多，生产力水平相对较高，到距今4000多年的龙山文化时期，这里出现了早期的城邑，是当时中原富庶和发达的地区。

第二阶段，发展——西周建城与春秋盛世。前1046年，周武王灭商，建立周朝。随后，周天子广封诸侯。辅佐武王的姜太公被封于齐地，都于营丘。齐国之西为鲁国，定都曲阜。齐哀公时，齐都城自营丘迁到薄姑。献公即位后，复都营丘，并对都城进行扩建，因城临淄水改名临淄。后齐大夫田和放逐齐康公，自立为国君，并于前386年被周天子列为诸侯。田氏代齐后，于临淄城西南角修筑小城，形成内外两城结构，大城为郭，小城为宫城。"今临淄城内有丘，在小城内……其外郭，即献公所徙临淄城也，世谓之虏城"[2]。临淄西郊地势低洼，有地下水溢出形成泉群，因此风光优美、林木茂盛。齐国的统治者开辟了大范围的苑囿，供宫廷游猎赏玩。台是当时最为常见的园林形态，台上还可修筑房屋，称为榭，齐王常在台榭游猎、宴请及会客。作为齐国经济和文化中心，临淄经历了西周数百年发展和春秋时期的积累，农业发达，经济繁荣，到战国时期达到鼎盛。齐桓公于稷门外设立学宫，招揽文士，议论政事。"系水傍城北流，迳阳门西……齐之稷下也"[3]，稷下学宫一百五十年间聚集了千余学者，成为中国文化史上的奇观。此外，齐国纺织业和冶铁业兴起，水利灌溉技术不断发展，并开辟了海上航道，国家的强盛也体现在都城的繁华上。齐临淄是目前已知的战国时代中国最大的城市，"关东之国，莫大于齐者"。当时，海内名都临淄人口众多、工商业发达、市民生活丰富，"临淄之中七万户……甚富而实，其民无不吹竽、鼓瑟、击筑、弹琴、斗鸡、走犬、六博、蹋鞠者；临淄之途，车毂击，人肩摩，连衽成帷，举袂成幕，挥汗成雨"[4]，一派繁盛景象。及至齐湣王时期，齐国迅速走向衰落。但是齐文化并未消失，而是成为中国文化的重要组成部分而进一步发展[5]。

秦朝统一之后，齐地设置为齐郡，临淄为县。两汉时期，临淄一直作为齐诸侯王的都城，城市建设虽不如春秋战国时期，但仍取得了一定的发展。据载，"齐临菑十万户，市租千金，人众殷富，巨于长安"[6]，可见，西汉时期的临淄城比起战国时期的城市人口更多，也更加繁荣，为"五都"之一。然而到了东汉末年，经历了大规模农民起义和军阀战乱，全国人口不断减少。"名都空而不居，百里绝而无民，不可胜数"[7]，而青州境内"邑有万户者，著籍不盈数百"[8]。作为州治的临淄，自然未能幸免，人口锐减，逐渐衰落。

　　第三阶段，衰败——都城中衰与县城新建。西晋末年，战乱频仍，曹嶷认为临淄城地广难守，加上齐所面临的敌人从来自东方的蛮夷变为来自西方的诸侯国，原本依淄河设防的临淄城难以阻挡来自西方的敌人，于是在北阳河东岸新建广固城，在此驻兵。临淄城陷入战乱，遭到破坏，经济、文化遭受较大打击，失去了中心城市的地位。虽然临淄一直设县，但城内的古代城池建筑已日渐颓败。秦汉时期的临淄城基本沿用了齐故城形制，魏晋之后，历经唐、宋时期，临淄城废弃了大城并继续沿用小城[9]。自西晋至唐宋，临淄始终为郡县治所。

　　到了宋朝，已经有了"古临淄城"这一说法，别称"齐城"，是指大城。古城内大部分已为农田，只有一些残存的城阙遗迹。宋代李格非曾感慨，"击鼓吹竽七百年，临淄城阙尚依然。如今只有耕耘者，曾得当时九府钱"[10]。元代，在旧城的南侧建立新城，其范围在齐古城之外，面积不及小城的一半。县城初建时为土城墙，之后重新加固城墙[11]。昔日的齐鲁大都会仅剩西南一隅，人口及规模大大缩减，不复昔日盛景[12]（图7-1）。

图7-1　临淄县境图
［图片来源：〔清〕康熙《临淄县志·卷二·城池》］

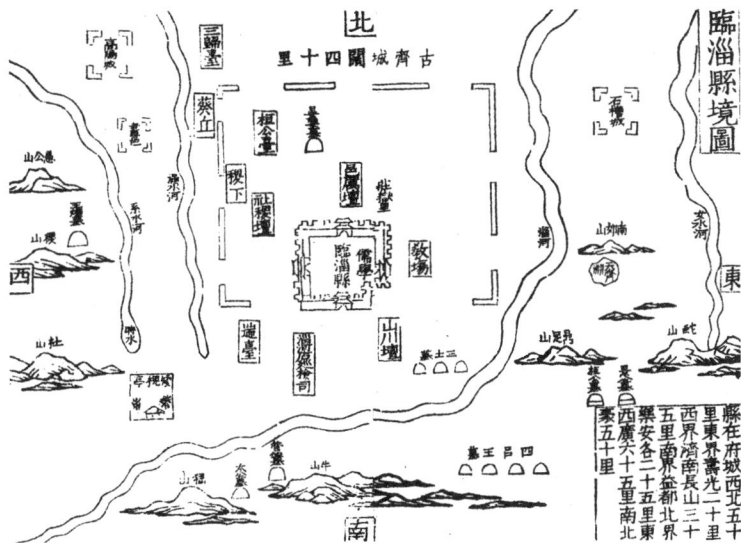

临淄城池演变历程如图7-2所示。

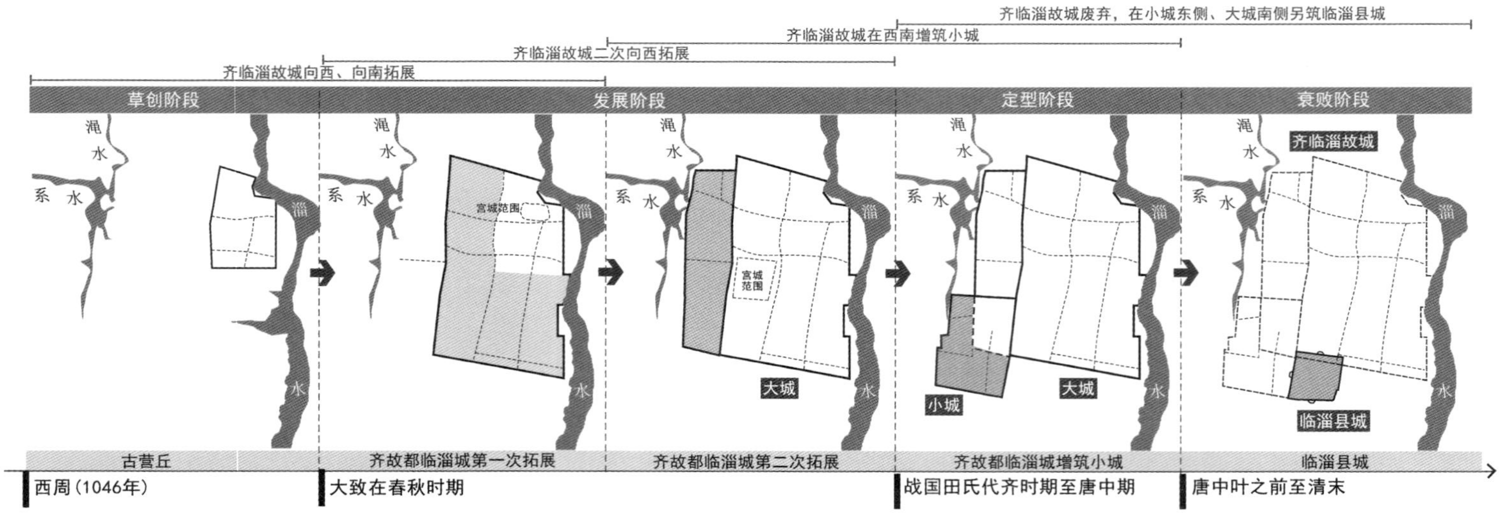

图7-2 临淄古城变迁示意图

[图片来源：作者自绘，底图来自临淄齐故城扩展推测示意图；山东省淄博市临淄区齐文化博物馆和1938年齐故城影像分析图；以及山东省文物考古研究所．中国临淄文物考古遥感影像图集 [M]．济南：山东省地图出版社，2000]

第二节　齐带山海的自然山水格局

　　齐临淄城的自然环境，东为"临流斜抱"，西为"愚岭遥盘"，南为"牛峰翠蔼"，北为"渑池衿带"，即南临牛山、稷山，西有愚山，东临淄水，西依系水、渑水，城市位于鲁中山地北麓，夹于两水之间，具有山环水抱的自然形势，十分利于人类聚居。临淄东南八里处有山泉汇成的"天齐渊"，水汇入淄水。《水经注》注曰："东北过临淄县东，淄水自山东北流，迳牛山西，又东迳临淄县故城南，东得天齐水口，水出南郊山下，谓之天齐渊。五泉并出，南北三百步，广十步""城对天齐渊，故城有齐城之称"[2]，天齐渊还是齐城名字的由来（图7-3～图7-5）。

图7-3　临淄县区域轴线和山水关系
［图片来源：作者自绘，底图来自中国台湾"内政部"典藏地图数位化影像制作专案计划］

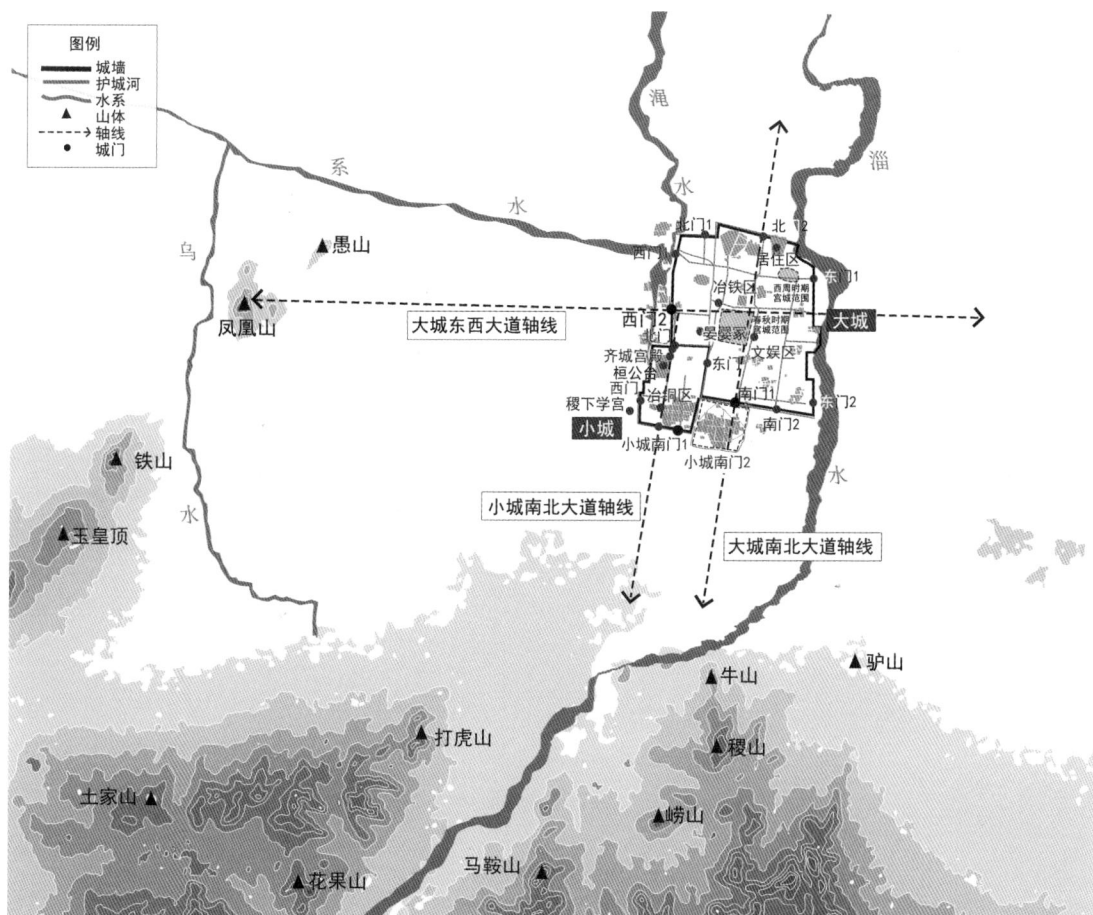

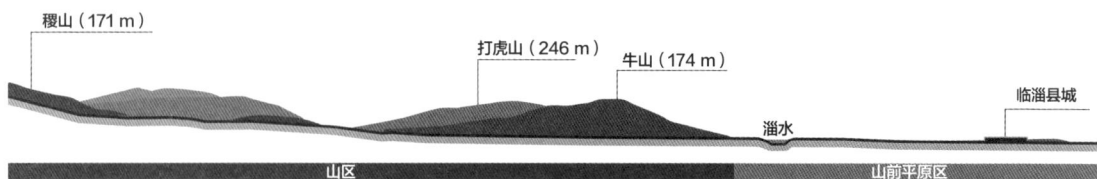

图7-4　临淄区域山水环境剖面
[图片来源：作者自绘]

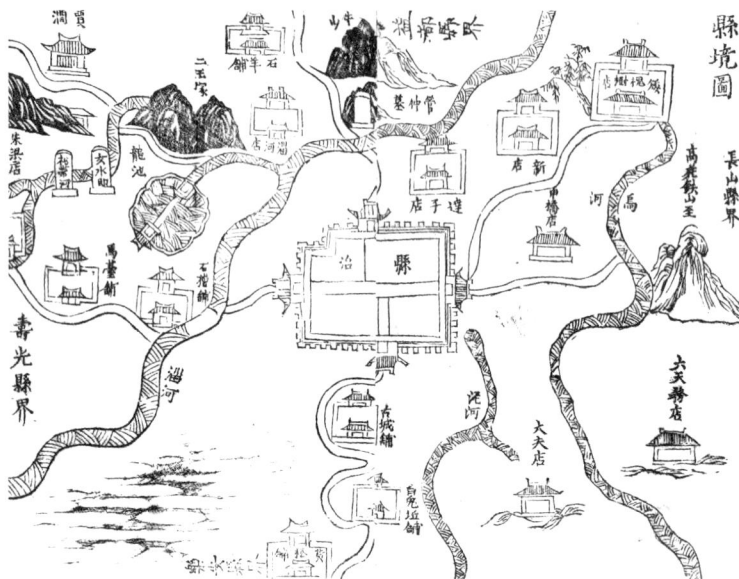

图7-5　清代临淄县境图
[图片来源：（清）康熙《临淄县志·卷一·典图》]

　　齐临淄故城为不规则的矩形形态，大城的南门道路延长线与稷山相对，西垣横轴与西侧的凤凰山相对，横轴与纵轴交会处约是春秋时期临淄城宫城的范围。据史料记载的齐襄公时期晋师伐齐的路线可知，姜齐宫城位于大城中心。曲英杰判定春秋时期临淄城宫城位于南北河道以东、中部东西干道以南、中部南北干道以西的部分[13]（图7-3）。

　　齐临淄故城中，大城为王城，小城为宫城，规格差异显著，尊卑有序。其城池布局不是《周礼·考工记》中平正方直的模式，而是采用斜向布局，城池、宫殿和齐台均向西倾斜，晏子将其归结为"尊周"。

第三节 大小二城的城池空间结构

根据最新考古资料显示，齐临淄故城共有13座城门[14]。其中大城8座，小城5座。因古籍记载与考古资料说法不一，尚无定论，因此本书以方位命名各城门，即大城北门2座，东门2座，南门2座，西门2座；小城北门1座，东门1座，南门2座，西门1座（图7-5）。

齐临淄故城大、小城格局呈现混合轴线的布局特征。大城以穿越北门、南门的南北大道与穿越大城西门的东西大道为十字轴线，串联重要的居住区、手工业区和冶铁区，延伸至城外指向城周边重要的山体和水系；小城轴线向北穿越桓公台等宫殿区通往小城北门，向南则延伸指向稷山（图7-3）。稷下学宫是战国时期学术交流和百家争鸣的主阵地，其设立与田氏代齐有着密不可分的关系。学界对于稷下学宫尤其对于其确切地望的争论从未停止，有关稷下学宫遗址位置主要有小城南西门说[15]、小城西门说[16]、大城南西门说[17]、大城西北门说[18]等，相对统一的观点是学宫设置在稷门附近。根据齐文化博物院、山东省文物考古研究院等专家学者研究，稷门在春秋时期已存在，为原春秋临淄城西垣之南首门。战国时期，由于小城的兴建，"稷门"顺势沿用到小城西门。而"稷下"一词，可从广义上理解为稷山之下这一宽泛的地理范围。近年来，考古工作者在齐临淄故城小城西门外发现较大规模战国时期排房建筑遗址，并有围墙和城壕环绕，结合史书记载和学者考证，基本确定为战国稷下学宫遗址[19, 20]。

对于齐临淄故城内道路分布，学界尚存有一定分歧。根据最新考古资料《临淄齐故城》记载，考古探明齐临淄故城共有11条街道。其中大城8条；小城3条，2条为南北干道，1条为东西干道（表7-1，图7-6、图7-7）。

元代临淄县城位于齐故城之南，规模相对要小得多，共有朝阳、通画、迎恩和望京4座城门，东门"朝阳"、西门"通画"、南门"迎恩"和北门"望京"，城门上分别有四个楹额"淄流斜抱""愚岭

齐临淄故城主要道路概况　　　　　　　　　表7-1

城池名称	方向	序号	道路名称	道路尺寸	概况
大城	南北方向	1	大城东部南北干道	3300 m长，20 m宽	自南墙东门通向大城的东北方向，穿过邵院村东侧，在葛家庄村北与大城东部东西方向的一条支道相接。北行与大城中部东西干道相接
		2	大城中部南北干道	4400 m长，20 m宽	自南墙西门北行，连接南墙西门和北墙东门，与大城南部、中部、北部三条主要东西干道交叉相连，中间有两处拐弯
		3	大城北西门干道	550 m长	由北墙西门向南行，直通大城西部主要排水系统，分向排水涵沟
		4	西墙内侧干道	800 m长，4~6 m宽	西墙附近有一条与城墙平行的南北道路，南通小城北门，与小城主要南北干道相连，向北通至今永顺村南
	东西方向	5	大城北部东西干道	3600 m长，15 m宽	自东门西行略西北，与西墙北门相通，中间与大城两条南北干道交叉连接
		6	大城中部东西干道	2500 m长，17 m宽	东起崔家庄以东城墙附近的断沟，西行穿过崔家庄，中间与大城东部两条南北主干道交叉连接，稍偏西北方向至大城西部主要排水系统的南北河沟中断
		7	大城西门干道	1000 m长，10~20 m宽	由西门向东，直通大城西部主要排水系统河沟附近的冶铁遗址西缘中断
		8	南墙内侧干道	1700 m长	大城南墙北侧200~300 m处的东西大道大体与南墙平行，东端与一处豁沟相连，西侧通至元代城墙附近
小城	南北方向	9	小城东部南北干道	现存可考1200 m长，8 m宽	由南墙东城门通向小城东北部，向北经过小城宫殿区
		10	小城西部南北干道	现存可考1430 m长，6~8 m宽	小城北门和南墙西门之间的南北大道，应是小城主要南北交通干道
	东西方向	11	小城东西干道	现存可考650 m长，17 m宽	由西门向东行，东西大道向东延伸至东端与北门向南的南北大道衔接

［资料来源：根据山东省文物考古研究所. 临淄齐故城［M］. 北京：文物出版社，2013.及相关考古资料整理而成］

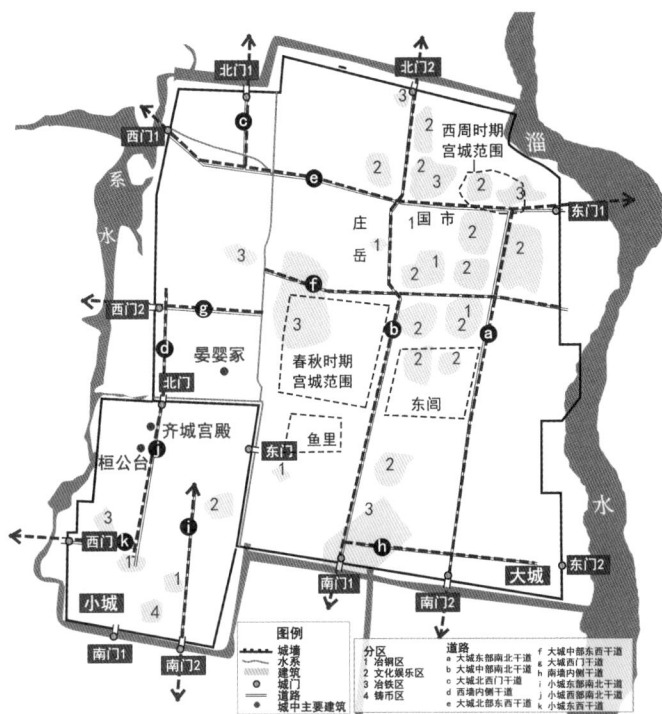

图7-6　齐临淄故城道路体系

[图片来源：作者自绘，底图由自山东省文物考古研究所. 中国临淄文物考古遥感影像图集［M］. 济南：山东省地图出版社，2000. 中的"1938年齐故城影像分析图"，山东博物馆藏"临淄齐故城""1938年齐故城影像分析图"，（清）康熙《临淄县志·卷一·城郭图》和群力. 临淄齐国故城勘探纪要［J］. 文物，1972：48-49. 绘制而成］

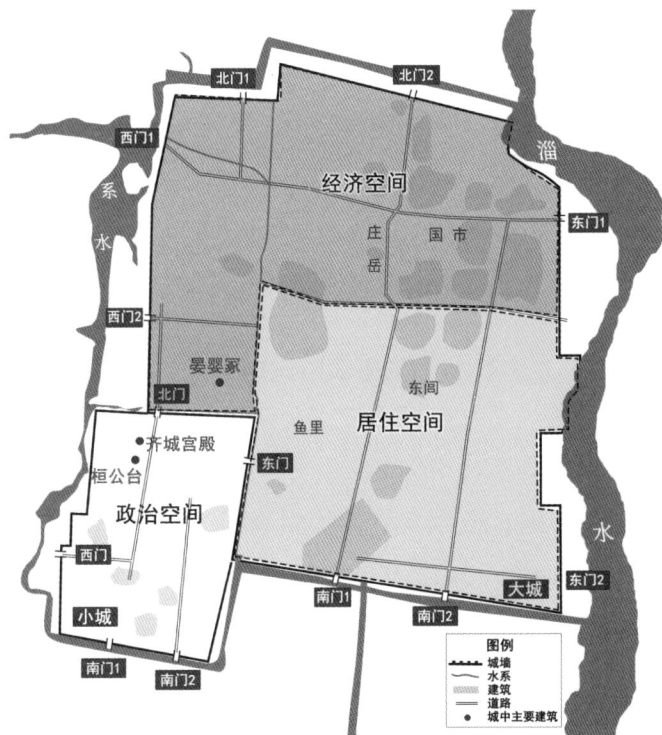

图7-7　齐临淄故城功能分区

[图片来源：作者自绘，底图来自群力. 临淄齐国故城勘探纪要［J］. 文物，1972：48-49］

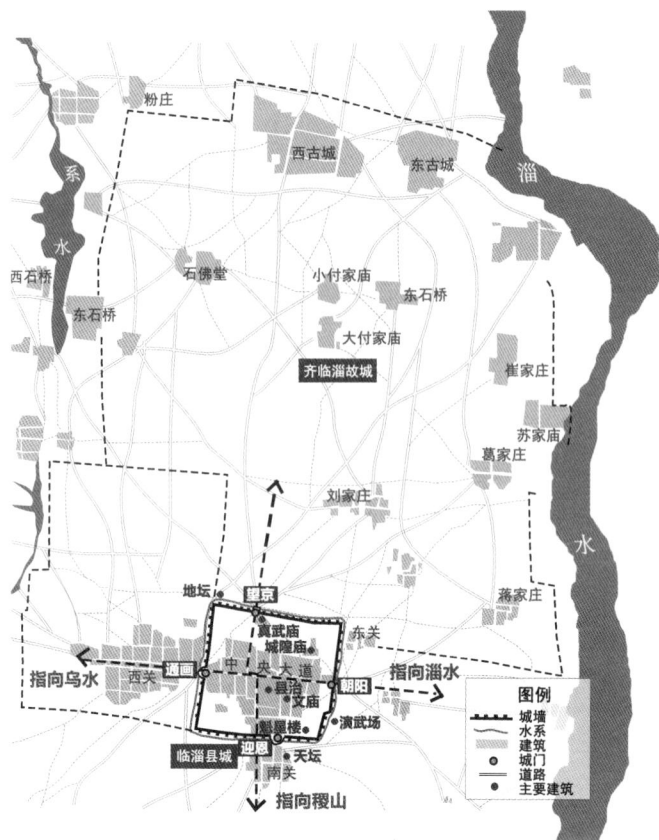

图7-8　临淄县城骨架格局
［图片来源：作者自绘，底图由自山东省文
物考古研究所. 中国临淄文物考古遥感影
像图集［M］. 济南：山东省地图出版社，
2000. 中的"1938年齐故城影像分析图"
和山东省博物馆藏"临淄齐故城"、"1938
年齐故城影像分析图"、〔清〕康熙《临淄
县志·卷一·城郭图》绘制而成］

遥盘""牛峰翠霭"和"渑池衿带"。县城中央有一条东西方向的主要街道，以十字街口为中心，自西向东串联了县衙、文庙、东西两座城门（图7-8）。

第四节　精密排布的城市水系格局

　　齐临淄城东临淄水，西临系水，南距牛山、稷山，北部平原广阔，地势南高北低。淄水河床在临淄段切入地下5～6m，形成了淄水的"古自然堤"，临淄城的东半部分位于这段自然堤之上，也是临淄城最早的位置。此处河床稳定、地势高亢，若非特大洪水，都不会对古城造成威胁。据今天的考古发现，2000年来，河水冲刷仅带来城市东北角的损坏，可见城址选择较为科学[21]。随着临淄城不断向西扩展直至系水，田齐时期选择在西南角高地另建宫城，城市地势呈现南高北低、东高西低的状况。

齐临淄城在西周时期已经出现了最早的城市堤防。根据《晏子春秋》的记载："景公登东门防，民单服然后上，公曰：此大伤牛马蹄矣，夫何不下六尺哉？晏子对曰：昔者吾先君桓公，明君也，而管仲贤相也。夫以贤相佐明君，而东门防全也，古者不为，殆有为也。蚤岁淄水至，入广门，即下六尺耳，乡者防下六尺，则无齐矣。夫古之重变古常，此之谓也"[22]，说明齐桓公时期，东门就已设置防洪堤。另据《国语·周语》记载，周灵王二十二年（前550年），由于谷、洛水上涨威胁了王宫安全，周灵王没有听太子劝阻，修筑防洪堤以使谷水北出城，从而保证王宫免受洪水威胁[23]。这一时期的防洪堤建设已较《晏子春秋》的记载晚了一百余年[24]。

齐临淄城城址高于北部平原5～15 m，地势高敞，利于防洪排水。据《水经注》《临淄县志》等地理书籍文献及山东省文物考古研究所编著的《中国临淄文物考古遥感影像图集》所载1938年、1975年航拍资料及考古调查钻探，明确了临淄城护城河及城内用水主要来源均为南部淄河，临淄城内探明的河道不仅有单纯的排水功能，还借助自然地势人工引流，将淄水与护城河、城内排水系统连通，构建了一套完备的供排水体系[25]。排水体系由天然水系和三大排水系统构成。天然水系包括城西系水和城东淄水，城内东部有一些东西向河沟与城外淄水贯通，是天然排水道。三大排水系统包括小城宫殿区排水系统、大城西部排水道和东部排水道。大城西部排水道宽度达30 m，应该是临淄城扩建前原西垣外的城壕，因城市扩展而成为城内河渠。考古发现的东部排水道分为南段、中段和北段，原本应为一体。城市外围，北部与南部城垣外均有护城河，连接淄水与系水。为将城内雨水顺利排出，城墙上设有精密设计的4个排水口，分别位于小城西墙、大城西北和东北，保证城池内外自然、人工水体的连接（表7-2，图7-9）。

齐临淄故城排水体系　　　　　　　　　　　　　　　　　　表7-2

位置	构成			具体情况	作用
临淄城外供排水系统	天然水系			城西侧、东侧的系水和淄水。淄水在大城东南方向进入城中，延伸出两条支流，在城中曲折流淌，成为城内水系	供水、排水，是防御体系的一部分
	人工供水主河道		A—B—C段	今淄河北岸齐文化博物馆附近的淄河支流，此处与淄水海拔相差2 m，淄水顺势北流。至今齐都污水处理厂西南位置分为西北、北流两条河道	供水、排水
			C处西流河道	西北流河道至小城东南角汇入小城护城河，后在F处再分为西流、北流两条河道。F处西流河道沿小城南侧、西侧城墙西流、北流后汇入系水，长约1900 m；F处北流河道与大城2号排水系统连通	
			C处北流河道	北流河道又在D处分出两条河道，D处西流入大城西部河道；D处北流河道在今郎家庄南侧低洼处形成蓄水池，后北流与大城南护城河相连	
	供水主河道旁分水河道		B处南分水河道	今名仕庄园小区出分水河道，东南入淄河，长750 m，宽25 m	淄河盛水期、汛期时分流供水主河道的水量
			E处北分水河道	今郎家庄西南处出分水河道，向东南方向汇入淄河，长约1700 m，宽10～15 m	
	蓄水湖			今郎家庄西南、临淄县城东墙以东附近，河道消失，地势低洼，由淄河上游供水河道在此处形成蓄水湖	利用低洼地势因势利导蓄水、分水
临淄城内供排水系统	三大排水系统	小城宫殿区排水系统Ⅰ		位于小城西北部，主要用于宫殿区排水。南起桓公台，经桓公台东、北部，自小城西墙北端和北墙西端流出，注入系水。全长700 m，宽20 m，深3 m。东周时期，曾有一段东西向排水道连接大城南护城河与小城西墙，后改道至此	与城外河道连接，排出城内雨水
		大城西部排水河道Ⅱ	南北向河道	在小城东北角与小城东、北墙的城壕相接，向北通过大城北墙西部的4号排水口流入北城壕，长2800 m，宽30 m，深3 m	城内排水，供城内生产生活用水
			东西向河道	河道北部分出一支流，通过大城西墙3号排水口流入系水，长900 m，宽20 m	

位置	构成		具体情况	作用
临淄城内供排水系统	三大排水系统	大城东部排水河道Ⅲ	南北向主河道	河道与城南供水河道相连,南北向穿越大城东部,流出北墙,自《临淄齐故城》标注的5号排水涵道排出,流入大城北墙外护城河。后继续北流,在徐家圈村汇入淄河,全长4000 m。其中西周村附近有一分汊向东通向东周村西南,长约700 m	供水、排水,为城内居民及城北手工业作坊输送生产生活用水,也承担运输功能
			J—K东西向河道	大城东南部,今齐都镇蒋王庄村和葛家庄村之间的河道,向东流出大城东墙	分东部南北河道水流,也承担部分运输功能
			S—T东西向河道	大城东部河道中段,在今阚家寨村东南、崔家庄村以北有一条东西向冲沟通至淄河	
			L—M东西向河道	大城东北部,今河崖头村东南位置,有一条明显东西冲沟,在大城东墙位置呈喇叭状,此处地势低洼	
	七大排水口		1号:小城西墙下	连通小城西北部排水系统,将城内雨水排入西部系水,负责宫殿区域的废水和积水排泄	是城市内外人工、自然水系连通的主要通道,起到供水、排水的关键作用
			2号:小城西北部	自小城北墙以西排出城外	
			3号:大城西北部	是东西向排水沟与系水相接的通道,长42 m,宽7～10 m。由进水道、过水道和出水道组成[26]	
			4号:大城北墙西部	连接大城内南北向排水道与北城墙,将城内雨水排入北侧护城壕	
			5号:大城东北	接收来自大城东北部排水道的雨水,将其排入淄水	
			6号:大城北墙西端	距大城西北角280 m,位于今粉庄以南、西古城以西的低洼区域	
			7号:大城东北	位于大城东墙北端,大城东部排水河道由此进入淄河	

［资料来源:作者根据山东省文物考古研究所. 临淄齐故城［M］. 北京:文物出版社,2013. 和群力. 临淄齐国故城勘探纪要［J］. 文物, 1972(5): 45–54. 以及昝金国,韩伟东. 临淄齐国故城供排水系统再认识［J］. 南方文物,2024,(3): 156–165. 整理而成］

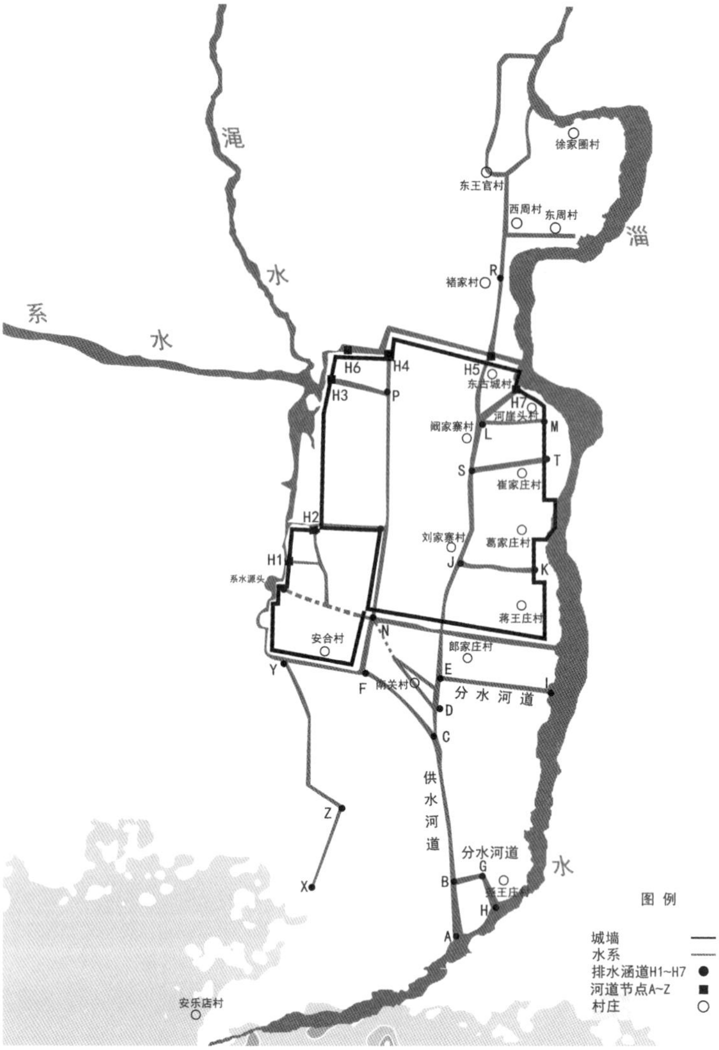

图7-9　齐故都临淄排水系统及排水道遗迹
[图片来源：作者改绘自昝金国，韩伟东. 临淄齐国故城供排水系统再认识［J］. 南方文物，2024，（3）: 156-165］

　　临淄城天然—人工排水系统承担着以下几项重要功能。第一，军事防御。临淄城西有系水、东有淄水，借助城壕高差，形成天然防御屏障。第二，供生产生活用水。据《史记》记载，西汉时期"齐临淄十万户"，为满足用水需求，借地势引淄水入城。此外，据考古发掘记载，城内发掘出众多冶铁、炼铜、铸钱、制骨遗迹，供水系统能为城内手工业生产提供保障。第三，排洪防涝。城南供水主河道与两条分水河道形成了梯度分水系统，与淄水、系水连通，结合城南蓄水洼地，形成城池内外的动态调蓄体系。第四，交通运输。大城内3号排水口流出与系水汇合，后流入乌河，被称为"运粮河"，大城东部河道出大城后北流而未汇入淄河，应是承担了运输功能。精密设计的供排水系统体现出精湛的设计水准与高超的营造技术，为后世城池营造提供了范例。

第五节　三层环套的城市景观格局

临淄在西周至春秋战国为齐都城，是当时中原地区最大最重要的城市之一。齐临淄城具有大、小城这一独特城池形制，其景观格局共有三个层次。第一层次为经济、政治核心区，即大城、小城所在地，大城为居住、娱乐空间，小城为政治、经济中心，包含桓公台等宫殿区。第二层次为离宫地带，主要包含城池西郊的申池、稷下学宫、齐台等园林景观。城邑西郊在齐桓公时期为田猎区，田齐宣王时期已形成正式的苑囿，梧台是西郊苑囿的主体建筑，是齐国国君郊猎时的游憩场所。第三层次为苑囿及王陵地带，包含山川苑囿及以宗教圣地和禁地为主的皇室陵区。其中，田齐王陵所在范围大致在临淄城东南郊区牛山一带，包含四王冢、二王冢、南辛庄墓、点将台墓及田和冢墓地等。此外，牛山象征着五帝，具有宗教意义，是礼敬天神的祭祀活动举办场所[27]。具有祭祀功能的内城胡宫、城南郊天齐渊和牛山共同构成了临淄城的祭祀空间（图7-10）。

齐台、稷下学宫、申池等是齐临淄故城最具代表性的园林景观（表7-3）。台可观察农事节气，也可调节劳逸，以作游赏之乐。著名的齐台除梧台之外，还有《左传》记载的坛台，《晏子春秋》记载的路寝台、长庥台，以及《管子·山至数》记载的栈台、鹿台等。现在仍留存有雪宫台、梧台、桓公台、遄台等的遗迹[28]。除齐台以外，稷下学宫是临淄城最重要的学术建筑空间。齐威王时期，国家内忧外患，威王决心"迩嗣桓文，朝问诸侯"，扩建桓公设立的稷下学宫，广招贤士。之后齐宣王继续支持稷下学宫的建设，招揽了众多学者来到齐国，此时"齐稷下学士复盛，且数百千人"[29]。直至齐王建降秦，稷下学宫才消亡。稷下学宫为诸子百家提供学术交流的

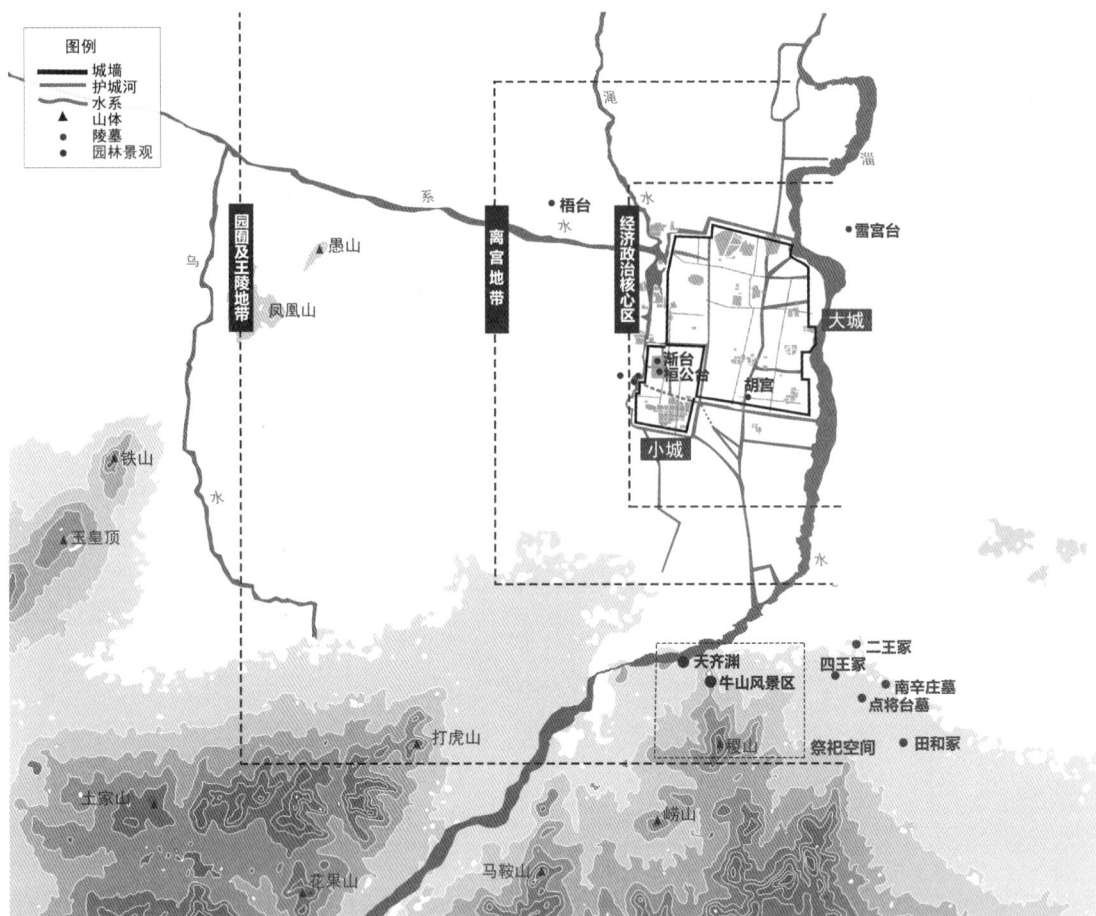

图7-10　齐临淄故城园林分布
［图片来源：作者根据相关资料整理绘制］

临淄主要园林及风景名胜概述　　　　　　　　　　　　　　　　　表7-3

大类	小类	名称	始建年代	位置	概述
园林	齐台	桓公台	姜齐时期	小城最高处	由泥土夯筑而成，又称点将台。其南坡较缓，其余三面较陡。建筑区域应为以政治功能为主的朝堂建筑，其东、北两面150 m处有排水道，宫中之水由此排入小城西墙外系水中
		渐台	姜齐时期	桓公台北侧	建筑方向坐北朝南，因台在池中，为水所浸而得名，"渐台四重，黄金白玉，琅玕龙疏，翡翠珠玑"[30]，包含彩绘木门、卷云纹等建筑彩绘艺术，十分精美奢华
		遄台	姜齐时期	小城西墙外1 km处	齐景公时期已成为齐王经常临幸之地，台长60 m，宽50 m，高5 m，台顶平坦。结合《左传》记载，可知临淄西郊的申池与遄台同属一处园囿之中

续表

大类	小类	名称	始建年代	位置	概述
园林	齐台	梧台	姜齐时期	临淄西北10 km处	具有政治会见的功能，台高28 m，周长约220 m，是齐台夯土台基面积最大的一处
		雪宫	姜齐景公	城池东郊	"宫中有园囿台池之饰，禽兽之饶"，是临淄东郊的一处重要离宫建筑，具有政治接见和供齐王宴饮休憩的休闲功能。台长50 m，宽30 m，高5 m
		胡宫	无考	大城南墙内	据史料记载，胡寿为一声之转，"寿宫，供神之处也"，因此胡宫是姜齐宫城外，临淄大城南门内的祭祀建筑
		申池	姜齐时期	临淄大城西门外	"西南有申门，门外申池。左太冲赋谓之照华池"[31]。神池位于西门外系水源头附近的园囿，遄台为园囿中的主体建筑
	学宫	稷下学宫	齐威王时期	小城西门外	各地贤士来此展开学术交流的地方，留下了《晏子春秋》《孙子兵法》《管子》等著述，形成自由著述和学术传播的良好局面
风景名胜	山岳型	牛山		齐故城临淄城南	牛山树木葱茏，庙宇众多，香火缭绕，风景秀美，称为"牛山春雨"，也是临淄五帝祭祀的地区
	河湖型	淄水		古城东侧	出原山，后向东北流，过临淄界，北流入巨淀
		天齐渊		淄水东岸	"淄水自山东北流，经牛山西……东得天齐水口，水出南郊山下，谓之天齐渊。五泉并出"[32]。天齐渊自春秋至汉代都是八神信仰的重要组成部分，与牛山一起组成临淄南郊的祭祀空间

［资料来源：作者根据（清）康熙《益都县图志·卷九·山川志上》和贾鸿源. 齐都临淄复原研究［D］. 西安：陕西师范大学，2015. 整理而成］

场所，成为学术传播的中心。根据最新的考古发现，稷下学宫位于小城西门以南的区域。

第六节　小结

西周至西晋时期，临淄为山东的中心城市。优越的自然环境、便捷的交通条件、抵御东夷的军事需求、快速的经济发展与尊周的礼治秩序，造就了盛极一时的齐都临淄。临淄位于古代泰鲁沂山地北麓东西交通大道的必经之地，东临东夷，战略地位重要。临淄城东临淄水，西临系水，南有泰、沂群山作为天然屏障，自然条件优越。淄水河床下切形成天然堤坝，地势高亢，可抵御洪水与军事袭击。临淄经历了西周和春秋战国时期的积累，农业发达，人口众多，经济繁荣，纺织、冶铁、手工业发达，直至汉代都是海内名都。至西晋末年，战乱频繁，临淄城因"地广难守"，政治军事作用被广固城所取代，自此走向衰退。到元代，昔日"海内名都"仅存西南一隅，不复昔日盛景。齐临淄城采用的是战国时期诸侯王城常见的大小城组合格局。小城为宫城，包含了宫殿和以台为代表的园林。大城城墙依淄水随形就势，城池轴线指向稷山、牛山。城内街道横平竖直，串联居住区、手工业区与冶铁区，形成多功能复合的大城空间格局。临淄城的景观格局从内到外有三个圈层，分别为大城、小城所在的经济、政治核心区，拥有申池、稷下学宫、齐台等园林景观的离宫地带，以及涵盖山川园囿、宗教圣地和皇室陵区的园囿及王陵地带，体现了前秦时期诸侯王城的城市营建制度。

参考文献：

[1] （春秋）左丘明撰．左传·昭公二十年[M]．赵捷，译．武汉：崇文书局，2016.
[2] （北魏）郦道元《水经注·卷二十六·沭水、巨洋水、淄水、汶水、潍水、胶水》.
[3] （西汉）班固《汉书·地理志·卷四十四·县十二》.
[4] （西汉）刘向《战国策·齐策》.
[5] （清）康熙《临淄县志·卷一·建置》.
[6] （北宋）司马光《资治通鉴·卷第十八》.
[7] （西汉）班固《后汉书仲长统传》.
[8] （西晋）司马彪《九州春秋》.
[9] 群力．临淄齐国故城勘探纪要[J]．文物，1972（5）：45-54.
[10] （宋）李格非.《过临淄绝句》.
[11] 侯仁之．历史地理学的理论与实践[J]．北京大学学报（自然科学版），1979（1）：121-126.
[12] （清）康熙《临淄县志·卷二·城池》.
[13] 贾鸿源．齐都临淄复原研究[D]．西安：陕西师范大学，2015.
[14] 山东省文物考古研究所．临淄齐故城[M]．北京：文物出版社，2013.
[15] 刘敦愿．刘敦愿文集·下卷[M]．北京：科学出版社，2012.
[16] 刘文熙，张龙海．稷下寻迹怕[J]．管子学刊，1990（3）.
[17] 曲英杰.《春秋》经传有关齐都临淄城的记述[J]．管子学刊，1996（2）.
[18] 李剑，宋玉顺．稷下学宫遗址新探[J]．管子学刊，1989（2）.
[19] 韩宏博．稷下学宫遗址考疑[J]．文物鉴定与鉴赏，2023（15）：145-148.
[20] 方辉，田钟灵．稷下学宫考[J]．中国文化研究，2021（4）：12-25.
[21] 吴庆洲．中国古城的选址与防御洪灾[J]．自然科学史研究，1991（2）：195-200.

[22]　（春秋）晏婴撰. 晏子春秋·卷五·内篇杂（上）[M]. 陈涛，译. 北京：中华书局，2016.

[23]　（西汉）司马迁撰. 国语·周语·太子晋谏灵王雍谷水[M]. 陈桐生，译. 北京：中华书局，2013.

[24]　吴庆洲. 中国古代城市防洪研究[M]. 北京：中国建筑工业出版社，1995.

[25]　昝金国，韩伟东. 临淄齐国故城供排水系统再认识[J]. 南方文物，2024（3）：156-165.

[26]　张龙海，朱玉德. 临淄齐国故城的排水系统[J]. 考古，1988（9）：784-787.

[27]　贾鸿源. 齐都临淄复原研究[D]. 西安：陕西师范大学，2015.

[28]　李化澜. 淄博古代园林[C]//山东省科学技术协会. 2005年度山东建筑学会优秀论文集，2005：291-302.

[29]　（西汉）《史记·田敬仲完世家》.

[30]　卢元骏注. 新序今注今译·杂事第二[M]. 天津：天津古籍出版社，1988.

[31]　（晋）晏谟《齐地记》.

[32]　（东晋）司马贞《史记索隐》.

第八章 青州

第一节 "三迁四筑"的城邑发展历史

　　青州是一座拥有2000多年历史的古城，历史上曾是益都县、青州府的治所。又因地形似"卧牛"而被称为"卧牛城"。史书上对青州城的描述为"左有负海之饶，右有山河之固"，宋人夏竦知青州时写道："其城萦带山岳，控引川渎，气候高爽，风物楙盛，雅俗杂处，修涂四达。富焉庶焉，东夏之都会也[1]"。苏辙对古青州的评价为："面山负海古诸侯，信美东方第一州"。其城池选址背山面水，是理想的军事防御之地。著名的考古学家苏秉琦先生曾说，青州城跨越几千年文明，具有不为周围文化干扰的独特文化特色，不愧为"东夷之都"[2]。据清光绪《益都县图志》载，青州经历了广县城、柳泉城、广固城、东阳城和青州府益都城（亦称南阳城）的建设过程，五座城池演变成青州古城。其中，广县城、柳泉城为古代侯国之城；广固城为南燕国都城；东阳城为东晋至北宋700年间的州、郡、县治地，是"三齐"政治、经济、文化中心；青州府益都城为金、元和明代的州府城及山东中心城市。

　　古青州地理环境较好，地势平缓，沃野千里，河网密布，气候适宜。这里是东夷文化的主要发祥地，经历了自北辛文化至岳石文化的发展过程，历史十分悠久。商代，青州方国林立，又称为营州，"此营州，则青州之域也"[3]。所以西周分封时期，将分封在齐地的国都定为"营丘"。这一时期，青州大致包含山东东、南部至淮、沭一带，并以沂山作为中心[4]。远古时期的青州是一个大致的地理区域，并非严格意义的行政区划。

西汉初年，"汉武帝元封五年初置青州刺史，治广县"[5]，其故址在青州府城西南四里的瀑水涧西侧[6]，是历史上的第一座青州城。汉代青州经济十分发达，淄河、弥河两条河流附近更为繁华，创造了先进的文明。广县城南面是驼山，其背山面水的地理环境具有较好的防御性。且城池所处地势较高，不会受到洪水冲击[7]，而又较易获取水源。经考古勘测，广县城城池约为长方形，选址三面环涧、一面背山，地势险要，易守难攻[8]。柳泉城，秦汉之前为方国，西汉为侯国，后汉为柳泉县，之后是临淄通往莒国古战道上的军事重镇。

西晋时期，曹嶷为刺史，他认为临淄"城大地圆"，无险可守，因此在广县城以北尧王山另筑新城，城市选址在"居全齐之地，规为鼎峙之势"的中心位置，"四周绝涧，阻水深隍"，名曰广固城[9]。广固城依山傍水，西靠崇山，北控沃野，是东西、南北的交通扼要之地。东晋隆安三年（399年），慕容德横扫东晋在青州的势力，攻陷广固城并在此建立南燕国。慕容德对广固城进行了大规模建设，在城内建立了小城，并在小城开四门，形成内外重城结构[10]。广固城取代临淄，成为地区中心城市。

东晋义熙六年（410年），刘裕攻打南燕，广固城在战乱中被完全毁坏[11]，从建立到城池被毁，广固城作为山东政治、经济、军事中心存在了一百余年。东晋义熙年间，晋青州刺史羊穆之在阳水（今南阳河）之阳筑城，青州治所自广固移至东阳城[12]，是青州历史上的第三座城池。就地理位置而言，东阳城西有北阳河，南邻南阳河，城北一片沃土，南有连绵起伏的鲁中山地，易守难攻，地理位置十分重要[13]。北魏统治时期相对安定，社会经济得到了一定的恢复，青州进入了长期无战事的稳定发展期。历史学家王仲荦先生指出："南北朝时，东阳之名甚焉"，东阳城自建立起便是齐鲁第一重镇。根据《魏书》记载："渊劫广州库兵反……夜袭青州南郭"[14]，可知北魏时期，青州就有南郭，而东阳城濒临南阳河，所以其南郭在南阳河之南。此时南郭城有着简单的城垣，是南阳城的前身。到唐废帝时期，平卢节度使"治第青州南城"，此时青州南城已建成，并且十分繁华[8]。

唐代青州城手工业繁荣，人口众多，丝绸的生产与加工是青州重要的经济来源。青州地处商贸要津，东、西、北门外设"市"，商贾云集。同时，青州海外交往十分发达，日本曾多次派使臣经青州、洛阳到达长安，青州也与朝鲜半岛的新罗人往来通商。北宋时期，青州所在京东路的政治、经济地位十分重要，通过济水运道与京城开封紧密联系，是护卫京师的军事重地。宋代曾三修青州城，其规模已超越隋唐时期，青州城"官房之要，控制之重，城闉之大，室居之盛，青复首焉"。随着泰鲁沂山地北麓交通大道的发展，青州作为重要的交通枢纽，贸易繁荣，在山东地区的商税额位居第二[15]。东阳城在城北，南阳城与东阳城隔南阳水而建[16]。宋青州益都人王辟之《渑水燕谈录》曾对南阳河南、北两城有过这样的描述："青州城西南皆山，中贯洋水（今南阳河），限为二城"[17]，可知北宋时期双城结构已经形成。宋高宗三年（1129年），金兵强攻青州，东阳城成为"瓦砾之区"。金天会中期，北城（东阳城）颓败，移州治到南阳城，作为益都府所在[18]。

元代，青州南阳城东关形成回民聚居地。穆斯林最早在唐代就来到青州定居，丝绸之路加强了青州与伊斯兰文化的交流。随着元朝色目人军队的驻扎和丝绸等商品贸易的繁荣，作为军事重镇和贸易中心的青州吸引了许多回民在此定居[19]，并建立了许多宗教寺院。现在位于青州东关的真教寺建造于元大德六年（1302年），是中国最古老的清真寺之一。

南阳城最初是土城，周二十里，城墙外有护城河，城北开有水门，城外护城河上建有万年桥、海岱桥、云山桥、永济桥。《齐乘》记述："两城相对，因阳以为湟，因其崖以为壁，盖古者合为一城"。明洪武二年（1369年）三月始，将金元土城墙甃以砖石，并将南阳城西北角的缺角部分西扩沿河筑城，同时在此筑西门（西北门）。南阳城"雉堞翬飞，楼观云丽，隐然东方一巨镇也"[20]，俗称"卧牛城"。东门外回民聚居区也筑起墙垣，成为南阳城的外郭，俗称东关圩子城。为方便城池与南阳城和周边城池的交通联系，圩子城开五门，门上建楼阁，俗称东关五阁子[21]。虽然此时青州已被济南取代了山东半岛行政中心的地位，但城池规模仍大于济南。元、明、清时期，南阳城一直作为青州州衙的治所。

明洪武九年（1376年），山东治所从青州移到济南，在青州设布政分司，结束了青州持续了一千余年的山东中心城市的地位。尽管如此，青州作为二级政区仍对山东东部发挥着重要作用。

清雍正八年（1730年），清政府为加强统治，在各军事要冲驻扎八旗精锐部队，青州设置了"驻防将军"，在城北5 km处修建了满洲驻防旗城。旗城南望东阳城和南阳城，北临平原，东、西方向有驿站，出入青州的除南侧官道外皆经过此地，地理位置十分重要[8]。旗城平面为长方形，内部布局规整，城门共有四个，城外有护城河环绕。旗城与南阳城有"母子城"之称。南城建城历史悠久，为主城，亦为"母城"；旗城为附属军城，为"子城"。两城守军常在城楼上用螺号应答，互为呼应。

康乾盛世时期，青州城池包括南阳城、东阳城、东关圩子城和满洲驻防旗城四个部分。东阳城城内各种官衙、店铺和寺院建筑鳞次栉比，城内商贸繁荣，车水马龙。满洲驻防旗城是满族聚居地，是八旗官兵的驻扎地，城南与东阳城之间还有演武场。东关圩子城是回族聚居地，四周建有小型城门和围墙，人口密度大，商业繁荣。此时的青州工商业发达，地处交通要冲，是明清时期著名的商埠，至今青州东店还保留有"两京通衢"的牌额。城内建有诸多会馆，

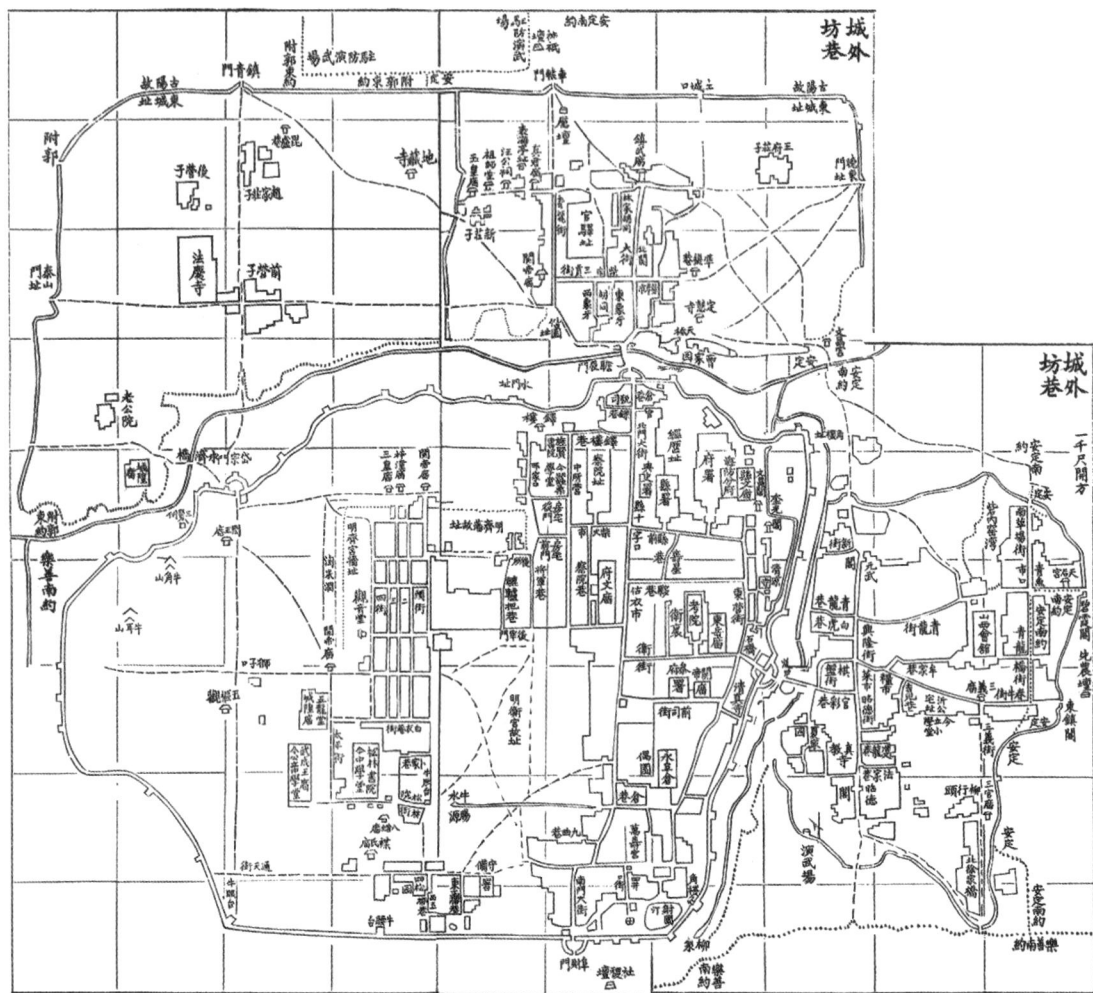

图8-1　清代青州府总图
［图片来源：（清）光绪《益都县图志·卷三·道里开方图》］

如山西会馆、绍兴会馆等，规模宏大，其中山西会馆最为有名，可见晋商在青州的贸易中非常活跃。由于青州城依山傍水、交通便利、物产丰饶、历史悠久，也带动了当地学府、书院的修建，城内还有许多茶社酒楼，丰富了城市生活（图8-1）。

青州旧城城池演变历程如图8-2所示。

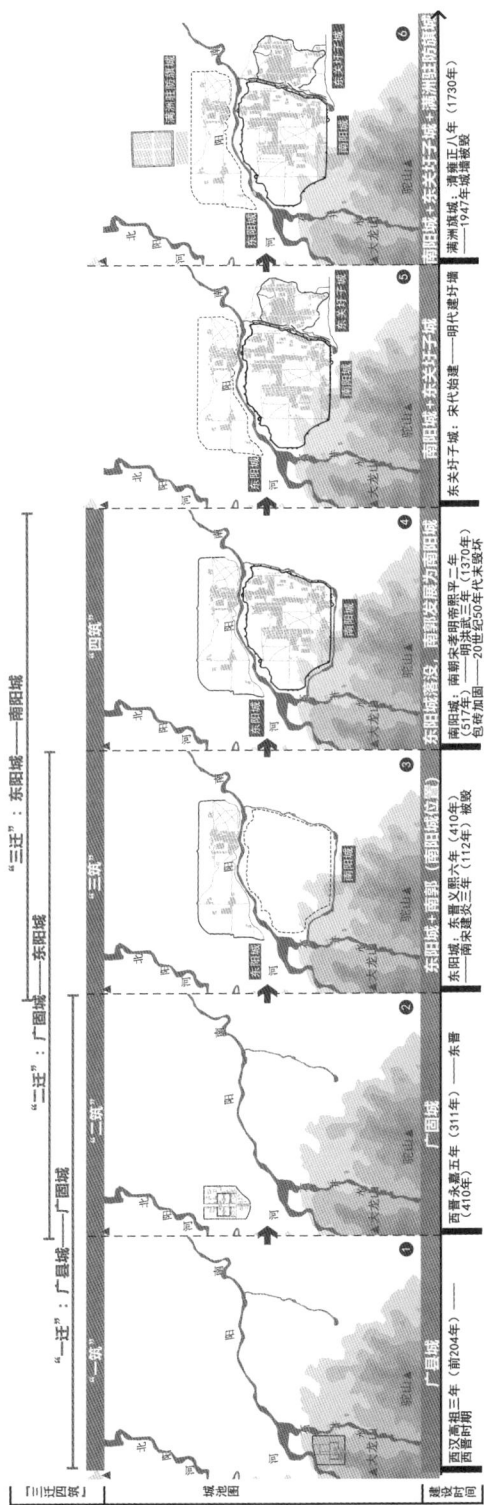

图8-2　青州古城变迁示意图

[图片来源：作者自绘。底图来自（清）光绪《益都县图志·卷三·谱里开方图》、青州驻防旗城图、李凤琪，唐玉民，李葵．青州旗城［M］．济南：山东文艺出版社．1999．和青州古城景区"文化记忆"展馆中的"青州古城沙盘"]

第二节　山水环抱的自然山水格局

在区域尺度上，青州城呈现"二水夹城，群山环绕"的特征。青州地区地处泰鲁沂山地腹地，西南群山环绕，共有三大水系，一是弥河水系，二是淄河水系，三是塌河水系（图8-3）。其中，弥河水系最为发达。青州西南为山地，向东北地势逐步降低，北部为平原区。境内的河流自西南山地出，自分水岭分流之后，向东注入弥河，向西注入淄河，北部平原的河流与北阳河一同北去注入塌河。

在城市尺度上，青州具有"三山连翠、双城对峙、一水中流"的特点。青州古城的山水格局独具特色。三山分别是驼山、云门山和劈山，三山相连，环绕在城市西南，西有尧王山（图8-4）。双城是东阳城与南阳城，一水即南阳水，双城隔南阳水相望。古城西侧有北阳水，自城西南山地的诸多支流向东北流过南北两城之间。河流大多水岸陡峭，形成天然绝涧（图8-5～图8-7）。

图8-3　益都县境图
［图片来源：（明）嘉靖《青州府志》］

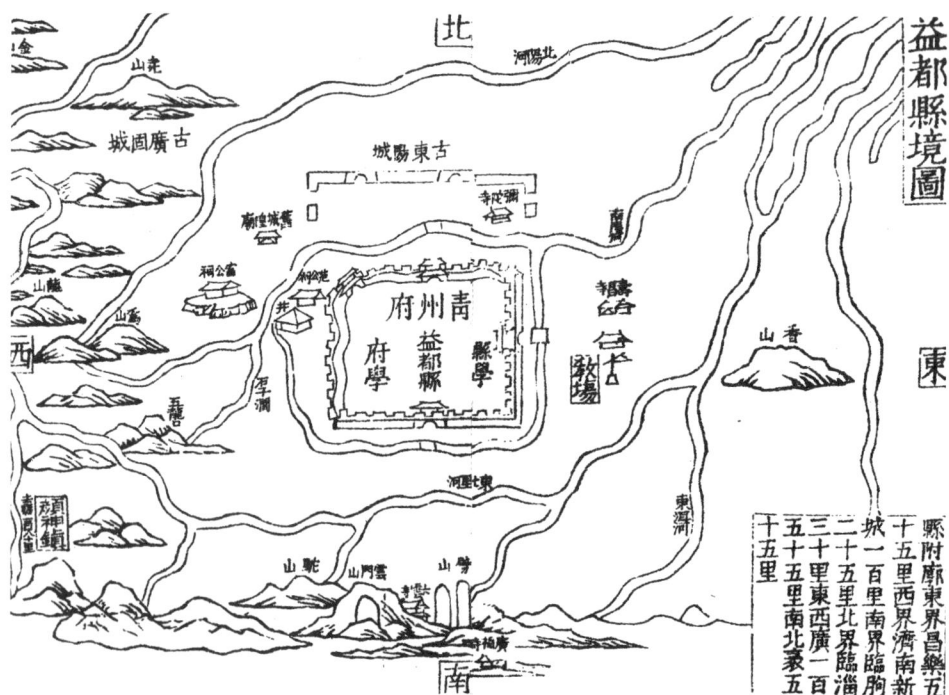

图8-4　青州山水环境
[图片来源：（清）康熙《青州府志》]

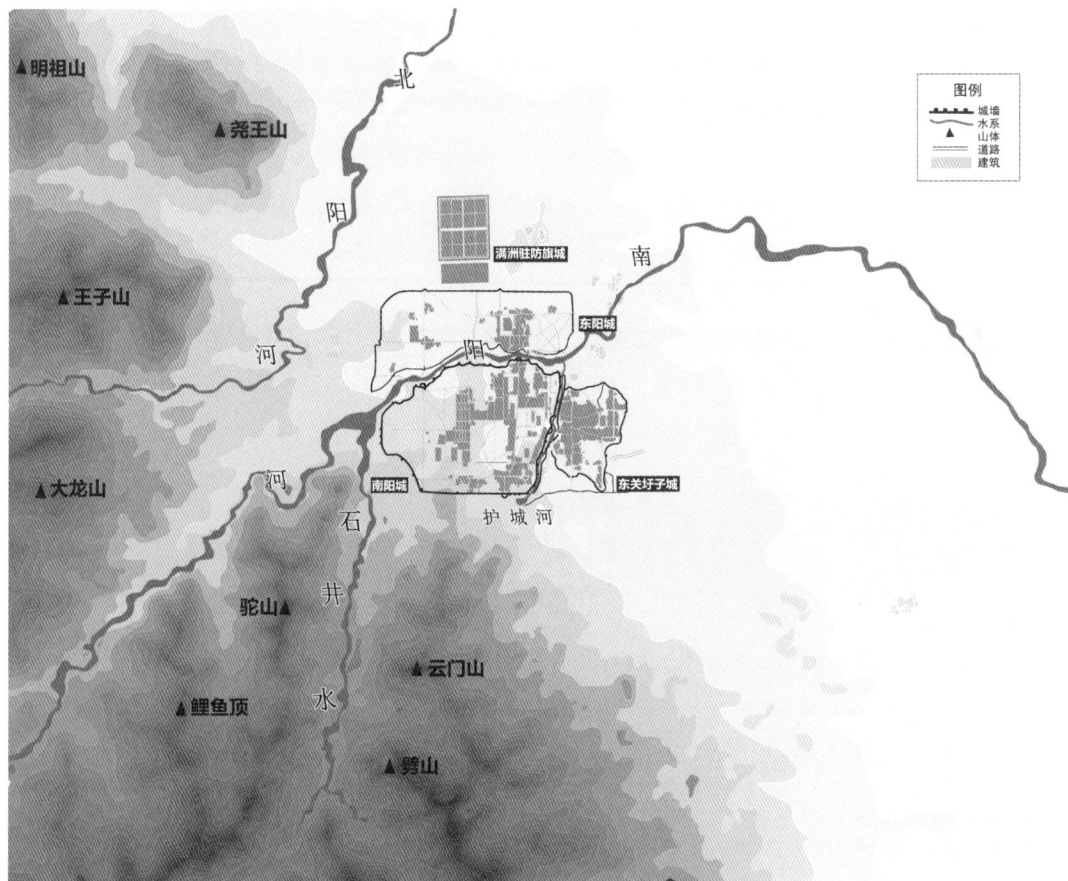

图8-5　青州古城区域山水关系
[图片来源：作者自绘，底图来自中国台湾"内政部"典藏地图数位化影像制作专案计划]

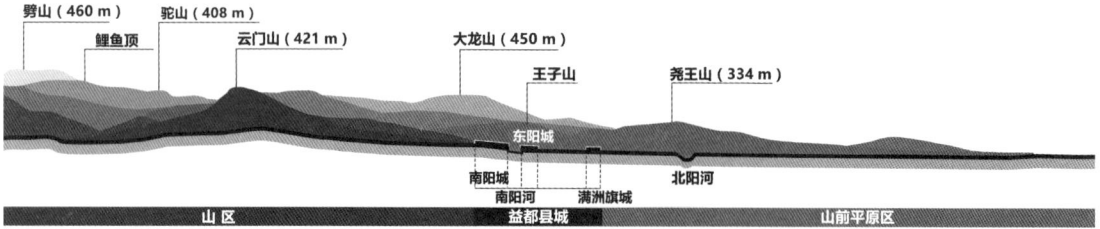

图8-6　青州古城区域山水环境剖面
［图片来源：作者自绘］

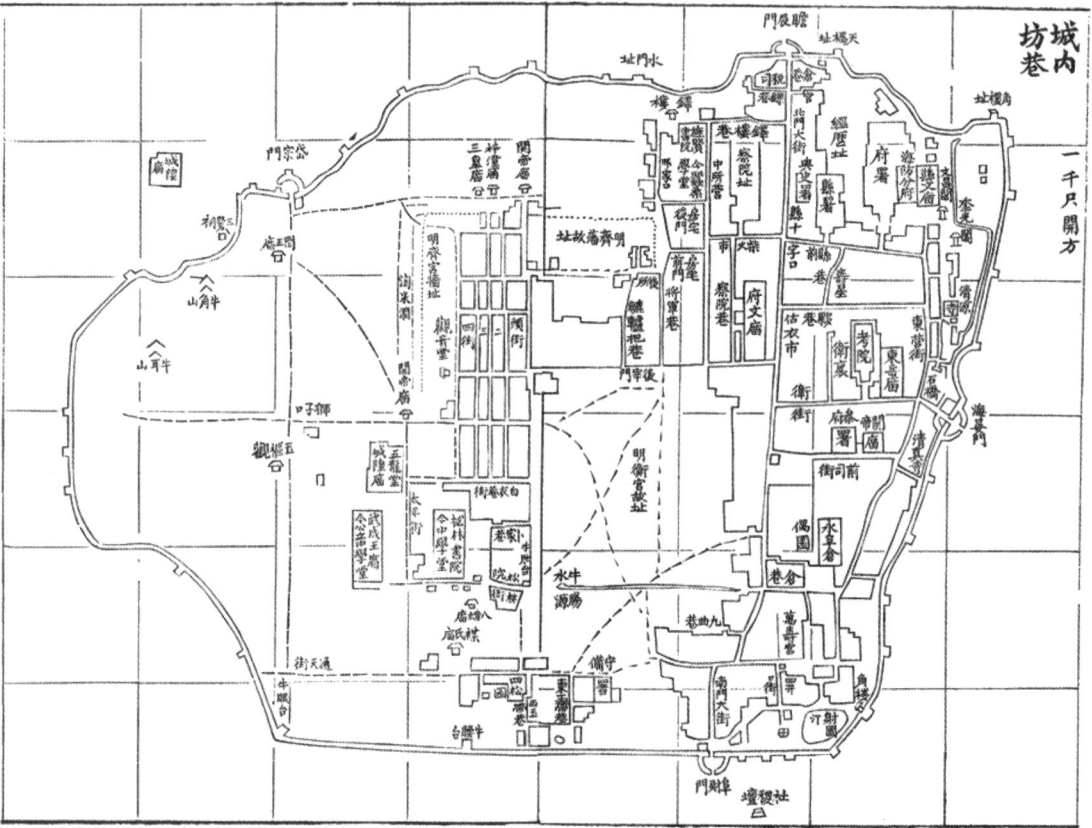

图8-7　清代青州府城（南阳城）城内坊巷图
［图片来源：（清）光绪《益都县图志·卷三·道里开方图》］

第三节　双城对峙的城池空间结构

　　在城池边界空间方面，秦汉广县城共有端门、东门、万春门
和天门四个城门；东晋时期建立的东阳城共有镇青门、车辕门、泰
山门和晓东门四个城门；南阳城在北宋时期有五个城门，元末明初
城池范围缩小，城门数量减少，至明洪武年间共四个城门，分别是
"海晏"（旧名海岱）、"岱宗"（旧名泰北）、"阜财"（旧名云山）、"瞻
辰"（旧名凌霜）（图8-8）；东关圩子城共有五个城门，皆是台阁式
建筑，城门上有宽敞轩昂的阁楼，内里供奉神像，被称为东关五阁
子；满洲驻防旗城由雍正皇帝钦定了海晏门、泰安门、拱辰门和宁
齐门四个城门（表8-1，图8-9）。

图8-8　益都县城图
[图片来源：（清）康熙《益都县志·卷首·城图》]

广县城、东阳城、南阳城、东关圩子城和旗城建设发展情况概述　　　　　　　表8-1

城池	时间	城门及城楼	文献来源
广县城	秦汉时期	小城开四门，分别是端门、东门、万春门和天门	孟庆刚. 青州古城[M]. 北京：新华出版社，2013
东阳城	东晋至明洪武年间	东阳城共有城门四座，分别为北向的镇青门、车辕门，西向的泰山门和东向的晓东门。其中，北门镇青门为官吏更换车马的地方，又被称作马驿门	（清）光绪《益都县图志·卷六·大事志下》

续表

城池	时间	城门及城楼	文献来源
南阳城	北宋时期	根据考古发掘推断，城北靠近南阳河的一段城墙开有西北门、北门和东北门，用以加强东、南阳城之间的联系。城南、城北都应建有城门，则宋朝时期至少应有五座城门	（清）光绪《益都县图志》、（明）嘉靖《山东通志》及考古勘察资料《青州宋明古城墙遗址保护初探》
	元末明初	城池范围缩小，城门数量减少，于明洪武年间开凿城东护城河。由此可知，宋代青州城范围最大	
	明洪武年间	西北角的缺角部分西扩沿河筑城，共有四个大门，东为"海晏"（旧名海岱）、西为"岱宗"（旧名泰北）、南为"阜财"（旧名云山）、北为"瞻辰"（旧名凌霜），每门双层，中有瓮城[22]	（清）光绪《益都县图志·卷十三·营建志上》
东关圩子城	明朝	开五门，城门之上有庙宇，称为东关五阁子，分别是东向的碧霞阁、镇青阁，西向的海岱阁，南向的昭德阁和北向的玄武阁	（清）光绪《益都县图志》
	清朝		
满洲驻防旗城	清雍正年间	雍正皇帝钦定四门，分别是东门海晏门、西门泰安门、南门宁齐门和北门拱辰门，每座城门又分为内外两门，有月城在两门之间	李凤琪，唐玉民，李葵. 青州旗城[M]. 济南：山东文艺出版社，1998及（清）邱琮玉《青社琐记》

［资料来源：作者根据相关文献及考古资料整理而成］

（a）南阳城北门瞻辰门与万年桥

（b）南阳城东门海晏门

（c）南阳城南门阜财门

（d）满洲驻防旗城八旗城门

图8-9　民国时期青州古城城门

［图片来源：孟庆刚. 青州古城［M］. 北京：新华出版社，2002］

南阳城作为青州治所时间最久，城池共有四座城门，均为重门，两重城门之间是月城。东门海晏门月城内开设有商铺，城门之上有城楼名海岱楼，门外护城河上有海岱桥；西门岱宗门规格小于东门，西门外有永济桥跨南阳河；南门阜财门月城内有居民居住，门外护城河上有云山桥，是青州府通往云门山的必经之路；北门瞻辰门月城内店铺林立，城门外有跨南阳河的万年桥，是沟通青州南北城的重要通道。北城门内是青州府城最繁忙的北门大街（表8-2）。

南阳城四座城门基本情况　　　　　　　　　　　　　　　表8-2

城门	月城	桥梁	主要特点
东门海晏门	两城门间有月城连接，月城内有近二十家店面，建筑统一为青砖灰瓦	东门外的东护城河上有海岱桥	南阳城东门海晏门、海岱桥和海岱楼组成的门、桥、楼的建筑组合成为独特的景观
西门岱宗门	规格小于东门	西门跨南阳河有永济桥	月城石板路被称作"卧牛金鸡"，石子落地会发出似鸡鸣的声音
南门阜财门	月城内东侧为空地，西侧有居民居住	门外15 m左右的云山桥在南护城河之上	城门规格与海晏门相当，云山桥为青州府城通往云门山的必经之路。自南门南望群山拱卫，北望庐舍栉比，乃繁庶景象
北门瞻辰门	月城内店铺林立，十分热闹	出城门有跨越南阳河的万年桥	城门南是繁华的北门大街，万年桥是沟通青州南北城的重要通道。北关贸易繁忙，商贾云集

［资料来源：作者根据〔清〕《青州纪游》《青州古城》整理而成］

青州最早的城池广县城、广固城早已不存，自东晋在南阳河北岸筑东阳城起，青州城市就一直以此为基础发展，从河北岸一城到两城夹河，到北城衰败、南城为主，再到圩子城附郭和北部旗城的修筑，形成了四城的结构。其中，历史最久的东阳城虽经历次战乱损毁，但一直未完全消失，在明嘉靖《青州府志》卷一"青州府志图"中就标注了古东阳城城垣及四门位置，清光绪《益都县图志》中，城郭形态和城门址也清晰可见。由于青州城由四座城池组成，因而呈现出多条轴线并存的混合轴线特征。明代由于洪武年间齐王府和弘治年间衡藩府的修建，南阳城内衙署、庙坛等主要建筑皆移至城东。因此，南阳城有一条相对清晰的偏东侧的南北轴线和不明

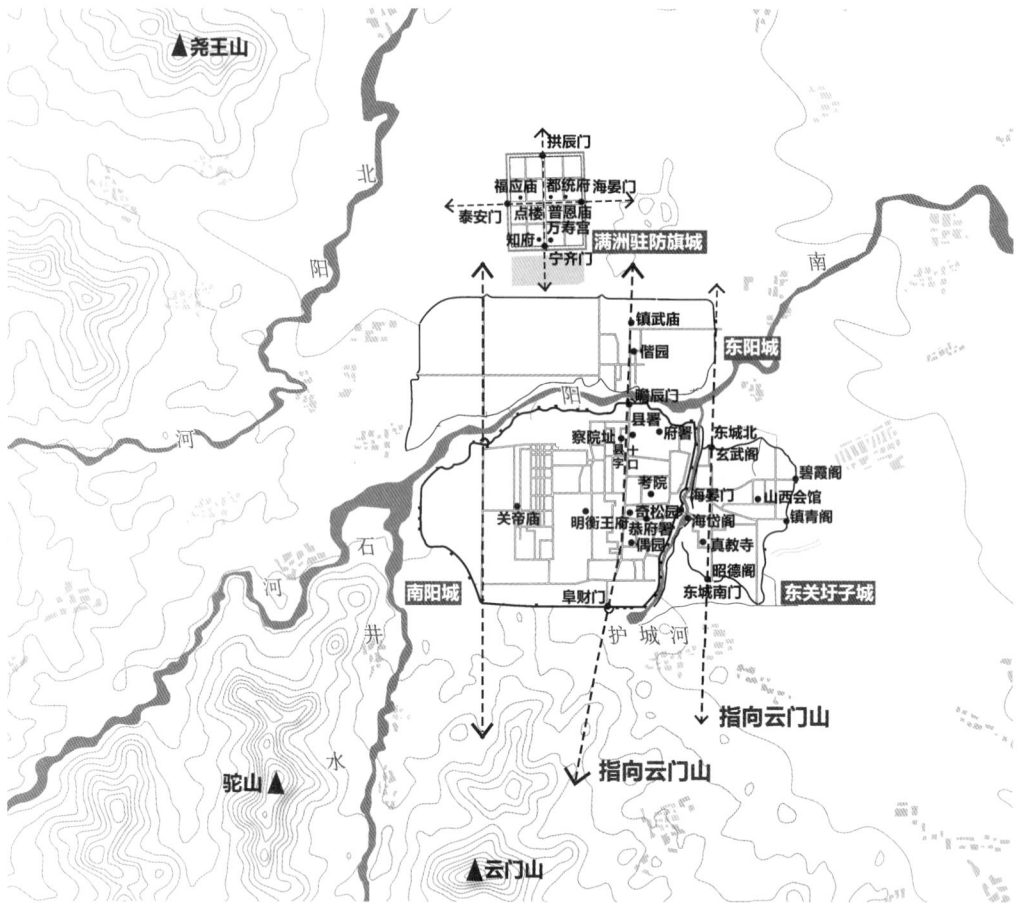

图8-10　青州古城城市轴线
[图片来源：作者自绘]

显的东西轴线（图8-10）。城东北的十字口为核心区域，官署衙门及文庙、考院均聚集在此，城北关及城外分布有寺观和坛庙。南北轴线向南指向云门山，向北过万年桥串联了东阳城；东西轴线西指大龙山，向东通过海岱桥联系了东关圩子城。北部满洲驻防旗城相对独立，城内"工分八旗，以灰画局，方圆有法，曲直就序"，是典型的以十字街为核心的军城（图8-11）。

东阳城初建时作为青州刺史治所，东西长，南北狭，分四门，东西各一，北二门，内有官衙、兵营和民房。北魏期间，东阳城在城外河南岸一带逐渐发展出南郭，商业繁荣。这一时期佛教传播广泛，城市内外建立大量佛寺，并在郊区山上开凿石窟，龙兴寺的前身南阳寺亦在此时兴建，位于东阳城南郭。唐代，东阳城的南郭进

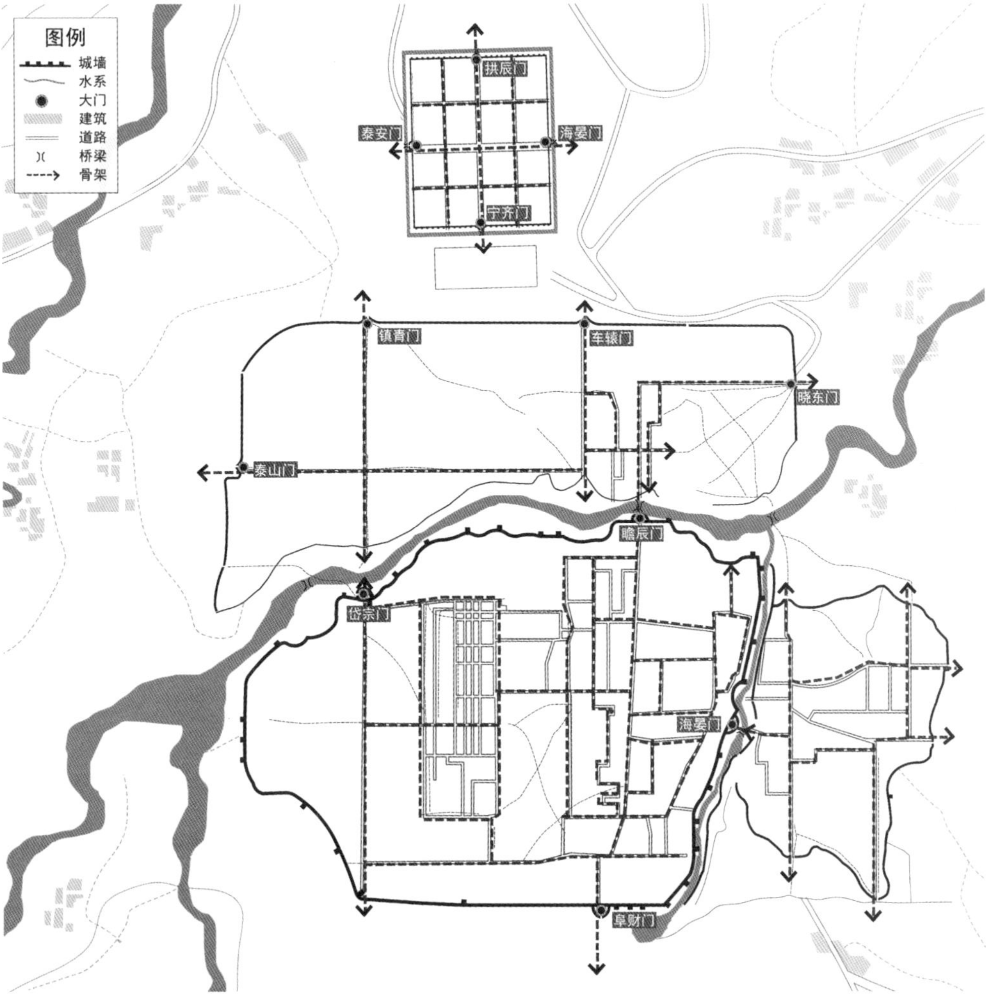

图8-11 青州古城街巷格局
[图片来源：作者自绘]

一步发展，至后唐废帝时，官署衙门已移驻南阳城。宋代，青州城市建成区包含了东阳城和南阳城的范围，南阳河成为城市内河，城池三次修葺，规模宏伟，人口众多，经济繁荣。因河流和地形山势原因，南阳城城垣形状极不规整，当时至少有城门五座。随后金人入侵，致北城颓废。元代，益都路总管府设在南阳城，位于城内西北。至明代，随着齐藩王府和衡藩府的建设，带来了城市布局的改变，王府居中，府治东移。明代青州的衙署机构集政治、军事中心于一体，府治位于南阳城东北侧，其西侧、南侧分布着县衙、按察司、布政司、察院，兵备道、左卫等分布在城东门内及东南侧。由此，明清时期青州的行政中心一直位于南阳城东北部，县十字街口一带是城市的核心区。至清代，南阳城明藩王府旧址一带成为大片居住区，寺观、坛庙主要位于城内外围区和北关一带。明代东关外修筑的圩子城，是在已有的回民聚居区外围筑，城垣形状极不规整，街道走向亦较为随机。清代的旗城，十字街是最重要的城市空间，将军府、都统府位于横街东西两侧，东西两门内各有一座寺庙，南门内左右两侧是旗城司法机构公议厅和理事厅[8]，出南门是周长760丈（1丈=3.33 m）的军教场，是八旗将士练兵比武的地方。随着清廷准许在旗城经商贸易，十字街也逐渐成为旗城的商业中心（图8-12）。

图8-12　清代青州古城平面图
[图片来源：作者自绘，底图来自（清）光绪《益都县图志·卷三·道里开方图》、青州驻防旗城图和李凤琪，唐玉民，李葵. 青州旗城［M］. 济南：山东文艺出版社，1999]

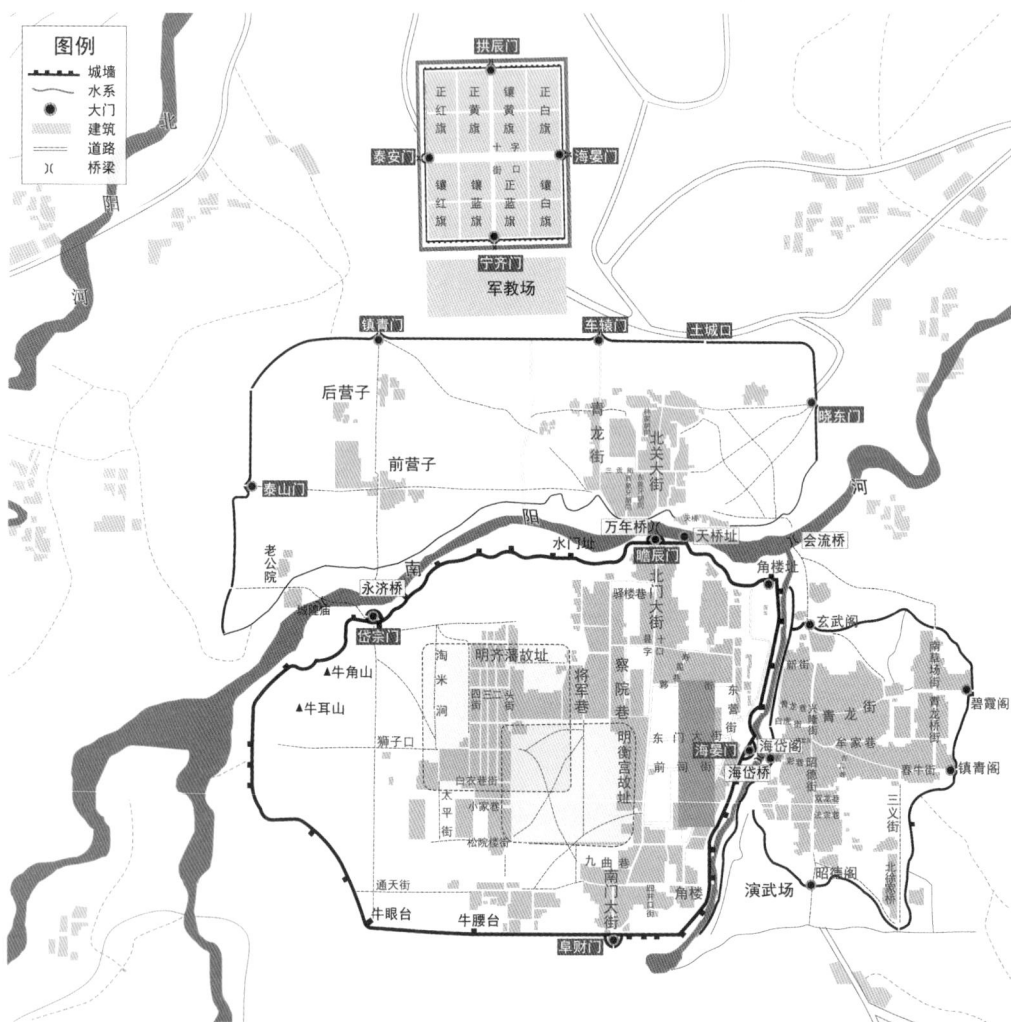

第四节　沟壑串联的城市水系格局

青州五城，东阳城和柳泉城废弃久矣，城内外水系不可考；南阳城自元代以后一直作为治所，城市水系统比较完善；东关圩子城依附于南阳城，水系统也与之相联系；旗城为军营布局，城壕绕城，主要承担军事防御功能。此处主要讨论南阳城与圩子城的水系统。

南阳城南萦带山岳，北濒临河谷，"因涧为城"。城南和西南有山体汇水，但由于城外诸多泄洪水道的存在，自古以来就有"山洪不淹青州城"之说，主要沟壑有红土沟、校场沟、黑石头沟和二里沟。因城高河低，南阳河自然也是城市排水的去处。古城的东城壕与南城壕相连，沟深壕阔，是重要的泄洪通道。城市内部利用地势西南高、东北低的特征，顺街道或地下暗渠合理布局泄洪通道，快速泄雨水入南阳河。史料记载，龙兴寺东侧有淘米涧，此涧在清代舆图中仍清晰标注为南北向的沟渠，可见城内还有沟渠水系可以排水（图8-13）。

表8-3展示了青州城内泄水排洪的主要方式。

青州主要泄洪通道　　　　　　　　　　　　　　　　　表8-3

位置	泄洪通道形成	泄洪方式	泄洪水道
南城	城南有许多沟壑，成为重要泄洪水道	沟壑、街道表面排水、地下水道	南阳河
		城南西侧瀑水涧，接纳来自城西南山区的水源，过云门山和驼山之间，汇入泄洪水道	
北城	顺街道排水	城北关积水顺着街道流入南阳河	
东城	沿东城壕向北泄入南阳河，东侧城墙上预留泄洪口	东北文昌阁一带，俗称"县学洼子"，是全城最低处，排泄城内阴沟之水，与城外一水湾称"牛溺连接"，俗称"老牛尿脐"	
	顺街道排水	东关积水顺着北阁街入南阳河	
西城	由城根沟将城区内雨水沿街道排入南阳河	顺淘米涧向北流入浪湾和铎楼庙湾，顺城根沟入南	

[资料来源：作者根据孟庆刚. 青州古城［M］. 北京：新华出版社，2013. 整理而成]

青州南阳城主要有三个水门。北门上有排水洞，用来排泄南北大街汇流的雨水。万年桥西侧有水门，又称"牛脐"，用以排出城内雨水。大水窦位于东北角城楼下，因城内整体地势西南高、东北低，城东北低洼处蓄积的雨水由此排出（图8-13）。

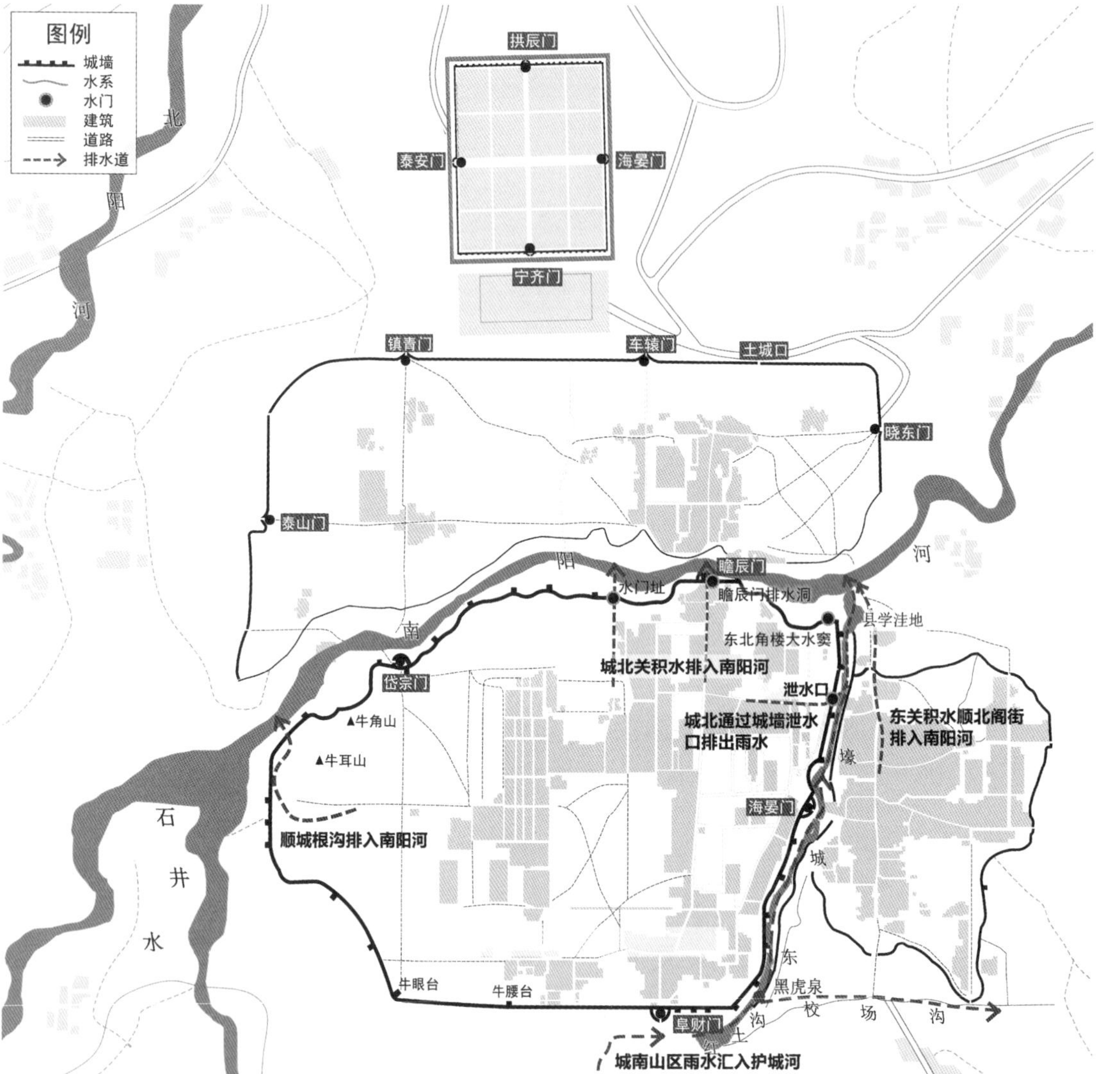

图8-13　青州泄水沟渠

[图片来源：作者根据古籍资料与现状地图对照绘制]

第五节　清幽壮丽的城市景观格局

青州城市发展经历了三迁四筑的过程，最终形成东阳城、南阳城、东关圩子城和满洲驻防旗城四城并置的格局。凭借优越的区位条件，青州城具有交通、军事、政治、经济等多方面的重要地位，文化繁荣，城市景观经过长期的建设逐步完善。

南北朝时期，佛教兴盛，青州陆续建立大批寺庙，并开凿石窟、雕凿佛像，留下了许多著名的寺院园林和郊区名胜。南北朝时期，青州一带的佛寺主要有南阳寺、七级寺、广固南寺、广福寺、张河间寺等[15]。七级寺位于城西门外，阳河北岸。郦道元曾记载："阳水东径故七级寺禅房南。水北则长庑遍驾，迥阁承阿……"可见寺院建筑蔚为壮观[23]。南阳寺位于东阳城南郭，西、北两面濒临南阳河。北齐时的《司空公青州刺史临淮王像碑》云："南阳寺者，乃正东之甲寺也。即左通阛阓，亦右凭涧谷，前望窟磐，却邻沘淶。层图迈于涌塔，秘宇齐于化宫……"寺庙左通街市，右邻南阳河涧谷，有多层佛塔和大型佛殿，规模宏大。该寺于唐代改为龙兴寺，持续兴盛。北宋龙兴寺重修时，夏竦曾写道："地势斗绝，堀垲洋水之阴，楼观飞注，翱翔重之表，东践绝涧径度于阛阓，西瞰群峰旁属乎原野，十二之胜尽于兹焉[1]"。可见，至宋时，龙兴寺仍然宏伟壮丽，寺院位置绝佳，内有老柏树，还有高塔楼可以远眺风景，是青州一大名胜。龙兴寺毁于明初。自北齐始，佛教信徒在青州南郊的驼山和云门山开凿了大量石窟并雕凿佛像，开窟活动在隋唐达到高潮，南郊山地因此成为人们礼佛朝拜和郊游踏青的重要目的地。至宋代，官员名士们在云门山游览时留下了许多记游诗和题刻，说明此时这里已是青州郊区重要的风景游览地。

青州长期作为山东政治中心，明代两次修建王府，各朝书院众多，历史上曾有多处王府园林、衙署园林和书院园林。据载，明衡王府内有望春楼和曲水流觞池，还有古松奇石。衡王府废后，一部分木石被移至济南建造抚署，"落成，壮丽甚"，由此可见原来衡王府园林的富丽堂皇。衡王府外原有东园，奇松园为东园的一部分，全园有大量松树，还有朴素清雅的建筑。衡王府被查抄后，这里因为在府外，地处偏狭而得以幸存，但也日渐荒芜。清初重臣青州人冯溥购入后在原址上修偶园，保留了相当多的旧园花石栏杆，也进行了相当多的改造，"辇石为山，佐以亭池林木之观"，园林一直留存至今[24]。宋代在南阳城内西南有矮松园，明修筑齐藩府时曾修社稷坛于此，后府废坛移，此处改为松林书院，建有名贤祠，纪念宋代青州著名的十三位知府。松林书院一直延续至近代改为西式学堂。

青州东阳城选址在南阳河北岸，一个重要的原因是南阳河谷深陷形成涧谷，可作为城市防御的天险。随着南郭及随后南阳城的发展，南阳河与城市的关系越来越紧密，城市西侧河流拐弯处的水湾风景得到开发，逐渐成为游览地。由于堑谷与城市有较大高差，加之古树繁密、碧水萦绕，这里成为空间内向、自然清幽的游览佳地。宋代范仲淹知青州时曾筑亭于河边醴泉之上，欧阳修、刘贡父等人也于此作诗。"环泉古木蒙密，尘迹不到，去市廛才数百步而如在深山中。自是，幽人逋客，往往赋诗鸣琴，烹茶其上。日光玲珑，珍禽上下，真物外之游，似非人间世也……最为营丘佳处"[25]（表8-4~表8-7，图8-14~图8-16）。

宋以前青州主要园林　　　　　　　　　　　　　　　　　　表8-4

类型	名称	始建年代	位置	概述
私家园林	矮松园	北宋仁宗年间	南阳城内西南	园内"二松对植，卑枝四出，高不倍寻，周且百尺"[26]。明成化年间更名为"松林书院"
寺庙园林	广固南寺	南北朝时期	东阳城郊，广固故城之南	神仙之宫，讵得方其丽。涌出钻天，可以比其晖。仰资七世，拟入闲门，龙登初会[27]
	张河间寺	南北朝时期	距南阳寺不远	据记载，张河间寺见于龙兴寺出土的石造像铭，文云："大魏天平三年六月三日，张河间寺尼智明为亡父母、亡兄弟、亡姊敬造尊像一躯"
	弥陀寺	刘宋时建立，北齐重修	定慧寺斜对面	刘宋时初建，北齐重修，明衡藩商王重修，乾隆时期逐渐毁废
	广福寺	南北朝时期	劈山东麓，后寺村以西	北魏末年建成，寺内有近百间大小殿堂，明清时期进行了多次重修

续表

类型	名称	始建年代	位置	概述
寺庙园林	龙兴寺	南北朝时期至元代	大致在范公亭东侧	南北朝初建为南阳寺,唐代重修改名龙兴寺,有"正东之甲寺"的美称,盛唐时期为全国八大寺庙之一,元末废弃
	清凉寺	宋淳熙年建,明洪武时期重修	北营街北段原清凉寺巷内	规模较小,内有殿堂十余间。至民国初期寺内已空荡,神像全无
	三贤祠	宋治平二年(1065年)	南阳城西门外	范文正公醴泉于此,寒泉涌在阳水之浒,民以范公称之,泉上为公祠曰"范公祠";富文忠公尝祷雨瀑水涧侧,立亭其上,后人即亭祀公,曰富公祠;又于瀑水涧侧立祠,祀欧阳文忠,曰欧公祠

[资料来源:作者根据(明)嘉靖《青州府志》、(清)康熙《益都县图志·卷十三·营建志上》、(清)咸丰《青州府志·卷二十四·古迹》等资料整理而成]

明代青州主要园林 表8-5

类型	名称	始建年代	位置	概述
衙署园林	察院行台	明成化三年(1467年)	青州府城东北	察院行台南北长、东西稍狭,三进四院,坐北朝南。正堂和后堂两侧"植以松柏,行列如人,栋宇飞节,华而金碧"
	青州府治	明洪武十四年(1381年)	青州府城西北	府治内除房、厅、堂,在静心堂西侧建有射圃,建亭一座,匾曰"纪胜",建亭于静心堂后,曰"静远亭"
私家园林	奇松园	明万历年间	古城青州偶园街中段东侧	位于明德藩东园一角,"中有松十围,荫可数亩,尽园皆松也。园亭池沼,颇有烟霞致"[28]。衡王府查抄之后逐渐荒废,冯溥重修成偶园
	紫薇园	明朝中后期	府治心寺街南	紫薇园因园内遍植紫薇和奇花异草而得名,明衡王府衰败之后紫薇园荒废。谢氏后人买下更名"谢氏花园"
	软绿园	明朝	古城东北青龙街	礼部尚书赵秉君的住宅花园,占地几十亩,有状元府、软绿园、浓翠轩、荷塘等诸多建筑园林空间
	偖园	明万历、天启年间	北关大街400 m处	房氏家族将这里开辟为花园,南阳河环绕,广植名花,自然幽静[29]
	偶园	清代	偶园街中段东侧	冯溥"辟园于居地之南,筑假山,树奇石,环以竹树,优游数十年"[30]
	偶家花园	清光绪年间		花园面积九亩,是一系列独具特色的园林建筑群。分东西两部分,东为住宅区,西为花园

续表

类型	名称	始建年代	位置	概述
寺庙园林	真教寺	元代	东关圩子城昭德街	元代三大伊斯兰教寺之一，是进行穆斯林宗教活动的场所
	七级寺	元魏时期	城西门外阳河北岸	初建于元魏时期，在皇兴年间被焚毁，寺内雄伟的七级佛塔十分著名[31]。据《水经注》记载："阳水东径故七级寺禅房南。水北则长庑遍驾，迥阁承阿，林之际则绳坐疏班，锡钵间设，所谓修修释子，眇眇禅栖者也"
	大云寺	始建无考，明迁至云门山阴	云门山之阴	寺内留存有大量石佛造像，有1400余年历史[32]
	心寺	明万历年间重修	青州西南心寺街中段	始建年代不可考，在明万历年间重修
	定慧寺	明洪武年间	城北东南阳水上	一座道佛合一的寺院，寺内有佛教、道教院落各三进，园内古柏、黄杨、古楸众多
	寿昌寺	明洪武年间	东关东后陂一带	明洪武年间修建，清康熙年间重修碑刻，至清末已倾颓
	三贤祠	明末	南阳城西门外	富、欧二祠废，遗建于范公祠左右，曰"三贤祠"。其址"风晨月夕，烟雨雪霁，尤为奇绝"
书院园林	青州府贡院	明万历四十年（1612年）	山东布政分司衙署	贡院前身为明山东布政分司，明万历年间，将此处辟为书院，按察司命名为"云门书院"

［资料来源：作者根据（明）嘉靖《青州府志》、（清）康熙《益都县图志·卷十三·营建志上》等资料整理而成］

清代青州主要园林　　　　　　　　　　表8-6

类别	名称	始建年代	位置	概述
衙署园林	将军府	清雍正年间	满洲驻防旗城东北角	面积广阔，共三进院落，东西两侧辕门上书"青齐名郡""海岱雄邦"，气势恢宏。正门飞檐斗栱，门对面有一巨大影壁
私家园林	偶园	清代	偶园街中段东侧	冯溥"辟园于居地之南，筑假山，树奇石，环以竹树，优游数十年"[30]
	倭家花园	清光绪年间		花园面积九亩，是一系列独具特色的园林建筑群。分东西两部分，东为住宅区，西为花园
寺庙园林	法庆寺	清初	青州西北隅	寺内古柏参天，有近两百间大小殿堂房舍，自清以来是青州最大的寺庙，山东四大禅庙之一
	三贤祠	顺治年间	南阳城西门外	郡守夏公修筑，辅以两室，左祠富公，右祠欧阳……维新其庙貌，永郡人之怀思

续表

类别	名称	始建年代	位置	概述
书院园林	宏远书院	清康熙五十七年（1718年）	青州府志东	由按察使黄炳捐赠，庆州知府陶锦督建[33]
	广德书院	清同治五年（1866年）	夥巷街	由英国基督教浸礼会初创，是益都最早的新式学堂。清光绪二年（1876年）、十年（1884年）和二十三年（1897年）多次扩建
	培真书院	清光绪七年（1881年）		由英国浸礼会目视怀恩光创办的圣经学堂，清光绪十三年（1887年）增设培养教会师范学堂
	旌贤书院	清光绪十三年（1887年）	县衙西中所营街	知县张云心筹资创建。书院分为三院，内设讲堂、祠堂、斋堂等。清光绪二十九年（1903年），将书院改为青州府官立蚕桑实业学堂
	海岱书院	清光绪十四年（1888年）	西店倭家花园	由青州驻防副都统德克纳奏请，光绪皇帝朱批，次年在北城建立了第一座用于培养人才的海岱书院

［资料来源：作者根据（明）嘉靖《青州府志》、（清）康熙《益都县图志·卷十三·营建志上》等资料整理而成］

青州主要风景名胜 表8-7

小类	名称	位置	概述
山岳型	云门山	城南约五里	上方称大云顶，有直通南北的洞口，如巨门。夏秋常有云雾缭绕，云门遥望如悬镜，称"云门拱壁"，为古八景之首
	驼山	城西南约十里	"驼岭千寻"为古青州八景之一，山间石窟造像丰富，并拥有昊天宫古建筑群
	玲珑山	城西南约三十里	又称北峰山、笔架山等，山色温润如玉，"通体玲珑"[34]。山阴有谷曰"字谷"，多奇峰怪石
	仰天山	城西南七十里	山有巨洞，"一窍仰穿，天光下射"，由此得名。山中有寺院、峭壁、幽洞、亭阁，树木葱郁，"仰天胜地，甲于东方"[35]
河湖型	南阳河	东阳城、南阳城之间	南阳水出府城西南二十五里石膏山，东北流入弥河
	石井水	发源于南部劈山，向北汇入南阳河	"阳水又东北流，石井水注之。水出南山，山顶洞开，望若门焉，俗谓是山为臂头山。其水北流注井，井际广城东侧，三面积石，高深一匹有余。长津激浪，瀑布而下，澎飏之音，惊川聒谷，漰濞之势，状同洪河。北流入阳水"[23]

续表

小类	名称	位置	概述
泉池型 （图8-15）	石子涧	南阳城西石井水与南阳水交汇处	"阳水东北流，水出南山，三面积石，高深一匹有余，长津激浪，瀑布而下"，即瀑水涧
	范公井	古城西门外	位于南阳河边，范公亭中心，井下清水澄澈，井口高出地面一尺有余。"范公甘泉"为古青州八景之一
	黑虎泉	城东南城壕内	有一大一小两个方形水池，池水至深至凉，呈黝黑之色。泉水自大池流出，顺护城河蜿蜒北去
	荷花湾	城东城壕内	水中栽植荷花，岸边植柳。水面约十亩，中间土堤蜿蜒，将水面一分为二，湾西还有小湾，俗名"蛹子湾"
	马刨泉	府城东南数里	马刨泉"出城东七里建德水侧，数十步入建德水"，泉水澄澈，游鱼纷纷，水草摇曳[36]
	龙渊	府城东南数里	"龙渊在府东七里，平地出泉，旱涝不加盈亏"
	圣水泉	府城正东数里	"城东九里圣水庄，有泉二泓自平地涌出，祈雨辄应，因立祠泉上"。圣水祠内，水涌泉旺，碧潭清澈，最终注入南阳河
	云门山龙潭	府城南五里	泉水清冽，水直至山阴形成流泉，至石壁流出
	驼山龙湫	驼山之上	驼山山巅下仞，岩石之间有泉水流出，自然形成一潭，迎面石壁之上有"龙湫"二字，为元代所刻
摩崖石刻	古代第一大"寿"	云门山	大字通高7.5 m，宽3.7 m，字体结构严谨，笔法遒劲，气势磅礴
	摩崖石龛佛教造像	青州东南八里王家庄	造像在山南崖壁之上，共五处洞窟，是研究我国佛教的艺术精品
	摩崖造像群	驼山	壁崖间并排大小石窟五座，摩崖石刻一处，石佛造像共有638尊，是我国东部最大的摩崖石窟造像群
	山体巨佛	驼山	由九座山头构成，轮廓清晰，全长2600 m，与云驼石窟造像共同组成大型曼陀罗

［资料来源：作者根据（明）嘉靖《青州府志》、（清）康熙《益都县图志·卷十三·营建志上》等资料整理而成］

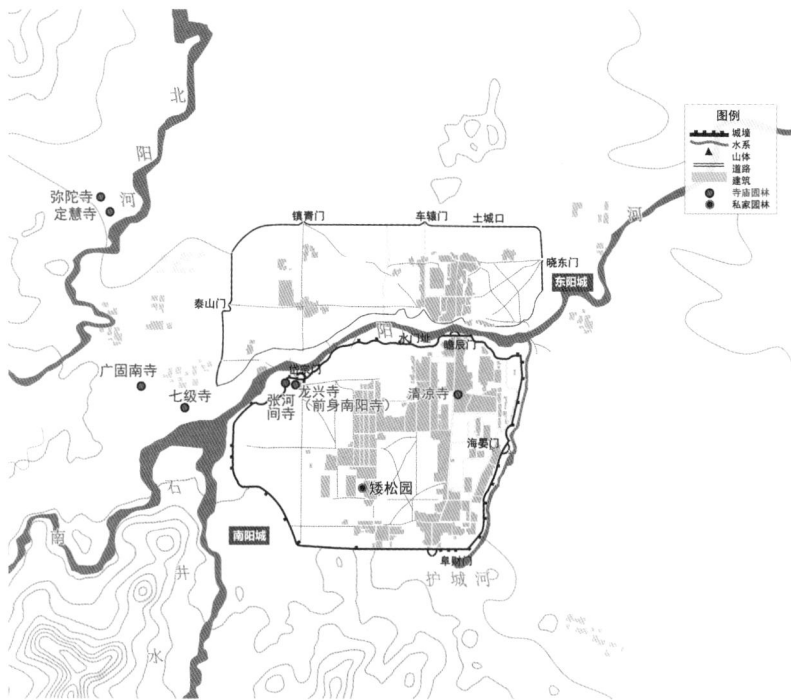

（a）宋代之前青州寺庙园林分布情况

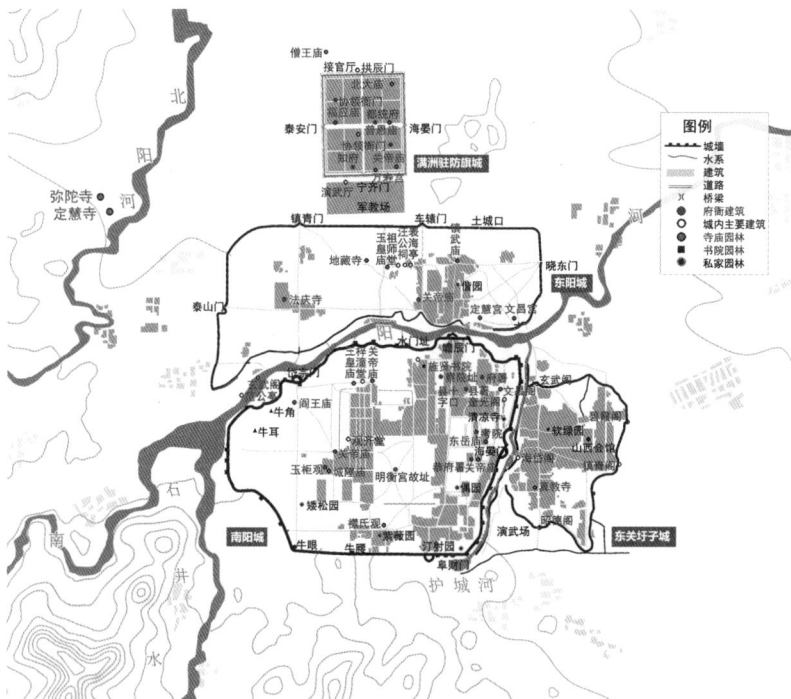

（b）明清时期青州旧城园林分布

图8-14 不同时期青州园林分布情况

[图片来源：作者根据相关资料整理绘制]

图8-15   1936年荷花湾一带风貌

[图片来源：1936年山东青州老照片90年
前青州城墙城楼照

http://www.laozhaopian5.com/minguo/
1839.html]

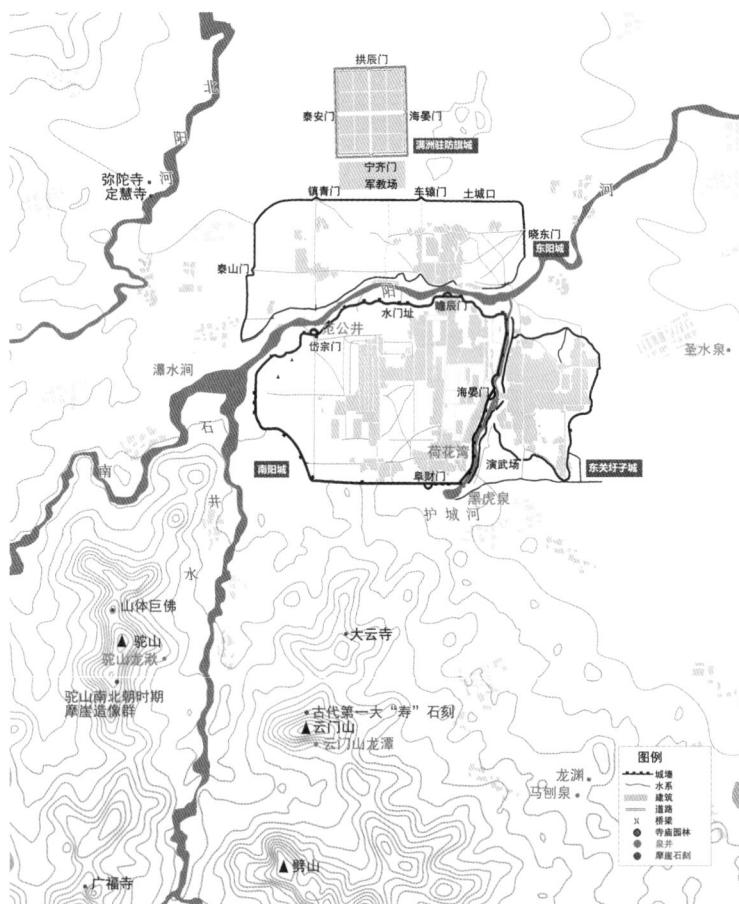

**图8-16   明清时期青州城外园林、泉井
与风景名胜分布**

[图片来源：作者根据相关资料整理绘制]

标志性节点是城市空间中最具识别性的空间要素，是城市意象
的重要组成部分。青州城的标志性景观包含古亭、楼阁、桥梁及郊
区名胜山体等。其中，古亭有与诸多历史名人相关的表海亭、范公
亭、富公亭等，楼阁包括青州十景中的南楼，又称魁星楼，郊外名
胜山体主要包括云门山、驼山、劈山等（表8-8，图8-17）。

青州主要标志性景观建筑　　　　　　　　　　　　　　　表8-8

类型	名称	建成时期	位置	概述
古亭	表海亭	不详	南阳河北	宋时为青州名胜，可登临俯瞰城市、眺望城郊风景，范仲淹、欧阳修都曾留有诗作。明成化间，废圮已久，知府李昂"历考遗迹……乃仿佛于其故墟，即废台建亭"，予以恢复。后代又废
	范公亭	北宋皇祐三年（1051年）	府城西	南阳河畔涌出一泉，范公饮之，并建小亭于其上。后人感恩范公恩德而称泉为"范公泉"
	富公亭	宋代	青州府城西南瀑水涧东侧	宋代富弼知青州之时曾在此祷雨，后人感念他而在此建亭，用亭祀富公
	四松亭	明代	府治西南隅心寺街南	清咸丰八年（1858年），辟四松园。因园内有四株古松，因此称为"四松亭"
	水磨亭	宋代	府城东壕之上	宋代知州欧阳修曾在此处作诗，描绘亭子周边的景观："新荷出水双飞鹭，乔木成阴百啭莺"
楼阁	阜财门城楼	明洪武年间	南城门阜财门上	面阔五间，进深一间，二层重檐带周围廊歇山式建筑，为砖木结构。明金大舆《登青州城楼》中描述："丽谯沧海畔，南客一登临。四野平沙合，孤城远树深"
	魁星楼	宋代	古城东南角楼	居于12 m高的高台上，二层建筑，重檐飞翘，歇廊环绕，"南楼夜雨"为青州十景之一
	望京楼	明万历年间	城南西关	阁前有一古槐，曾留下《题中丞望京楼》的诗篇
	顺河楼	清咸丰年间	与古青州西门隔河相望	顺河楼南侧的枯柳似姜子牙的垂钓形象，是古青州胜景之一"阳溪晚钓"
	凝翠楼	金代	南阳城东门里	与东门"海岱桥"呼应，元代更名为凝翠楼，于明代重修
	东关五门五阁楼	无考	东关圩墙的门关阁楼	东为碧霞阁、镇青阁，西为海岱阁，南为昭德阁，北为玄武阁
	西店北阁子	无考	现益都街北首	阁楼共有两层，楼北写有"两京通衢"的匾额

[资料来源：作者根据张鹤云. 济南石窟及摩崖造像［J］. 山东师范大学学报（人文社会科学版），1957（1）：75-106. 等资料整理而成］

（a）范公亭　　　　　　　　　（b）顺河楼　　　　　　　　（c）青州云门山"寿"字

（d）青州驼山摩崖石刻　　　　　　　　　　　（e）青州山体巨佛

图8-17　青州标志景观

　　魁星楼与阜财门是青州城内标志性的景观建筑。魁星楼是古城东南角楼，阜财门是南门城楼，它们位于高大城墙之上，成为全城视线的控制点，并与外围山体形成视线通廊。这些标志性景观形成的视觉体系是城市风景的重要组成，形成人们对城市的感知。

　　此外，桥梁不仅承担着交通的功能，也是城市内外重要的景观节点。宋人王辟之在《渑水燕谈录》中曾记载，北宋明道年间，青州曾建一座跨南阳河的大型虹桥，连接东阳城与南阳城，"垒巨石固其岸，取大木数十，相贯架为飞桥，无柱，至今五十余年，桥不坏"，不仅方便了交通，也成为城市一景。后来，陈希亮任宿州太守期间，因汴水上桥梁被洪水冲毁，遂仿青州南阳桥建新桥一座。这种桥随即得到推广，在开封和泗州等地都有建设，张择端在《清明上河图》中清晰地绘制了这种虹桥。南阳河虹桥后世不存，明代在此建七孔石拱桥，是为万年桥。此外，还有南门外云山桥、西门外永济桥、东门外海岱桥和城东南阳河上的汇流桥，成为沟通青州与周边地区的五座桥梁（表8-9，图8-18、图8-19）。

青州主要桥梁　　　　　　　　　表8-9

名称	建成时期	位置	概述
万年桥	始建于宋仁宗明道年间，明万历年间改建	跨南阳河	初建为木结构虹桥，"垒巨石固其岸，取大木数十，相贯架为飞桥，无柱"。明代改建为七孔石桥，为济青莱登驿道经青州赴省会的通衢要冲
永济桥	北齐天宝七年（556年）	岱宗门外30 m处南阳河上	二十一孔滚水式石墩桥，跨越南阳城的重要桥梁，连通青州与博山、淄川、莱芜、泰安、兖州之古道
海岱桥	明洪武三年（1370年）	南阳城东门外护城河	一孔石桥，石雕花瓶、云头大镂，桥南正面镌"海岱桥"石匾额，西接海岱门，向东四五十米处即是海岱阁，百米之内海岱三景连成一线
汇流桥	明代以前	城东南阳河上	为石桥，是青沂古道、羊青官道跨南阳河上的重要桥梁，是北通燕京、渤海，南达江淮、吴楚的交通要塞
云山桥	明洪武十五年（1382年）修	南门阜财门外20 m处的护城河上	一孔石拱桥，正面有"云山桥"石匾额，下半部用大条石砌筑，上半部为不规整的小条石砌筑。东立面的桥洞底部开始向下用条石砌成台阶状，桥洞之水经台阶跌水奔泻而下，形成台阶式的瀑布

［资料来源：作者根据〔清〕谢宾王《水道中》、〔清〕王辟之《渑水燕谈录》、〔清〕康熙《益都县图志·卷十四·营建志下·桥梁》整理而成］

（a）汇流桥

（b）海岱桥

（c）永济桥

（d）云山桥

（e）万年桥

图8-18　民国初期青州城外主要桥梁

［图片来源：孟庆刚. 青州古城［M］. 北京：新华出版社，2002. 和今日青州网］

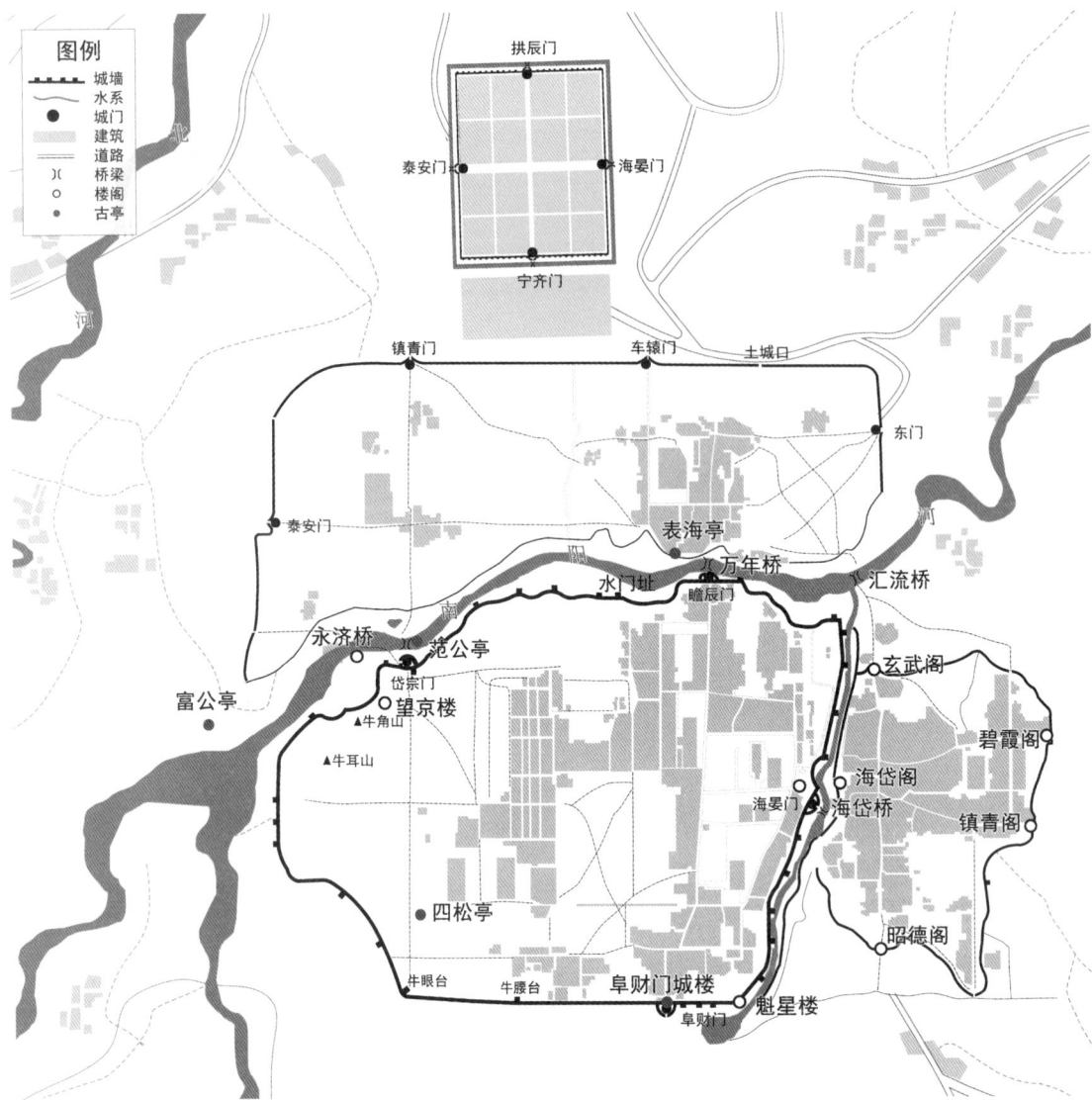

图8-19　青州标志性景观建筑分布
[图片来源：作者自绘]

　　青州西连岱岳，东瞰苍溟，历史悠久，风景文化底蕴深厚。明万历年间，曾任山东布政使的李本纬在《青州十景》一诗中曾经对青州胜景有过这样的描写："云门拱壁、南楼夜雨、范井甘泉、驼岭千寻、阳溪晚钓、劈峰夕照、花林野趣、行台秋月、地镜倒影、石涧冰帘"。光绪年间，《益都县图志》又记录有"益都八景"，与青州十景相比少了"范井甘泉、行台秋月"两景。

第六节　小结

优越的地理优势、扼要的军事要冲、便利的交通条件等综合因素造就了"东方第一州"青州，并使青州在西晋至明初长达一千多年的时间内一直作为山东的中心城市。青州所处之地位于泰鲁沂山地北麓青齐大道与穆陵关道的交叉点，也是通往胶东港口丝绸之路的必经之路，交通便捷，商贸发达。青州经历了广县城、广固城、东阳城、南阳城、东关圩子城和满洲驻防旗城的建设过程，城邑在乱世时期以军事防御功能为主，至区域外部环境相对稳定后发展成为政治、经济、文化等综合功能的城市，同时逐渐兴起山水营建活动。

两晋时期，广固城之所以能够取代临淄成为地区的政治、军事重镇，是因为当时战乱频仍，"四周绝涧，阻水深隍"的广固城具有更好的军事防御性。广固城毁于战乱后，东阳城在南阳河深涧北侧建立，仍然是出于军事考量的城池选址。随着城市的繁荣，东阳城在河南岸形成了南郭，并逐步发展成为南阳城，形成双城对峙格局。宋金战争中，东阳城毁于战火，南阳城成为青州城市的主体。南阳城"城南枕山麓，北距河流""倚山俯涧"，既有军事上易守难攻的地势，又有天然山水之优势，为以后的风景营建奠定了基础。金元时期，青州迭遭战乱，而同时期的济南因水陆交通发展而繁荣，明洪武九年（1376年）山东治所迁移济南，青州失去了中心城市的地位。

青州南阳城枕山临河，形状不规则，内部也有许多斜向的街巷和沟渠。南北朝时期佛教便传入青州，城市内外曾经寺院林立，庙宇宏伟壮丽，是重要的风景游览地。元时，丝绸之路加强了青州与伊斯兰文化的交流，城内形成回民聚居地，并修建了清真寺。明代于城中心建齐王府和衡王府，形成形制规整的核心区。明清时期的青州商业发达，城内官衙、店铺、寺院、学府、书院、会馆和酒楼建筑鳞次栉比。南阳河地势陡绝，原是军事防御的天堑，从宋代以来其风景价值逐步得到开发，城池西北的河湾逐渐成为游览地。明清时期的青州城风景建设活动增加，王府园林、衙署园林、私家园林等在城内外广泛分布。"三山联翠，障城如画"，城池巨丽，碧水萦绕，古树繁密，青州城邑的风景集壮美与自然清幽于一体。

参考文献：

[1] （宋）夏竦《青州龙兴寺重修中佛殿记》.

[2] 苏秉琦. 环渤海考古与青州考古[J]. 考古，1989（1）：47-50.

[3] （元）于钦《齐乘·卷一·疆域》.

[4] 王立胜. 青州通史[M]. 北京：中国文史出版社，2008：1-7.

[5] （清）光绪《益都县图志·卷七·营建考》.

[6] （清）咸丰《青州府志·卷二十四·古迹考上》.

[7] 李嘎，杜汇. 青州城历史城市地理的初步研究——以广县城与广固城为研究重心[J]. 管子学刊，2007（2）：112-116.

[8] 孟庆刚. 青州古城[M]. 北京：新华出版社，2013：14-15.

[9] （清）康熙《青州府志·卷十一·城池》.

[10] （清）汤球《十六国春秋辑补·卷六十·南燕录三》.

[11] （清）光绪《益都县图志·卷十二·古迹志上》.

[12] （元）李钦《齐乘·卷四·古迹·广县城》.

[13] 李凤琪，唐玉民，李葵. 青州旗城[M]. 济南：山东文艺出版社，1999：7-8.

[14] （北齐）魏收. 魏书·侯渊传[M]. 北京：中华书局，1975.

[15] 李嘎. 青州城市历史地理初步研究[J]. 历史地理，2010（24）：174-192.

[16] （清）光绪《益都县图志·卷十二·古迹志上》.

[17] （宋）王辟之. 渑水燕谈录·卷八·事志[M]. 北京：中华书局，1981.

[18] （元）李钦《齐乘·卷三·城邑》.

[19] 王立胜. 青州通史（一）[M]. 北京：中国文史出版社，2008.

[20] 王华庆. 青州古城建设与沿革[J]. 春秋，2011（1）：41-42.

[21] （明）嘉靖《青州府志·卷十一·城池》.

[22] （清）光绪《益都县图志·卷十三·营建志上》.

[23] （北魏）郦道元《水经注·卷二十六·沭水巨洋水淄水汶水潍水胶水》.

[24] 宿白. 青州城考略——青州城与龙兴寺之一[J]. 文物，1999（8）：47-56.

[25] （北宋）《渑水燕谈录·卷八·事志》.

[26] （清）王曾《矮松园赋并序》.

[27] （北齐）《宋敬业等造塔颂》.

[28] （清）李焕章《织斋文集·奇松园记》.

[29] （清）光绪《益都县图志·卷六·古迹志》.

[30] （清）光绪《益都县图志·卷九·人物志》.

[31] （清）赵之谦. 北魏书·崔光传[M]. 上海：上海书店，1987.

[32] （清）黄任《鼓山志》.

[33] （清）陶锦《宏远书院记》.

[34] （清）魏世名《游北峰山记》.

[35] （金）完颜没里也《游仰天山记》.

[36] （清）光绪《益都县图志·卷十·山川志》.

第九章

济南

第一节 "一迁四筑"的城邑发展历史

济南有着近九千年的文化史，早在史前新石器时代就有文化遗存。战国时期济南称为"历下"，因其南对历山、城在山下而得名[1]。济南河湖众多，这不仅成为济南特殊的城市形象，也对济南城市的起源与发展、城市布局与园林建设等产生了重要影响。古济南的治所最初位于东平陵城，西晋时期迁至历城，历城的发展经历了秦汉四方城、魏晋南北朝"双子城"、唐宋"母子城"、明清济南府城几个阶段。

根据考古发现，济南地区的人类活动可以追溯到8500年前的新石器时代。当时，泰鲁沂山地的山前地带地势平缓，水源充沛，动植物丰富，适合采集、渔猎和发展农业，后李文化、北辛文化、大汶口文化的人类活动遗址均分布在这些地方。城子崖是该地区龙山文化至商代时的重要聚落，是中国最早的城池之一，位于今天济南市章丘区龙山镇。

商周时期，济南地区曾有一个"谭国"[2]，前684年为齐国所灭。春秋战国时期，济南地区为历下邑，属齐国。《春秋·桓公十八年》

载"公会齐侯于泺","泺"即趵突泉。甲骨文中就有"泺"字,是商纣王征伐东夷经过的地点,据专家考证认为就是趵突泉,这是中国古代最早出现的关于济南趵突泉的地名记载[3]。齐桓公在位时期,历下邑的战略地位十分重要,位于联系中原的两条交通线——济左走廊和济水通道之上,因此齐桓公十分重视对该地区的治理,历下邑因此得到了良好的发展。秦统一之后设立郡县制,置历下邑,属济北郡。"济南"之名最早出现于汉初,因城位于济水之南而名。秦汉时期,济南的治所在东平陵城。东汉汉献帝十二年(207年),大规模农民起义爆发,东平陵城遭到破坏并走向衰落[4]。西晋永嘉年间,济南治所向西迁七十里到历城[5、6]。

历城自西汉始建,位于古泺水、历水之间,南靠历山,北面历水陂,地势险要,便于防御,是今天济南城市的雏形。历城主要依靠泉水及泺水、历水提供水源,其东西、南北方向长度约为五六百步,开四门,城门均居中,并且有东西、南北向的大街穿越相对的城门,其形状基本呈"田"字形[7],位置大约在明清济南城的西南部,其中东墙位于天地坛街以内(天地坛街位于舜井街西约百步),西、南城墙在明清济南城西、南城墙以内。西晋时期,济南郡的治所从东平陵城迁至历城,但官衙并未迁入历城旧城,而是在历城旧城东侧另辟新城安置,作为济南的郡治。东城顺应历水走向,且受东南山水冲沟制约呈长方形[6],东西二城隔历水相望,形成"双子城"的城市结构,并一直延续至宋,直至金元时期逐渐消失[8]。根据《水经注》的记载,北魏时期,济南除了东西二城,城外还有郭,历水支流从历水东流出之后向东北流经过东城西门,继续向北流出城郭,可见东城较历城北界更广,而城北有郭。北魏时期济南古城的东、西、北郭虽均有文字记载,但其具体形状及位置关系已无从考证。

隋初,济南郡改称齐州,治所仍在历城。唐代改筑齐州城,保留秦汉历城作为"子城",城市形态向"母子城"发展。齐州州城在东、西、北三面环绕着历城古城,而州府衙门仍保留在原来的东城城内[9]。齐州州城的范围与明清时期的济南府城几乎相当[10]。齐州位于东西陆路大道的中心位置和通往海岸的水路交通的必经之地，是朝廷对外交流的中转站，是唐王朝的东部重镇。

齐州城市的扩建带来了城墙范围的扩大，古城的水文状况也随之发生变化。根据《水经注》推测，历城泄洪渠道有两条，一条经历水陂出古城西北进入泺水，一条沿着今老城水门入泺水，分别是历水的左右支。齐州改筑城墙之后，阻断了古城西北的排洪渠道，城内的泉水无处宣泄，淤积在地势低洼处[11]。此外，由于古城西侧有古大明湖，北侧有鹊山湖，城墙只能靠近历水陂挖掘。城墙筑好之后，历水陂附近形成大片低洼地，并不断汇集泉水，使古历水陂面积逐渐增大，形成了新历水陂，即宋时的"西湖"、明清时期的大明湖[12]。州城的西、北墙基就是湖水的西、北边界[13]。

随着西湖的形成并不断扩大，齐州城市格局发生了较大变化。西湖和泉群构成的得天独厚的城市水系结构促进了城市园林的建设，尤其是曾巩知齐州期间的风景建设规模最大。北宋时期，齐州城泉、城、湖、山的城市景观格局已经基本定型，并得到了文人审美的充分认可，"士大夫过济南，至泉上者，不可胜数"，大批文人墨客在泉水之畔用诗文表达赞扬与向往之情。北宋政和六年（1116年），齐州升为济南府。

金元之际，济南地区屡遭战火，政局不稳，城池残破。诗人元好问在战乱后游历济南时哀叹："大概承平时，济南楼观天下莫与为比，丧乱二十年，未有荆榛瓦砾而已"[14]。金代，小清河的开凿使济南成为海盐的转运枢纽。元代大运河的开凿又进一步促进了济南商贸的发展，商贾众多，经济繁荣。在这个时期，北郊的鹊山湖水势逐渐消退，留下千顷肥沃的土地与遍布的池塘，被开垦为稻田和莲池，北郊从"鹊华烟雨"的胜景逐渐转化为富饶的北国"江南"水乡风光。

明洪武年间，山东治所从益都迁往济南，济南成为山东地区的行政中心，成为省、府、县三级政府驻地（图9-1）。明代济南府城在旧城基础上进行加固和拓展，在土垣外筑砖石，疏通护城河，加强防御，城开四门，四门不正对，除北部水门外，其他三

图9-1　民国时期从千佛山上眺望济南圩子城的景象
［图片来源：读济南老照片之南圩子、山水沟］

门均有瓮城。有明一代，济南城进行了多次重修，城墙高大坚固，防御能力大大加强[15]。明代天顺元年（1457年），济南在城中心地段修建德王府，规模宏大，"居会城中，占三之一"，并将珍珠泉、濯缨湖纳入府中。随着藩王子孙的不断分封，城内又陆续修建了泰安王府、任城王府、宁海王府等七个王府。随着大运河的开通，济南成为北方重要的工商业城市。由于西门外是官道和运盐航道所在，所以城西郊最为繁华。由于东门外有山水冲沟经过，受地理条件制约，东郊较为落后。北郊以水路为主，交通不便，且"启以季春，闭以孟冬""多斥卤，多砂砾"，因此开发较晚，人烟稀少[11]（图9-2）。

明清时期，济南的风景体系进一步完善，大明湖、趵突泉、黑虎泉周边修建了一系列的亭台楼榭，私家园林兴建更多，城市近郊园林建设从城西、北郊逐步向西、南方向转移，千佛山也成为风景胜地，明代诗人王象春曾说："北地风景似江南者，自齐城之外并无二地"[16]。但是，随着城内用地紧张，大明湖不断被侵占，湖面在清代急剧缩小。

在清咸丰年间，为抵御捻军，济南在城外东、西、南三个方向修筑了圩子墙，"督绅董筑土以环之，周四十里"[17]，圩子墙外开凿了圩子壕，加强了城市防御功能。同治年间，圩子墙被包以石块，同时范围有所缩小。此外，为保证盐运功能，明清时期还对大、小清河进行了多次疏浚。

1904年，济南在圩子城外西郊开设商埠，这是济南城市发展的重要转折。由于旧城在圩子城墙以内，与商埠相邻一面只开两座城

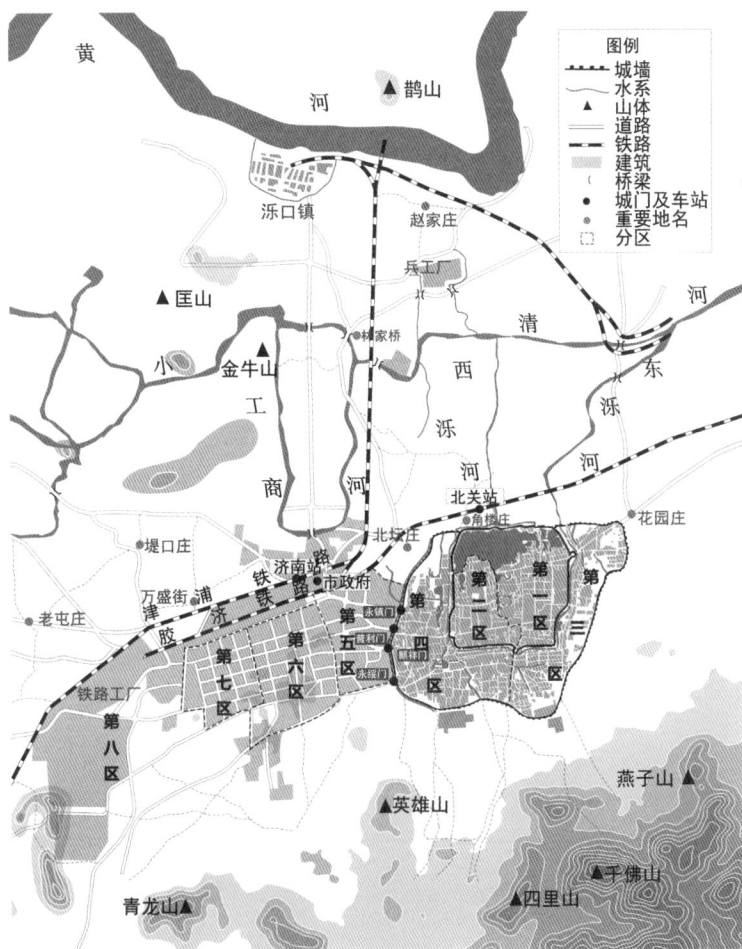

图9-2 民初济南城区图
[图片来源：作者自绘，底图来自1932年济南城区图和张福山. 济南市志［M］. 北京：中华书局出版社，1997]

门，交通不便，于是再开普利门以加强旧城厢与新商埠的联系。光绪三十年（1904年），内城新开四座城门。在修筑西城门乾健门的同时，修建了西门直通鹊华桥的里街，将西南大片水域与大明湖分开（图9-3）。新的商埠区位于胶济铁路南侧，道路较为规整，纵横交错。新区与老城一起被重新规划为八个区，商埠区与老城连成一片（图9-4）。至1909年，济南已经是"道路纵横，商贾辐辏，日新月异"[18]，国内外商业资本纷纷涌入，地区经济形态发生改变，洋行、洋货充斥市场。济南迅速超越济宁、临清、周村、潍县，至民国初年已成为华北商贸重镇[19]（图9-5）。

济南城池的发展历程如图9-6所示。

图9-3　开埠后的一大马路
[图片来源：牛国栋. 济水之南［M］. 济南：山东画报出版社，2013]

图9-4　开埠后的普利街
[图片来源：牛国栋. 济水之南［M］. 济南：山东画报出版社，2013]

图9-5　民国初年大明湖的北极庙
[图片来源：牛国栋. 济水之南［M］. 济南：山东画报出版社，2013]

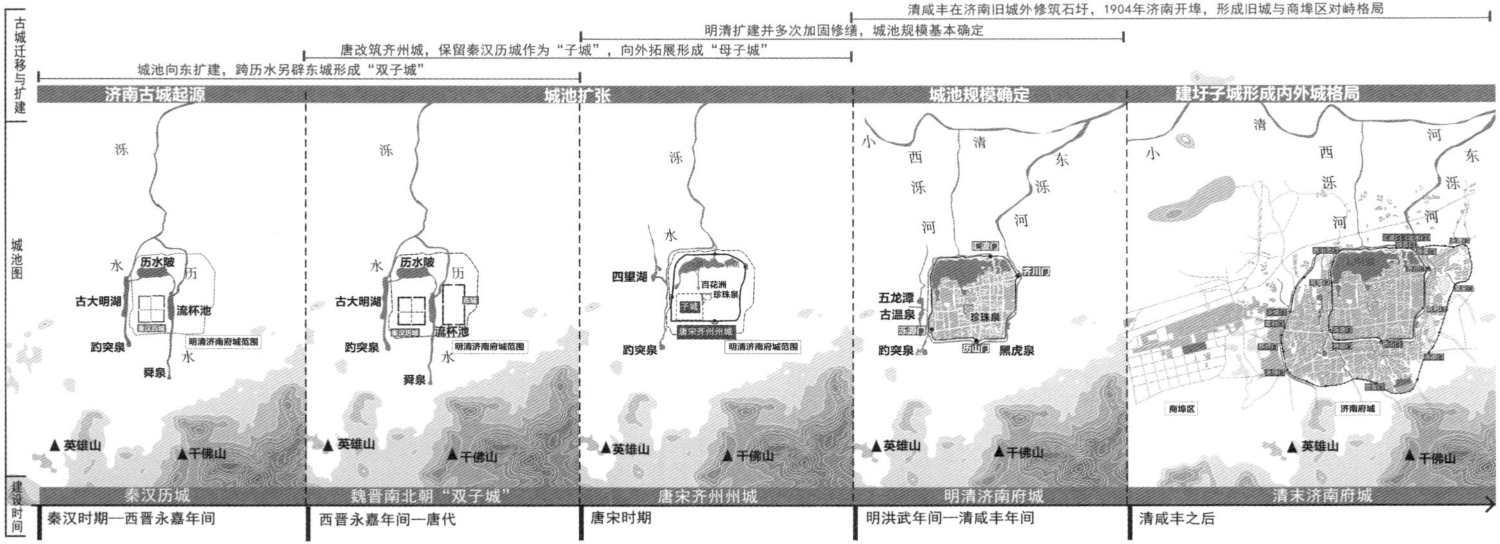

图9-6　济南古城变迁示意图

[图片来源：作者自绘，底图来自中国台湾"内政部"典藏地图数位化影像制作专案计划和马正林. 中国城市历史地理［M］. 济南：山东教育出版社，1998］

第二节   山水相依的自然山水格局

　　济南位于山东中西部，地处鲁中南丘陵与鲁西北平原的交界处，南倚泰山，北临黄河，地势南高北低，地形变化十分丰富。城外有诸多山体，南有千佛山[20]，北有被称作"齐烟九点"的九座小山。由于特殊的地质构造，济南泉水众多，并汇流成丰富的河湖水系，使得济南拥有山、泉、河、湖、城构成的独具特色的古城景观风貌（图9-7）。

图9-7   济南山水环境
［图片来源：来自山东黄河图，美国国会图书馆藏］

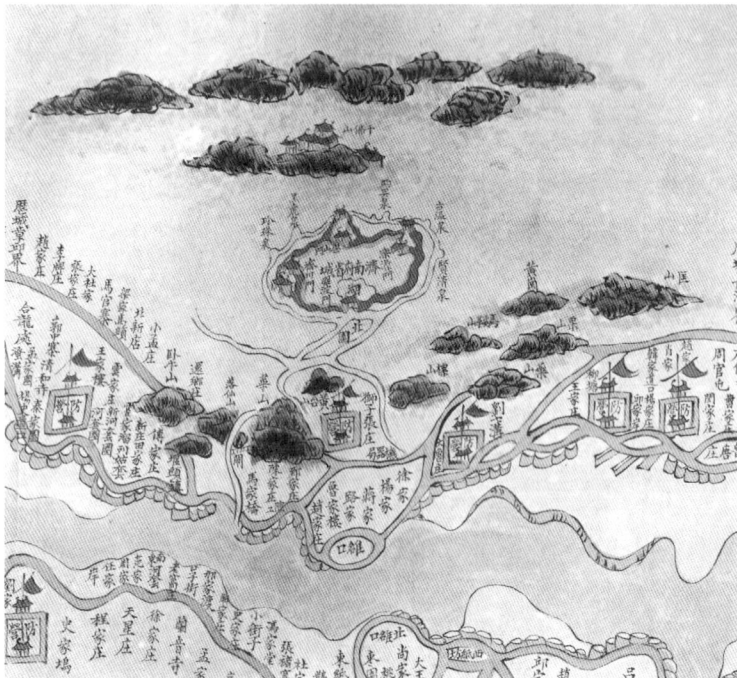

　　济南周边山体众多，东、南面被群山环绕，北侧有一系列孤峰凸起于平原之上。城南有历山（今千佛山）、大佛山、玉函山、奎山、栗山、鞍山、马鞍山、卧狼山、卧虎山、龙洞山等，城北有华不注山、鹊山、匡山、药山、标山等，城东有鲍山、茂陵山、九里山、马头山等。众多山体中，有几座名山如历山、鹊山、华不注山被千古称颂，留下大量赞美它们的诗篇与画作，成为济南重要的城

图例
城墙
水系
山体
道路
建筑

黄　河

鹊山

卧牛山▲

华不注山

药山▲

清　河

马鞍山▲

小

西泺河

东泺河

五顶茂陵山▲

大明河

西壕沟

东壕沟

护城河

燕翅山▲

七里山▲

英雄山▲

燕子山▲

荆山▲

千佛山▲

回龙山▲

青龙山▲

郎茂山▲

牛角山▲

市意象，也是构成济南城市景观的关键要素（图9-8、图9-9）。

　　济南古城周边的山水环境，也非常符合中国古代风水学说中风水佳穴的特征。济南南以泰山为祖山、以千佛山为靠山、以华不注山为案山、以鹊山为朝山，背山面水，山水环绕，坐东南而朝西北，面向广阔的鲁西北平原，堂局阔展，脉远穴广，藏风聚气。南部山峦起伏，群峰环抱；中部舒缓平坦，百泉喷涌；北面"齐烟九点"

图9-8　明清济南城区域山水关系概况

［图片来源：作者自绘，底图来自中国台湾"内政部"典藏地图数位化影像制作专案计划］

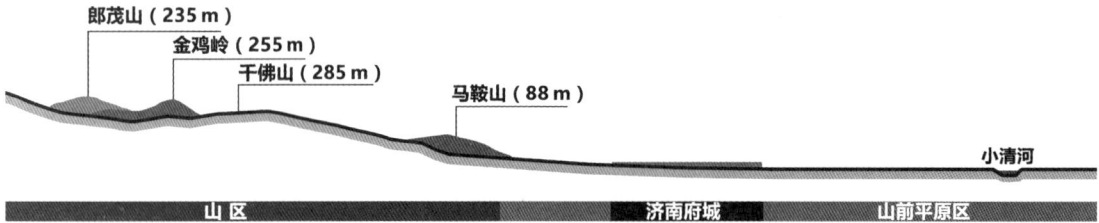

郎茂山（235 m）
金鸡岭（255 m）
千佛山（285 m）
马鞍山（88 m）
小清河
山 区   济南府城   山前平原区

图9-9 济南区域山水环境剖面
［图片来源：作者自绘］

拱卫，"黄河玉带"环绕，是风水绝佳之地。

　　济南城池坐落在千佛山北侧的缓坡地带，地势较高，而其位于岩溶泉水溢出带，拥有丰富的水源，正符合古人"得水为上"的城市选址思想。众多泉眼在此溢出，汇聚成池沼、河渠、湖泊。因而城池在大体方形的形状下，顺应水系形态，在局部呈现不规则形态。

第三节　内外双城的城池空间结构

　　清末的济南府城由内城和外城构成，共有两重城墙围筑，共19座城门。内城于明洪武年间拓展并建成砖城墙，共四座城门；直至清光绪年间，济南开埠，内城才新开四座新城门，共计八座城门。外城始于清咸丰年间修筑的圩子城，最初为土城墙，同治年间改建为砖石城墙，开11座城门（表9-1，图9-10、图9-11）。1904年济南开埠后，在西关一带沿着津浦、胶济铁路线逐步扩展商埠的范围。至1916年，商埠建成区的范围已经由经一路、经二路、纬一路扩展到纬五路，整体以老城为基点自东向西逐渐扩展，人口已达15万人。由此，济南形成东部明清古城与西部商埠新城的近代城市格局。

内城及外城城门、角楼特征　　　　　　　　　　　　　　　　　表9-1

范围	时间	城门	角楼
内城	清光绪前	东为齐川门、西为泺源门、南为历山门、北为汇波门（北水门）	东城城楼（一为"永安"，一为"镇海"）俯瞰三齐；西城城楼（前曰"先声如雷"，后额曰"拱宸"）傍挹钓水，群波环萦；
	光绪年间	内城新开四座城门，东北为艮吉门、东为巽利门、西为乾健门、西南为坤顺门	南城城楼可远眺名山，独据一方；北楼下据大明湖，俯瞰会波桥，南望函、历之云岚，北醉鹊华之烟雨，颜曰"河山一览"

续表

范围	时间	城门	角楼
外城	咸丰年间	土城城墙，未修筑城门	
	同治年间	共有10道城门，各城门依次为东门永靖门，东北海晏门，东南永固门、中山门；西门麟祥门、永镇门，西北济安门，南门新健门、岱安门，西南永绥门	无
	1908年	新开西侧普利门，连通老城与商埠区	无

[资料来源：作者根据（清）道光《济南府志·卷一·城池》、民国《续修历城县志·卷十三·建置考一》及安作璋，刘德军，刘芳. 山东通史·近代史［M］. 北京：人民出版社，2010. 整理而成]

(a)民国初年西门泺源门　　　　　　　(b)济南府城西门瓮城　　(c)1928年东门齐川门景象

(d)南门舜田门外景象　　　　　　　(e)古城南门箭楼　　　　　　(f)古城南门瓮城

图9-10 民国初年城门景象
［图片来源：老照片［M］. 济南：山东画报出版社，1996］

（a）济南府城南门东侧城墙
航拍图

（b）府城城墙马道

（c）清末济南府城城墙

（d）圩子墙

（e）圩子墙上的永绥门和门外杆石桥

图9-11　清末济南府城城墙情况
［图片来源：老照片［M］．济南：山东画
报出版社，1996］

　　济南在唐宋齐州城时就有四座城门，由于自然地形和水文条件
的限制，四门两两不相对。明代德王府宫城和王城在城市中心位置
的建设，为城市带来了象征王权的中轴线，切断了城市中心的交通，
更加剧了城市主要街道和城门的不对称性。明清济南城基本呈方形，
具有明显的中心——即明代的德王府，也是后来的清巡抚衙门，因
珍珠泉在其院内，近代也被称为珍珠泉大院。正因为此院落的存在，
济南府城内的道路都绕其四周发展，贯通城市东西和南北的大道都
偏离城池中心。明清济南城具有比较明显的南北轴线——以珍珠泉
大院为中心，向北穿过大明湖，经历下亭岛抵北城墙；向南出牌坊、
过天地坛街，对向城外千佛山（图9-12）。济南内城街巷呈棋盘式分
布，外城东侧城墙一带由于墙内外山水冲沟的存在，街巷走向随着
排水沟渠而呈现不规则的形状（图9-13）。

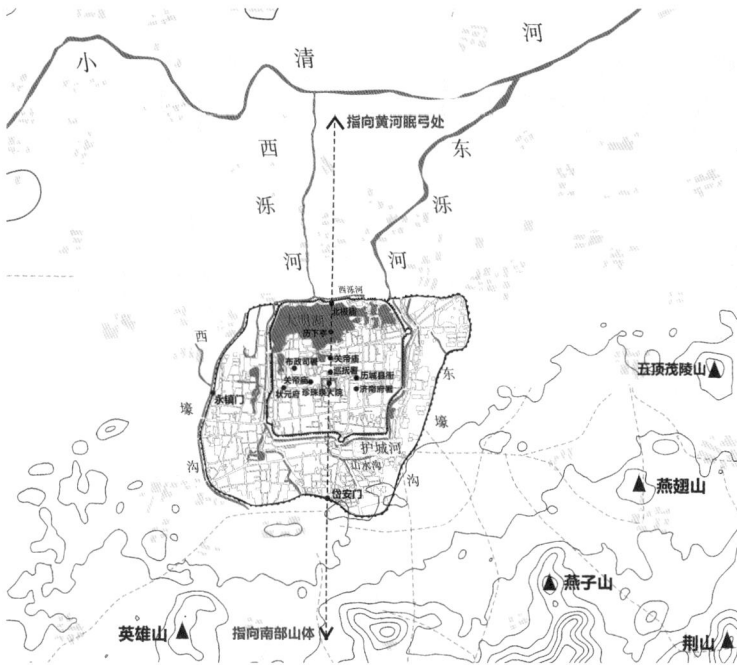

图9-12　济南老城的轴线
[图片来源：作者自绘]

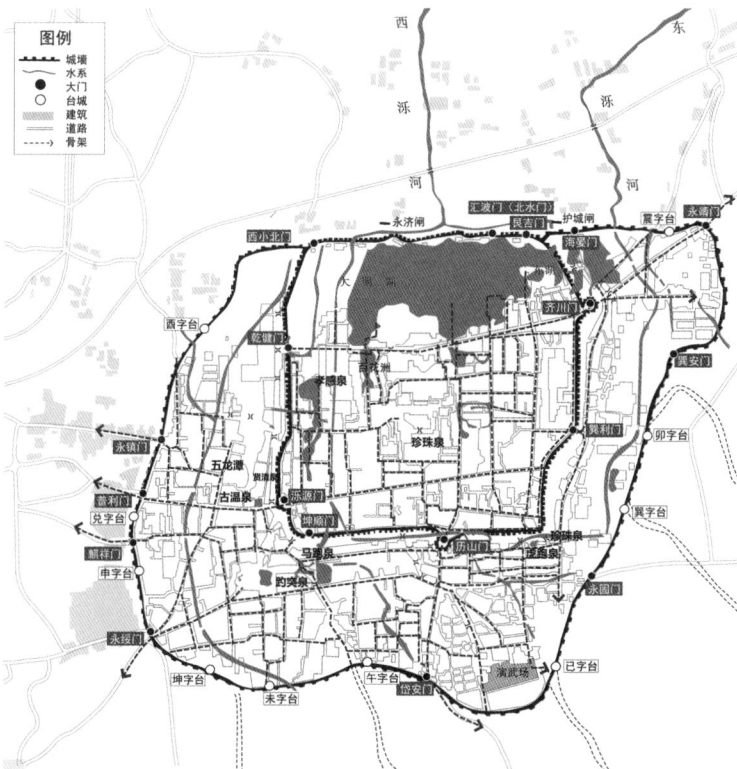

图9-13　济南老城的路网结构
[图片来源：作者自绘]

作为省、府、县三级行政中心所在地，明清济南城在内城分布着大量王府和官署。城池的中心是珍珠泉大院，老城南侧和西侧的三里庄、四里山、五里沟、六里山、七里山等皆是以它为起点计算距离和命名的。金元时期，这里曾为济南府事官邸，明初为山东都指挥使司署。明宪宗成化三年（1467年），德王府在其基础上扩建，将珍珠泉、濯缨湖归入府内，面积广阔，约占老城的三分之一。明代，宽厚所街一带宁阳王府等各大王府聚集，景象十分繁华。有清一代，各大小王府逐渐消失，城内各官署衙门得以重新布置。清康熙五年（1666年），原德王府被改建为巡抚衙门，用以抚理、审案和居住。以巡抚衙门为中心，布政司、贡院、榜棚在西，按察司、济南府衙、历城县衙居东。府学建筑位于巡抚衙门西北侧，县学在县治东北侧，城池内外有多所书院，其中，历山书院在趵突泉东，至道书院在大明湖上，环境优美（图9-14）。驻军军营设于城南高地，

图9-14 康熙年间"省城街巷全图"济南府城图
[图片来源：济南市自然资源和规划局]

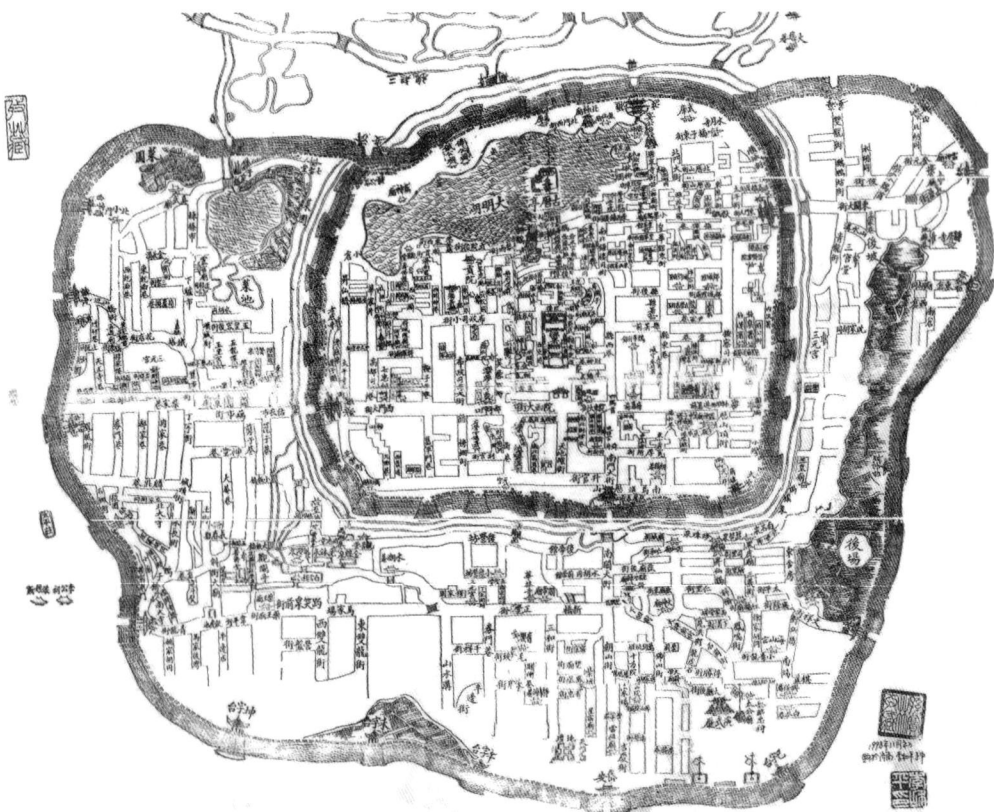

以利瞭望与镇守。因城内用地紧张，"明清两代寺观建筑的重心移到四郊，原来在城内的寺观也大多迁出城外"[21]，但多集中在府城周边。寺观坛庙主要包括府城东郊的先农坛，府城西门外的五龙坛，趵突泉旁的药王庙，县治东侧的城隍庙，南门内外的舜庙、东岳庙、星宿庙、火神庙，南门外演武场的马神庙，北门内的北极庙、晏公庙、张仙庙、正武庙等，以大明湖沿岸和南门内外最为集中[22]。

　　生活性空间包含商业区、市场区、居住区等。官署周围，如大、小布政司街及芙蓉街、厚载门街一带分布有许多书铺、药铺、衣庄、洋货铺、票号等。西门外是通往京师的官道，地理位置优越，又有趵突泉吸引游客，因此西门附近最为繁华，是手工业、商业和码头的汇聚地。清末，自西门至丁字街路口一带形成了中药、干果、绸缎等"五大行"。据《历城县乡土调查录》记载，至1928年，济南城内外商家有六七十行，共八千余家，商业十分繁荣，其中最具特色的商业街巷是剪子巷和芙蓉街[23]。受地理环境影响，城四郊形成了特色市场，如谚语所云"东麦西米南柴北菜"。济南府城内民居与官署交杂分布，但因城内空间不足，大量居住空间主要分布在圩子城。济南在宋金时期就有回民定居。到元代，大量戍守山东的色目人、因运河开通而经商定居的穆斯林商人在西关一带形成了穆斯林聚居区，修建了清真寺[24]。到清末和民国初年，随着济南开埠和商业繁荣，西关一带的穆斯林区也不断扩大，形成十三条街巷的较大聚居区（图9-15）[25]。

图9-15　济南部分行政、居住空间
[图片来源：牛国栋. 济水之南［M］. 济南：山东画报出版社，2013：13]

（a）1928年拍摄的珍珠泉大院　　　（b）清末民初济南民宅区景象

第四节　泉河潆绕的城市水系格局

从城市水系变迁、城市供水排水体系和水利设施营建三方面可以看出济南城市的水文景观特征。

一、城市水系变迁。秦汉时期的历城主要依靠泉水作为主要的供水水源，水系形成主要有泉水出河和泉水汇集成湖水两类[26]，其中发源于历城西南趵突泉的泺水和发源于舜泉的历水是历城的重要河流。历水发源自历城东南侧的舜井，从南向北汇集于流杯池，之后分为两条水道：一条水道向北流出历城；另一条向西北汇集于历水陂，再向西与泺水汇集[27]。历水与泺水汇集之后继续北流与听水汇集，最终向北汇于济水。历史时期的济南北郊地势低洼，吞纳了众多泉水和南部的山区径流汇集成鹊山湖，并因其湖中多莲花而被称为"莲子湖"。鹊山湖与位于历城西郊的古大明湖相连，形成了人称"九顷十八亩"的湖泊沼泽地带[28]。各级支流水系纵横交织，串联了沿途各泉池湖泊，形成丰沛的水网体系，为农业发展与城池建设提供了水源支撑。

魏晋南北朝时期于历水东岸另筑东城，又在二城外筑外郭，历水成为城内之河。而城西泺水北流为古大明湖，湖边建有大明寺。唐宋齐州城规模扩大，由于新建城郭阻断了城内泉水向西北的宣泄路径，水在城北低洼地带蓄积，形成湖面，宋代称为西湖，至金代才被称为大明湖。大明湖应与古历水陂有一定重叠，但面积更大。为防洪排涝，宋神宗熙宁五年（1072年），时任齐州知州曾巩修建了北水门，并修百花堤沟通大明湖南北两岸，百花堤也将湖面划分为西边的大湖和东边的小湖。此外，在县城（古历城）西门外有四望湖，在"县西二百步，其水分流入县城，至街中，与孝感水合，流入州城"[29]。四望湖与《水经注》所记载的古大明湖位置相近。城北鹊山湖在唐代仍然面积广阔，李白诗中曾写道："湖阔数千里，湖光摇碧山"，虽然用了夸张的修辞方法，但也足以说明鹊山湖之广[30]。

济南的泉水众多，但唐以前记载的有具体名称的不多。泺源在北宋正式命名为趵突泉。舜泉又名舜井，是历水的水源，水系穿城

而过，是城内重要的生活水源。北宋中期后，舜泉逐渐枯竭，城市
人口增加不断侵占河道，导致历水逐渐淤失[31]。唐宋时期有记载的
著名泉水还有西门内的孝感泉、趵突泉东北的金线泉，以及珍珠泉、
洗钵泉、玉环泉等。

金元时期，济南开始有"七十二名泉"之说，金末的《名泉
碑》详细记载了七十二泉的名称。"凡济南名泉七十有二，爆流为
上，金线次之，珍珠又次之；若玉环、金虎、黑虎、柳絮、皇华、
无忧、洗钵及水晶潭，非不佳，然亦不能与三泉侔矣"[32]，爆流泉
即为趵突泉。这些泉水一部分为公共游览地，如趵突泉；一部分依
附于寺观，如金线泉上建有灵泉庵；还有的被纳入私人宅院，如珍
珠泉为张舍人园亭。城中珍珠、散水、濯缨、朱砂等泉汇流出数亩
的湖面，名濯缨湖。金代在济南北开挖了运盐河（小清河），将泺水
导向东行，并汇入济南以东古时北流济水的诸水，通向大海。水文
环境的改变使得济南北郊诸多湖泊与洼地的水逐渐排干，鹊山湖地
区"莽然田壤"。

明洪武年间，随着济南城墙由夯土改为砖石包砌，护城河也成
为"池阔五丈，深三尺"的完整环城水系，城外诸泉如趵突泉群、
黑虎泉群均汇入护城河。此时，四望湖已淤废，成为古温泉所在。
古温泉不再入城，而是汇入城河北流。古温泉附近的五龙潭泉群的
泉眼洗心泉、静水泉、北洗钵泉、东流泉、月牙池五个泉汇于护城
河以西的小河。西墙无入城之水，城内孝感水汇入大明湖。明代修
筑于济南府城中心的德王府将白云、珍珠、濯缨、灰泉等泉水纳入
王府，一部分在宫城，一部分在王城，泉水向北通向百花洲，汇入
大明湖。

清代，在今大明湖的西侧，曾有被称作"南湖"或"小明湖"
的一片水域，与大明湖一桥之隔。随着南湖的逐渐淤积，居民将其
填平建立民居。大明湖南岸在清同治、光绪年间两次拓展湖地，水
域面积逐渐缩小。围绕大明湖，以捕鱼为生的渔民集中在湖西、南
建设民居，大明湖俨然成为一座"渔村"。民国二年，大明湖"湖面
颇广，然芦苇丛生，傍湖居民视为天然利籔，互相占据，就湖筑堤，

纵横绵亘，如农田之阡陌然"。1855年黄河夺大清河（即古济水）入海，河水带来的大量泥沙和不断砌高的河堤，使得济南城市泉水和雨水不再能够排入大清河，小清河得以疏浚并承担了城市排水和航运的功能。

经过两千多年的发展，明清济南城形成了中国北方城市中难得一见的水量丰沛、网络发达的城市水系。"城以外盈盈皆水也。西南则趵突、金线诸泉，东南则珍珠、黑虎诸泉，城内则珍珠、刘氏诸泉，汇为明湖，达北门出。合东、西两水，环而绕之。独南方高亢，则以二闸而蓄泉之水焉"[33]。城外，诸泉汇流护城河，碧水绕城；城内，泉水沿着或明或暗的水渠汇入大明湖，清波荡漾，呈现"四面荷花三面柳，一城山色半城湖"的景观风貌。清末，内城湖泊泉池主要有大明湖、百花洲、孝感泉、珍珠泉；内城外圩子城水系主要有内城护城河、东泺河、西泺河、五龙潭、马跑泉、虎跑泉、古温泉、山水沟（多条，由明渠及暗沟组成）和小河；圩子城外主要有圩子壕、西泺河、东泺河和山水沟。济南府城与城外主要联系的水系有北侧的西泺河、东泺河，东侧及南侧的五条山水沟。城池内外泉溪绕城、水渠交错，水系内外贯通、成为一体。

二、城市供水排水体系。济南城内名泉极多，水质清冽，长流不息，历来是城市供水的主要水源。自金代开始，就有金人立碑《名泉碑》，列举七十二名泉；元代于钦《齐乘》转录了七十二名泉；明代，山东按察司、诗人晏璧作《济南七十二泉诗》，诗中删去金碑刻中的十三泉，另补进十三名泉；清文人郝植恭又作《济南七十二泉记》，删去其中二十五名泉，新增二十五名泉，三朝共列出110处名泉[34]。济南古城的人工引流最早在先秦时期就已经开始。战国时期，古城西侧高都司巷一带，泉水丰沛，居民在井泉旁边修建水渠，从而引水北流[35]。珍珠泉是汲水渠道的源头，在古历水、梯云溪、濯缨湖一带皆分布有用于汲水排水的水渠。清代孙兆溎的诗词中曾有过如下描述："城中多二尺许水沟，通城旋绕，清泉汩汩，长流不止"[36]，可知泉水汲水渠道分布广泛。"泉交灌于城市中，泼之而为井，潴之而为池，引之而为沟渠，汇之而为沼沚"[37]，古代济南对

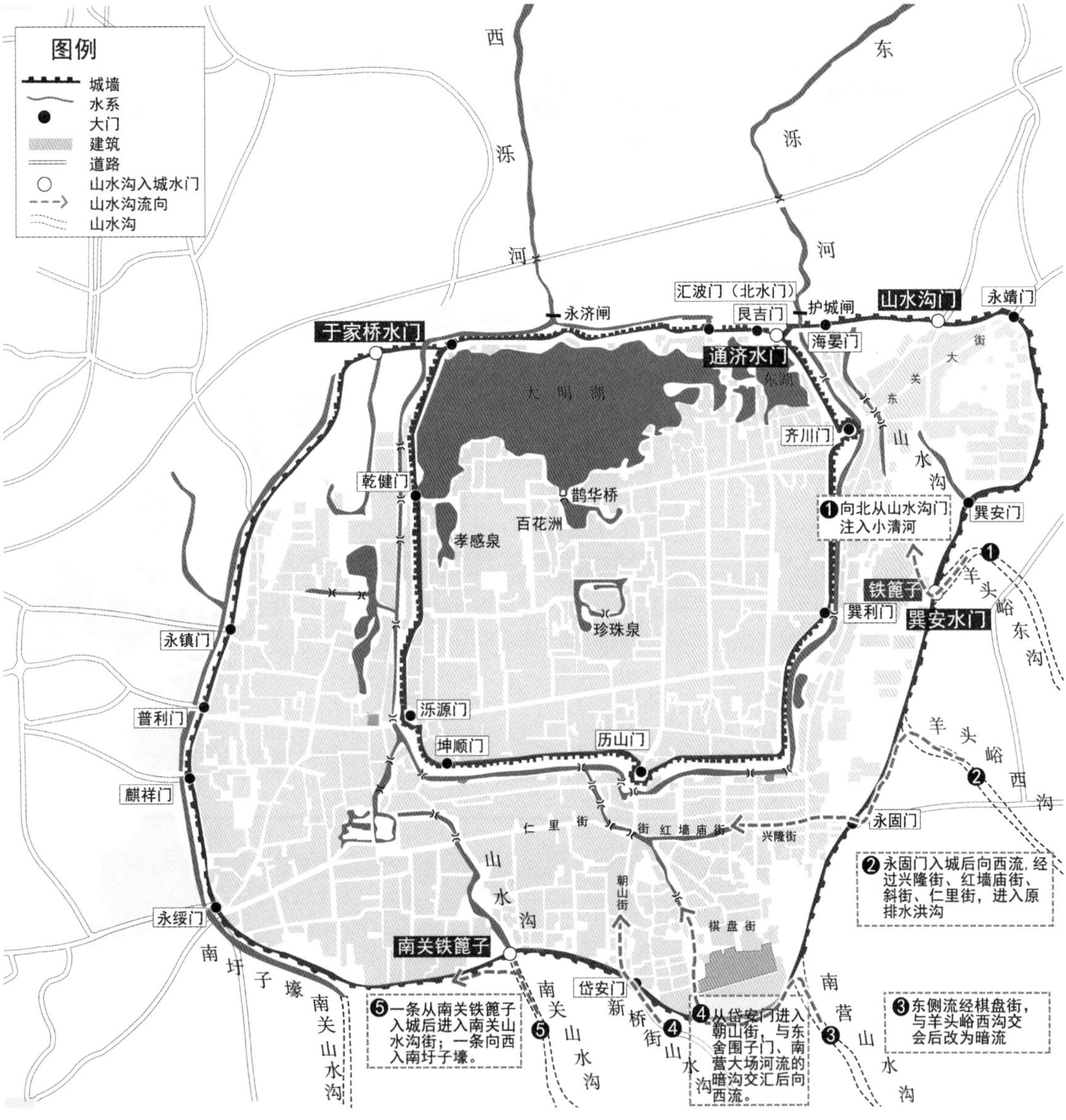

图9-16 清末济南五条山水沟

[图片来源：作者自绘，底图来自1911济南城区图，张福山. 济南市志［M］. 北京：中华书局出版社，1997. 及（清）康熙"省城街巷全图"]

泉水的利用非常广泛，在我国北方城市十分罕见（图9-16）。明清时期，济南城内明渠皆入百花洲，主要分布在王府池子、曲水亭街、珍珠泉一带；暗渠位于西城墙根街、玉带河、起凤泉、泮池一带的地下。引水沟渠体现了先民对泉水的巧妙利用，不仅方便取水，也形成了城市独特的泉渠景观。

济南先民在利用泉水的过程中，也形成了独特的宅院形式，主要有临泉而居、围泉入院、围泉入屋三种类型。历代对于泉水的使用也有明确的规定，居民或分区域用水，或分时段用水，形成了约定俗成的用水公约。如西周时期明令："禁止填水井，违令者斩"[38]，而后的律令大多涉及水利设施的责权、公共灌溉用水保护以及泉水分时段取水等方面，许多规定至今仍然约束着人们的行为。泉水作为公共资源，受到了当地居民的自发保护，形成了地域性用泉秩序，呈现不同时段的生活场景。泉水人家在泉边洗衣、做饭、吃水饮茶，留下许多与泉水相伴相生的佳话。

济南城的排水体系由天然泄洪道和人工开凿的沟渠构成，大明湖及城内的百花洲、珍池、王府池子等水体是十分重要的调蓄设施，内外城相结合的排水体系是济南城市排洪的特色。

外城——山水沟+内外护城河泄洪体系：济南地势南高北低，夏秋季节淫雨，会引发南部山区山洪暴发，经过南北向的沟道直奔城区，冲毁圩子城墙，也给城内居民带来危险。清朝末年，济南在城内外"挖砌城内沟渠五道，共计长七百一十八丈。从此城内外泉脉深通，河流疏畅，即大雨时行，山泉湖水同时涨发，可以顺轨而下，不至漫溢"[39]。这些"沟渠"俗称"山水沟"，用来解决山洪对城池的威胁。济南城周边有五条主要的排水沟渠，可将南部山区雨水导向圩子壕、山水沟和护城河，然后排出城外（表9-2，图9-16）。

济南主要排洪通道　　　　　　　　　　　　表9-2

排洪类型	主要沟渠	位置	流向	作用
排洪沟渠	羊头峪东沟	济南古城东南的羊头峪东沟	自东南流向城内，从"铁算子"自东圩子城入东关。"铁算子"即"石门闸口"，位于永靖门（东圩子门）和永固门（东舍房围子门）之间，是设置在圩子墙上的排水涵洞	为解决城南山区在雨季向城内泄入的山洪，将山洪导入城关后与圩子壕、城内山水沟相连并最终排出城外，避免城内居民受灾
	羊头峪西沟	位于千佛山东侧佛慧山、开元寺一带	圩子墙建成前，经东舍坊圩子门附近西去；圩子墙建成后，上游来水顺东圩子壕而下。如遇暴雨，山洪经永固门进入城关，称"红墙庙沟"	
	南营山水沟	岱安门（南围子门）偏东，原千佛山东侧的山洪沟	圩子墙修成后，原来北去的流道被堵截，改由圩子壕西去。东侧流经白衣庵、棋盘街等一带的山洪沟，与城东南南营大场西侧经过佛山街的山洪沟交汇之后，再与永固门来的山洪沟交汇改成暗涵西流	

续表

排洪类型	主要沟渠	位置	流向	作用
排洪沟渠	新桥街山水沟	岱安门（南围子门）里朝山街	圩子墙建成之后，原来的河道变为沿着朝山街路东、北流。20世纪30年代之后，路沟石砌，挨着圩子墙的南段为明沟，之后与永固门、南营大场河流的暗沟交汇后向西。过了南关大街之后成为明沟	为解决城南山区在雨季向城内泄入的山洪，将山洪导入城关后与圩子壕、城内山水沟相连并最终排出城外，避免城内居民受灾
	南关山水沟	即城南今广场东沟，源于南部山区	洪沟从南圩子墙的"南关铁算子"进入南关山水街。南关铁算子将城南金鸡岭和千佛山西路的山水下泄。清末在南关铁算子外侧建有"二里坝"以缓解上游来水，少部分来水拦截后流入南圩子壕	
人工沟道	护城河	济南古城内城外侧，环古城一周	汇沿途泉水及自北水门排出的大明湖与城内河道水源，后经东、西泺河流入小清河	吞纳城内沿途泉水，避免淤积，汇集后向北排出
	圩子壕	环绕圩子城东、西、南三侧，北与护城河交汇	于清咸丰年间开凿，与多条山水沟相连。东、西、南三面圩子壕向北与护城河汇集后注入小清河	圩子壕在清代修筑时以护城防御为主，开埠后经过多次疏浚成为主要的泄洪干道

［资料来源：根据秦若轼. 济南水利漫话［M］. 北京：华文出版社，2013. 相关资料整理而成］

　　内城——护城河+排水沟渠（明渠、暗渠）+大明湖等调蓄设施+东西泺河+小清河排水体系：城内纵横着数条东西、南北向的明渠和暗渠，城内泉水和雨水沿沟渠由南到北顺势排入大明湖等湖池调蓄。雨季，北水门打开，城内雨水经此进入东、西泺河，护城河进入大明湖的水闸关闭；旱季时北水门关闭，在城内保留足够的湖水，同时护城河水闸开启，汇入护城河的趵突泉等三泉的泉水被引入城内满足生活所需，由此形成了济南泉水的治理机制[40]（图9-17）。

　　三、水利设施营建。济南共有六座水门，分别是位于北部的汇波门，南侧的南关铁算子门，东侧的巽安水门，东北部的通济水门、"山水沟"水门，以及西侧的于家桥水门。其中，北水门为调蓄城内水量的主要水门，其他水门用来引水出城和迎接东南山区雨水（表9-3，图9-18）。

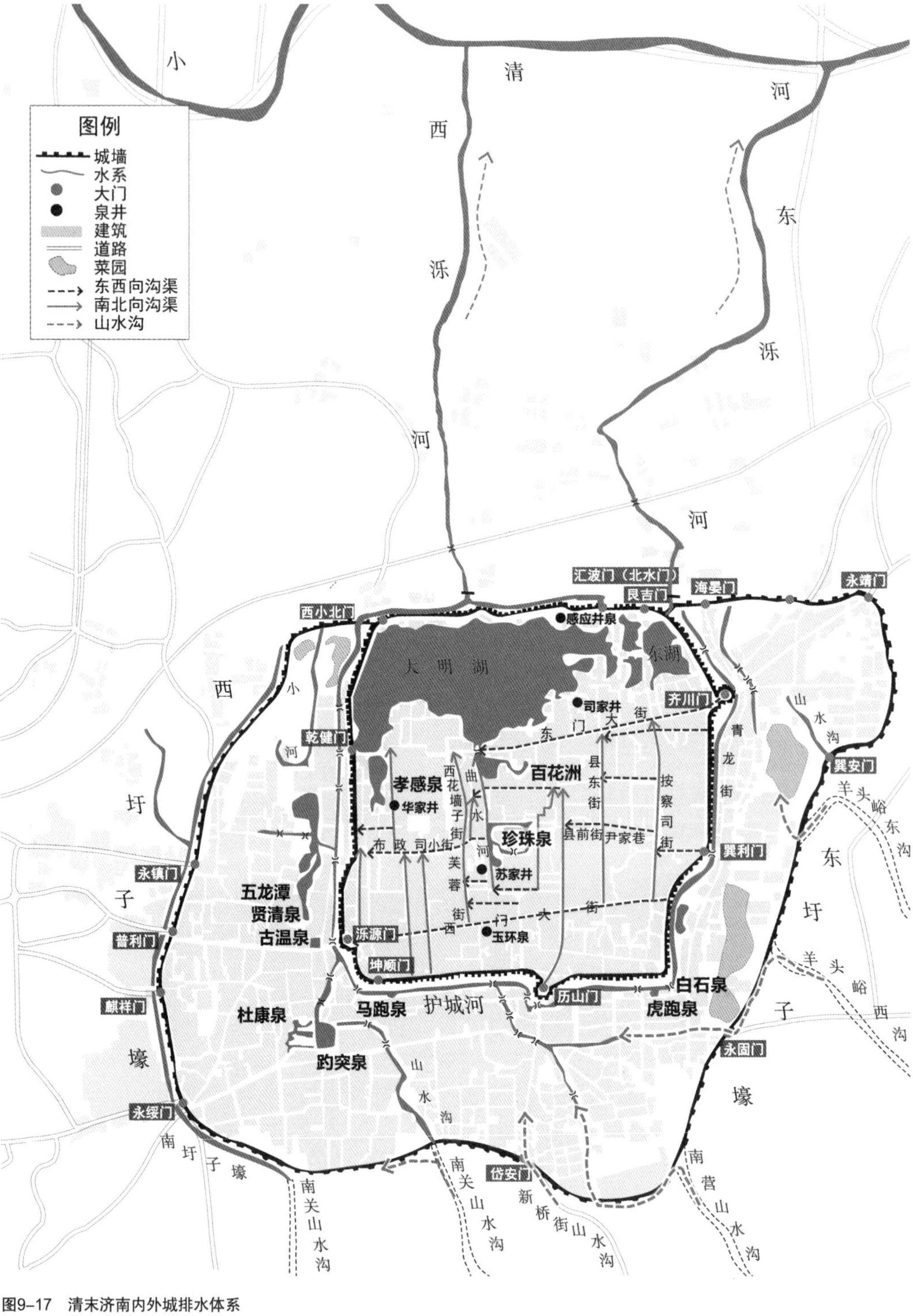

图9–17　清末济南内外城排水体系

[图片来源：作者自绘，底图来自1911济南城区图，张福山. 济南市志［M］北京：中华书局出版社，1997. 及（清）康熙"省城街巷全图"]

济南水门概况　　　　　　　　　　　　　　　　表9-3

名称	方位	位置	规模	用途
北水门汇波门	北	城池北门	深八十尺，广三十尺	"北城疏为门以泄之"，济南城"久旱不枯，淫雨不涨"
南关铁算子门	南	城南岱安门旁龙王庙西侧	石拱三孔水门，宽4.5 m，高6 m，有铁栅栏围护	迎城东南山水，引水入城
巽安水门	东	城东南仓街南侧		
通济水门	东北	泺水与东北墙相接处	单拱门洞，有铁栅栏围护	引水出城
"山水沟"水门	东北	海晏门与永靖门之间的城墙上		
于家桥水门	西	城西济安门西，于家桥以北		

[资料来源：作者根据相关资料整理而成]

（a）民国时期的汇波门和汇波桥　　　　　　　（b）中华人民共和国成立后重建的汇波门

（c）西泺河护城河水门　　　　　　　　　　（d）圩子墙上的山水沟水门

图9-18　济南古城北水门"汇波门"和西泺河水门景象
[图片来源：中共济南市委宣传部. 济南开埠百年 [M]. 济南：中国民族摄影艺术出版社，2004]

济南府城"西南高亢，则以二闸蓄焉。城北又建利田等四闸，以时蓄泄，独是地近南山，秋潦打发，旋浚旋淤，且频年亢旱，泉源衰息，茫茫巨浸，今方疏浚"[41]。由此可知，由于地势比较高，府城西南护城河上设两道水闸维持水位；城北东西泺河上也有多处闸口，用以控制城市水系的蓄水和泄水。由于山洪带来的泥沙，河道沟渠需要经常疏浚。历史上，一些利用水动力的产业与城市防洪产生了矛盾，人们通过水利设施的改造来解决。"济南城内之水，出北水门，由林家桥泄入盐河，其中有香磨四座，磨旁置石坝，高丈余，闸水不使畅流，上游之水遂多泛滥为患。将石坝减去数尺，添置闸板，常时听其拦闭，遇雨多水发，将石板尽启，俾水得下注，免致泛涨……坝旁开引河，导水旁流；其第四闸岸高，无可旁引，筑堤分水，使各涧出坝底，如法修减"[42]。

第五节　城景交融的城市景观格局

济南城市的发展，一方面经历了自东平陵城、平陵城到济南的治所迁移过程；另一方面经历了秦汉历城、双子城、母子城、双重城池的空间格局变迁过程，城市园林风格也随之不断改变。

魏晋南北朝时期，济南的园林以自然山水为主。根据《水经注》记载，北魏济南城的园林主要沿泺水和历水分布。历水一线，舜井上游有舜祠。"城南对山，山上有舜祠"[43]。在今珍珠泉附近有流杯池，乃引历水建造，是早期的城内园林，也是文人骚客游赏宴饮之所。泺水源头是趵突泉，"泉源上奋，水涌若轮"，主要建筑有"舜妃娥英庙故"。泺水汇聚的古大明湖，湖西有大明寺，"寺东北两面侧湖，此水便成净池也。池上有客亭，左右楸桐，负日俯仰，目对鱼鸟，水木明瑟，可谓濠梁之性，物我无违矣"[44]，成为济南寺庙园林之始。城北历水陂一带，风光旖旎。历城北郊还有两座私家园林，分别是使君林和房家园[45]。这两座私家园林都属于郊园，其风格野趣自然[46]。城北华山亦是优美的风景地，"华不注山，单椒秀泽，不连邱陵以自高，虎牙桀立，孤峰特拔以刺天，青崖翠发，望同点黛。山下有华泉……"直至隋唐时期，济南的园林建设都以城郊为主，多分布在西、北郊，如西郊历下亭、北郊鹊山湖、西北华不注山等地，城内的园林建设较少。

汉唐时期，济南周边的佛教园林逐渐兴起。济南南郊柳埠金舆谷的神通寺始建于前秦苻健皇始元年（351年），又名朗公寺，在十六国时期受到多位统治者的信奉和支持，获得很大发展，"大起殿舍，连楼累阁"[44]，成为当时山东地区最有影响力的寺院之一。到隋代，因隋文帝的支持，朗公寺再度兴盛，改名神通寺，并成为隋文帝敕送舍利的全国三十座寺庙之一[47]。唐代，在神通寺周边山崖上陆续开凿石窟造像，形成千佛崖造像和涌泉庵造像。神通寺因佛教传播而成为胜地[48]。长清县灵岩寺也在这一时期得以开发[49]。汉唐期间的济南风光优美，佛教文化兴盛，"天下名州，不能过此"。

宋代，随着大明湖的形成并不断扩大，济南城市格局发生重大变化，园林建设重点转入城内，并以大明湖为核心展开。由大明湖和四大泉群构成的水系结构使得城市园林建设重心以城西、北方向为主。知州曾巩采取了一系列措施进行西湖的整治和城市建设，并形成了独特的景观风貌：为调蓄西湖水面并防止城外洪水倒灌，修建可启闭的北水门，使湖水"久旱不落，久雨不涨"；修建汇波桥，"民赖以安，永绝水患"；利用疏浚湖水挖出的泥沙修筑贯通南北两岸的百花堤，并在堤坝上筑造亭台，种植柳树，景色优美；西湖之上共有七桥，上通行人，下以接纳城内诸水，通其流泻；围绕大明湖建造百花洲、百花台等园林景观，修建了仁风亭、芍药厅、名士轩等著名的建筑，在趵突泉湖畔建造历山堂、泺源堂用来接待宾客。齐州城市风景大为改观（表9-4）。

北宋时，大明湖畔还有望湖楼、郡楼等建筑，府学亦建于大明湖南，内有庭院种植竹子。私家园林得到发展，比较著名的有张氏园亭和徐氏私园，都是历下名园。郊区的寺观园林也得到很大发展，如位于千佛山的兴国禅寺始建于唐贞观年间，石窟造像可追溯至隋代，寺院不仅风景秀丽，还是眺望齐州城的好地方。南山还有佛慧寺，也是齐州的游览胜地。北宋时期，济南泉、城、湖、山的城市

曾巩对于西湖的集中整治及形成的景观风貌　　　　　　　　表9-4

重要举措	具体做法	形成景观
修北水门	为调蓄水位，防止西湖被城外洪水倒灌，曾巩修筑北水门，此后济南城内"永除水患"[50]	形成独特的水文景观，将城内与城外蓄洪区分隔
筑百花堤	利用疏浚湖水挖掘出来的泥沙，沿着湖岸自南向北修筑了贯通湖水南北两岸的百花堤，将湖面分割成东西两个部分	百花堤上栽花植柳，筑造亭台楼榭，画舫往来，士女云集。"周以百花林，繁霜泫冰露。间以绿杨阴，芳风转朝暮"[51]，景色优美，心旷神怡
构建七桥	曾巩在任期间，围绕大明湖筑造七座桥梁，"环湖有七桥，曰芙蓉，水西，湖西，北池，百花，泺源，石桥"[52]。其中，泺源桥位于城西门趵突泉，因此七巧中泺源桥说法不足以为据[53]	七桥接纳城区诸水，通其流泻，串联湖水和泉水，形成湖泉交融的"七桥风月"景观，成为历代文人墨客吟诗赋对的大明湖一大胜景
营建亭榭	曾巩任齐州知州时在藩属后建名仕轩，轩内有雪泉，为七十二名泉之一。藩属后建有仁风厅、静化堂、禹功堂、芙蓉堂、竹斋、凝香斋、采香亭、芍药厅等	亭台楼阁错落点缀在湖光山色中，使齐州风景大大改观，并便于游赏停留

［资料来源：作者根据相关资料整理而成］

景观风貌基本成型，风景文化也愈加深厚，大量文人墨客留下了众多欣赏赞美的诗篇。

宋金交战时，济南城市遭受较大破坏，但是"天巧俱在，不待外饰而为奇也"，城市的自然基底得天独厚，政治稳定后城市景观很快得到恢复。金元时期，随着小清河的开凿，济南北郊包括鹊山湖在内的诸多水体逐渐干涸，鹊山湖地区"莽然田壤"，历史上众多园林景观也逐渐荒废。元代，园林建设活动集中在城内和城市周边，主要围绕大明湖和趵突泉，如在大明湖增建天心水面亭、鱼乐楼、超然楼等园林建筑，进一步丰富了大明湖畔的景致。城市风貌十分繁华，城西趵突泉附近有万竹园、胜概楼，大明湖周边有历下、环波、鹊山、北渚、岚漪、水西、凝波、狎鸥诸亭和静化堂、名士轩等建筑[54]。城北水门有汇波楼可供登高望远。开元寺位于大明湖南岸[55]，"济南公"的张氏府邸坐落于珍珠泉畔，政治家、散曲家张养浩的云庄别墅位于府城内西北，"有云锦地、雪香林、挂月峰、超然亭诸胜"[56]。文人借助济南自然胜景建造诸多宅园、墅园，形成别具文人气质的私家山水园林，极大地带动了济南泉、湖周边的园林建设，趵突泉、华不注山和大明湖被称为三大名胜[57]（表9-5）。

明代以前济南主要园林　　　　　　　　　　　表9-5

类型	名称	始建年代	位置	概述	现状
私家园林	使君林	魏晋南北朝	济南以北近郊	"历城北有使君林，魏正始中，郑公三伏之际，每率官僚避暑于此"[58]，园内"树林阴翳，流水澄清"[59]	无
	房家花园	魏晋南北朝	无考	房家花园为齐博陵君的山池，园中"杂树森竦，泉石崇邃，历中被褉之胜也"[60]	无
	舜园	宋元	舜庙内	是古城舜庙的附属园林，园内遍植松柏，其景色是明清时期历下十六景之一的"松韵南薰"	2009年已拆除
	万竹园	金代	趵突泉西侧	明代由济南显宦殷士儋在万竹园旧址修筑"通乐园"，后几经易主，康熙年间由诗坛怪杰王苹所有	明建通乐园，清名二十四泉草堂，现为趵突泉公园的园中园
	云庄别墅	金代	珍珠泉畔	别墅位于珍珠泉畔，属于张养浩的张氏府邸，内有云锦地、挂月峰等诸多胜景和奇石，并留下大量诗作	园林已无踪迹，仅存张养浩墓
	砚溪村	元代	北郊鹊华一带	赵孟頫在济南任职期间在鹊华北郊一带营建的私家园林[61]，以幽静取胜	无
	张氏庄园	金末元初	珍珠泉大院	为明历下八景之一的"白云雪霁"	明为德藩王府花园，清为巡抚署，现为省人大常委驻地
寺庙园林	娥姜祠	魏晋南北朝	趵突泉北岸	为了祭祀大舜的女儿娥皇和女英而建	无
	舜祠	无考	城南历山之上	为了祭祀虞舜而建的祠庙	无
	古大明寺	魏晋南北朝	古大明湖西	大明湖西即大明寺	无
	大明寺客亭	北魏	大明寺内	是大明寺寺观附属园林，"池上有客厅，左右楸桐，负日俯仰……水木明瑟"	无
	府学文庙	北宋熙宁年间（1068—1077年）	今大明湖路	郡守李恭始建，明洪武之后数次重建，至明末建筑布局臻于完善（图9-20）	无
书院园林	闵子书院	元天历年间	洪家楼南侧闵子庙	是济南最早的书院，创始人是明末著名文人刘敕，曾任书院山长，书院于清朝废弃	无

续表

类型	名称	始建年代	位置	概述	现状
摩崖石刻	黄石崖	北魏至东魏（386—549年）	历山	天然石窟二十余个，佛及菩萨像八十余尊，总面积长约30 m，高十余米	尚存
	造像群	隋至唐宋	千佛山	自隋开皇元年开始共经历二十余年，分布零散，数量众多	尚存
			玉函山西佛峪	隋代造像群位于山体西北隅透明峰之间的夹角阴崖间，自隋开皇四年（584年）开始共经历16年。造像现存共约89尊，面积长约13.7 m，高约6.7 m	
			佛慧山开元寺	山上造像群自隋代开始开凿，以唐宋造像为主	

［资料来源：作者根据（清）道光《济南府志·卷十一·历城·古迹一》《齐乘》《济南文史论丛》和宋凤. 济南城市名园历史渊源与特色研究［D］. 北京：北京林业大学，2010. 等资料整理而成］

　　明清时期，济南成为山东省的政治中心。城内王府、衙署和文教设施众多，促进了一众王府园林、衙署园林、书院园林的发展。大明湖仍然是城内主要的游览地，一系列亭榭楼阁在湖畔重要位置修建。城内的德藩王府建筑华丽、泉池萦绕，是一处规模宏大、风景优美的王府园林。城外的景点仍是以趵突泉为中心，周围建造了不少私家园林。城南的黑虎泉群也发展成了重要的景点，泉上建有寺院。城南的千佛山取代华不注山成为主要的郊区名胜（表9-6、表9-7）。

明代济南主要园林　　　　　　　　　　　　　　　　　表9-6

类型	名称	始建年代	位置	概述	现状
私家园林	通乐园	金代万竹园	趵突泉西侧	明隆庆四年（1570年），礼部尚书殷士儋归隐于此修建"川上精舍"，并易名"通乐园"	清名二十四泉草堂
	德藩王府	金末张氏花园	珍珠泉主泉附近	指挥使司张氏在济南王府基础上扩建，筑宫墙，兴宫室，将珍珠泉及张氏遗留下来的濯缨湖辟为西苑	清巡抚署，现为省人大常委驻地

续表

类型	名称	始建年代	位置	概述	现状
私家园林	刘氏园	明代	城西北大明湖	为济南按察司副使刘天民所建的别墅型宅园，园内柳荫涵竹、翠竹摇曳、荷气涟清[62]	无
	小淇园	明代	城西北大明湖上	园内有问水亭、冷香亭，园内种植有较多竹子，其子在进行改建时在湖边砌筑了山石港湾	今已复建
	贾园	明代	泺水桥西侧	面积较小，为传统山水园林	无
	史园	明代	大明湖周边	不详	无
	青萝馆	明代	大明湖北渚	不详	无
	梁园	明嘉靖年间	今北园水屯村周边	不详	无
	鲍山山庄	明嘉靖年间	今鲍山附近	历下十六景之一的"鲍山白雪"	无
	边尚书别墅	明嘉靖年间	明湖张马泊	园中有著名的万卷藏书楼	无
	逸老园	明末	鹊华桥东	不详	无
	三瑞园	明万历年间	东关	不详	无
	砚溪村	始建于元代	北郊鹊华一带	赵孟頫在济南任职期间在鹊华北郊一带营建的私家园林[61]，园林以幽静取胜	无
书院园林	白鹤书院	明嘉靖四年（1525年）	今明湖中学	其前身是洪武八年（1375年）时期济南知县建立的白鹤书社，到明代由济南人周居岐更名，至清朝废弃	无
	至道书院	明嘉靖四年（1525年）	原钟楼寺故址	由山东提学道邹善创办，命名湖南书院，后改为至道书院，于嘉靖二十一年（1542年）取消并改为提学道公署	无
	历山书院	明万历四十二年（1614年）	趵突泉东侧	由山东巡盐御史毕懋康创办，是济南规模最大的书院，金线、漱玉等名泉散布其中	无

［资料来源：作者根据（清）道光《济南府志·卷十一·历城·古迹一》《齐乘》《济南文史论丛》及宋凤. 济南城市名园历史渊源与特色研究［D］北京：北京林业大学，2010. 等资料整理而成］

清代济南主要园林　　　　　　　　　　表9-7

类型	名称	始建年代	位置	概述	现状
私家园林	二十四泉草堂	始于金代万竹园，明建通乐园	趵突泉西侧	清康熙年间，明通乐园扩建，济南诗人王苹在园内筑书室，名二十四泉草堂	现存建筑为民国初年所修，时名张家花园。现为趵突泉公园的园中园
	漪园	清代	东流水街南头古温泉	张秀所建，园内北有漱玉堂，堂后有池，水清可鉴，池之东有清皓之阁，后有长廊通往竹园和曰"云根""云瀑"的两座亭子[63]	园已废弃，仅存泉
	小沧浪	清乾隆年间	大明湖西北岸铁公祠	山东盐运使阿宝林仿苏州沧浪亭而建的别墅[64]	今存大明湖公园内
	孙氏别墅	清初	砚溪村旧址	借景鹊华和泉溪形成城郊园墅	无
	秋柳园	清顺治年间	大明湖东南，汇泉寺西南	清初王渔洋读书的地方，曾作《秋柳》诗四章，后历下文人立秋柳诗社，建馆舍多间	今为大明湖公园的园中园
	赤霞山庄	清康熙年间	南郊赤霞山	不详	无
	燕园	清中叶	趵突泉以东，金线泉以北	园内亭廊相环，泉溪潆绕，竹林丰茂	无
	北渚园	始建于明白鹤书院，清嘉庆年间改建	小清河以南白鹤书院旧址	不详	无
	贤清园	清乾隆年间	五龙潭东，贤清泉畔	明为济南士族陈文学所建的伊人馆，后在此基础上重建园林[65]	园无，泉在
	林汲山房	清乾隆年间	城东南佛峪般若寺附近	不详	无
	潭西精舍	清嘉庆年间	五龙潭历下亭旧址	泉溪、青桐最为著名，有《五龙潭八咏》流传于世	今五龙潭公园内复建潭西阁
衙署园林	巡抚衙署	始建于金末张氏花园，明为德藩王府花园，康熙五年（1666年）建巡抚衙署	珍珠泉附近，原德王府旧址	缩小了明代德王府的规模，"潆泓冲融，清澜百步，旁流带垣"，景色十分优美，康熙和乾隆南巡时将这里作为行宫	无

类型	名称	始建年代	位置	概述	现状
书院园林	白雪书院	清顺治十一年（1654年）	白雪楼故址	由山东布政使张缙彦创办。雍正十一年（1733年）迁至城内原都指挥使司，改名泺源书院	无
	泺源书院	清康熙年间	明清古城西大街西部	不详	无
	振英书院	康熙五十七年（1718年）	今济南一中	由山东按察使黄炳创办，乾隆四十一年（1776年）改名蒿庵书院，道光二年（1822年）又改名景贤书院	无
	尚志书院	清同治八年（1869年）	趵突泉边	由山东巡抚丁宝桢建立，内设"尚志堂"，目前趵突泉内尚存书院遗留建筑	无

［资料来源：作者根据（清）道光《济南府志·卷十一·历城·古迹一》《齐乘》《济南文史论丛》及宋凤. 济南城市名园历史渊源与特色研究［D］. 北京：北京林业大学，2010. 等资料整理而成］

　　总体而言，济南城邑内外园林营建过程主要经历了以下几个发展阶段：在唐代以前，城池较小，园林营建主要集中在西郊、北郊泉水丰沛、风光秀丽的区域；唐宋时期，随着城池扩建形成"西湖"，园林营建转移到城内大明湖周边；金元时期，园林建设活动持续增加，形成以大明湖、趵突泉、华不注山为核心的三大名胜区；明清时期，济南北郊水势减弱，形成大片的稻田与藕池，景观风貌发生巨大变化，同时，城邑内围绕大明湖与趵突泉的园林建设仍然持续，使济南城形成"一城山色半城湖"的景观风貌，而以趵突泉、五龙潭等四大泉群为代表的泉水景观更是城市独一无二的景观特色（图9-19、图9-20）；清末，随着居民增加，居住空间逐渐向大明湖侵占，湖面缩小，大明湖风光不如往昔。

　　总之，济南城市景观体系是在自然山水和水利建设的影响下，由园林、风景名胜、标志景观和城市"八景"所构成，分布在城邑内外，由实体景观空间和意象空间组成。

　　济南地区南高北低，南有千佛山及诸多山体构成的连绵起伏的山系，北有鹊山、华山、卧牛山等构成的"齐烟九点"，其中，鹊

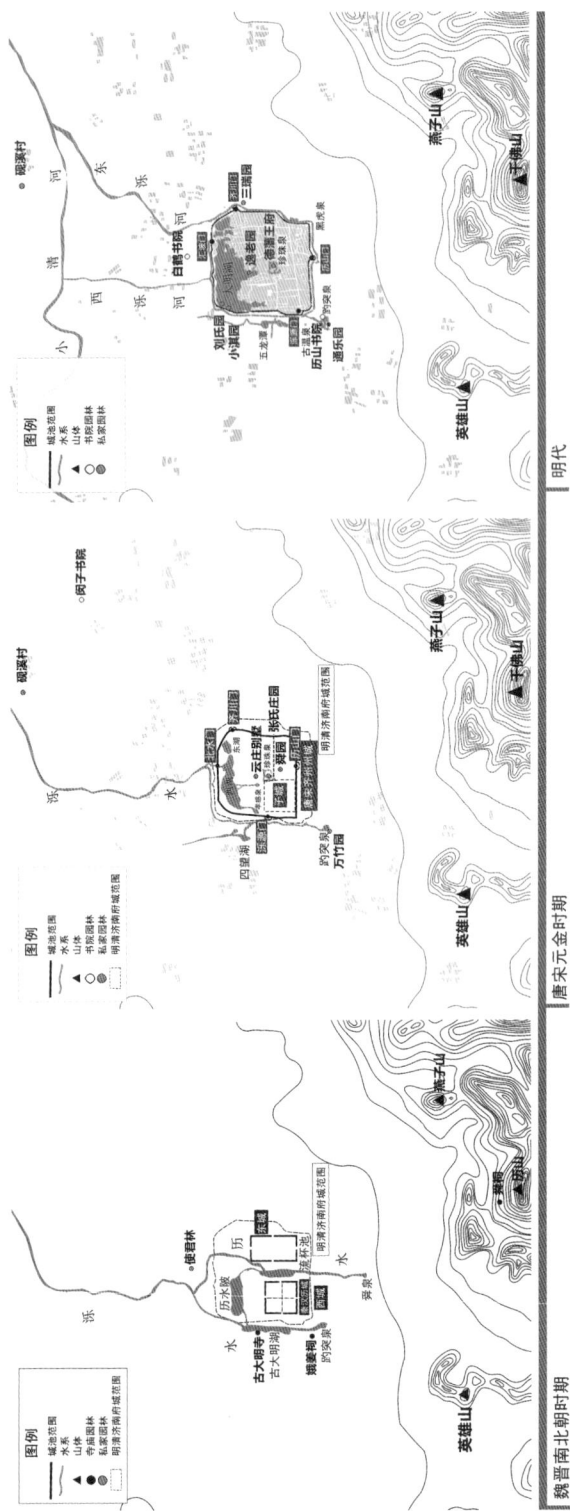

图9-19　清代以前济南主要园林分布
[图片来源：作者根据相关资料整理绘制]

图例

- 城墙
- 水系
- 建筑
- 道路
- 府衙建筑
- 城内主要建筑
- 会馆
- 主要园林
- 书院

孙氏别墅

振英书院

北渚园

汇波门（北水门）　海晏门　永靖门

梁园

西小北门　小沧浪　铁公祠　北极庙　张公祠　水月寺

刘氏园　　大明湖　　汇泉寺　　东湖　净居寺

乾健门　秋柳园

潘公祠　历下亭　三公祠

李公祠　汇泉堂　闵子祠

江园　府学文庙　鹊华桥　江西会馆　贤景书院

孝感泉　布政司署　百花洲　关帝庙

镇武庙　　河北会馆

关帝庙　　历城县衙

状元府　湖广会馆　巡抚署　济南府署　异利门

潭西精舍　珍珠泉　城守参军署　道署

关帝庙铁塔　五龙潭泰琼祠　山陕会馆

永镇门　贤清园贤清泉　福德会馆　关帝庙

漪园　古温泉　泺源门　准提庵　舜泉庙

普利门　　中州会馆　舜泉　浙闽会馆

坤顺门　　观澜亭　三角楼（九女楼）

白雪楼　马跑泉　珍珠泉

清真北大寺　白雪书院　水湖庵　历山门　关帝庙　虎跑泉

麒祥门　历山书院　火神庙

清真南大寺　尚志书院

二十四泉草堂　趵突泉　三元宫

永绥门　　大关帝庙

白衣庵

广胜庵　演武场

岱安门

山、华山并峙，两山连亘绵延，形成鹊华烟雨的景观意象。从千佛山山顶可望北部九座小山，形成跨越古城的视线廊道。南北山系中间为泉水出露的区域，泉水汇成河渠，注入大明湖，城内拥有珍珠泉、五龙潭、趵突泉和黑虎泉四大泉群，共有一百余处泉眼，形成家家泉水、户户垂杨的景观意象。大明湖通过北水门与护城河相连，护城河水向北由东、西泺河注入小清河，构成贯通城池内外的水网

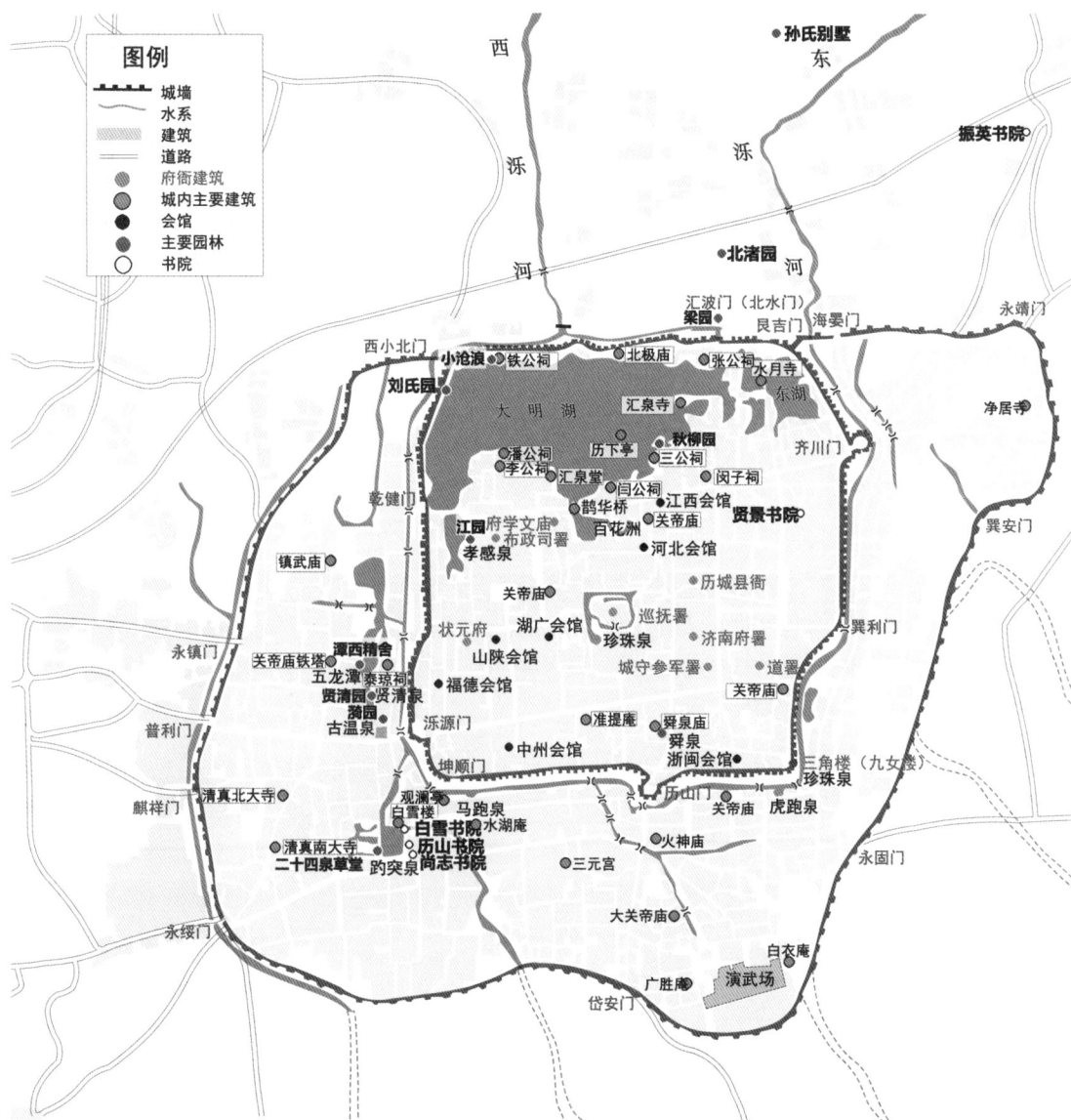

图9-20　清代济南园林分布情况
[图片来源：作者根据相关资料整理绘制]

体系。由此，济南便形成山、泉、河、湖、城高度融合的独具特色的古城景观风貌（表9-8，图9-21、图9-22）。

济南主要风景名胜　　　　　　　　　　　　　表9-8

类型	名称	位置	概述
山岳型	齐烟九点	古城以北	自东向西依次为卧牛山、华山、鹊山、凤凰山、标山、药山、北马鞍山、粟山和匡山。其中，鹊山横列如屏风，与华山并峙，每当阴韵之际，两山连亘，烟雾缭绕，宛若仙境，形成鹊华烟雨的景观意象
	千佛山	古城南约五里	古名历山，又名舜耕山，"舜耕历山"的典故出于此。自隋唐起，因佛教盛行，开始随山势雕刻佛像，故称千佛山
河湖型	鹊山湖	济南古城北郊	位于城北郊，鹊山与华山二山对峙，两山之间吞纳诸多泉水汇集而成鹊山湖。湖于金代湮灭
	大明湖	古城西北	素有"一阁、三园、三楼、四祠、六岛、七桥、十亭"之说，金元时期成为济南三个名胜之一
	濯缨湖	府城都司西北	合珍珠、濯缨、朱砂诸泉于此，广数亩。"建濯缨亭其上，俯视澄渊，杨柳交匝，金鳞游泳，龙舟荡漾，盖世奇观"
	百花洲	大明湖南岸	位于大明湖南岸的百花桥将百花洲与大明湖相连，百花洲上有百花台
泉池型	趵突泉	古城西南部	趵突泉泉群由趵突泉、金线泉、柳絮泉、漱玉泉等诸多泉眼构成。趵突泉为古泺水之源，古时称"泺"，宋代更名"趵突泉"
	珍珠泉	古城中部	珍珠泉泉群由珍珠泉、濯缨泉、舜泉、孝感泉等泉眼构成。清代又成为巡抚署院所在，周围亭台楼榭，植被繁茂，景色优美
	黑虎泉	南护城河南岸	黑虎泉泉群由黑虎泉、九女泉、白石泉、五莲泉等泉眼构成
	五龙潭	古城西北部	五龙潭泉群由洗心泉、古温泉、悬清泉、天镜泉等泉眼构成。曾是古大明湖的一部分，泉水碧绿，深不见底，涌流不息

[资料来源：作者根据（清）道光《济南府志·卷十一·历城·古迹一》《齐乘》《济南文史论丛》及宋凤. 济南城市名园历史渊源与特色研究[D]. 北京：北京林业大学，2010. 等资料整理而成]

楼、阁等标志性节点是城市空间中最具识别性的空间要素，也是城市景观视线的端点，带来城外与城内风景的呼应。济南历代多有营造亭台，有历下亭、李员外新亭、鹊山湖亭、天心水面亭等，许多亭台留下了大量文人墨客的诗作，成为登临怀古、游历抒怀之处，因此也成为济南重要的城市意象。济南的楼阁主要分布在大明湖、趵突泉等泉群周边。宋代，北城上有北渚亭可眺望城外山川，

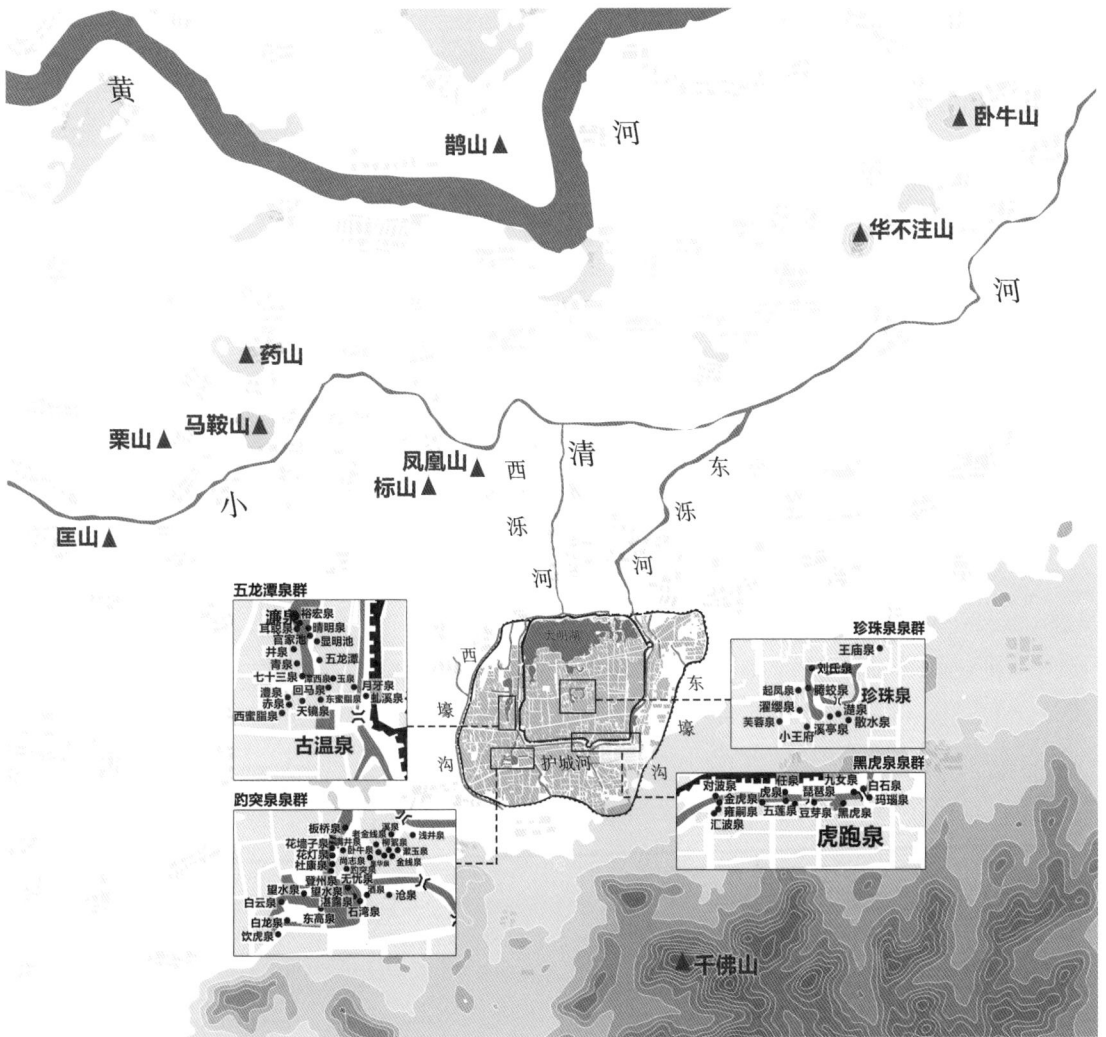

图9-21　济南泉水分布
［图片来源：作者自绘］

图9-22　千佛山顶俯瞰济南城区
［图片来源：作者自摄］

大明湖南有郡楼，"满眼青山更上楼"[66]。金元时期，城内有白云楼，湖畔有超然楼，北水门上有汇波楼，趵突泉边有胜概楼，都是眺望周边风景的制高点。明清时期，东郊白雪楼"前望泰麓，西北眺华不注诸山，大小清河交络其下，左瞰长白、平陵之野，海气所际，每一登临，叹为胜观"（表9-9）[67]。

济南主要标志性景观建筑 表9-9

类型	名称	建成时期	位置	概述	现状
古亭	历下亭	北魏时期	城南历山脚下	最早建于城南历山脚下，今五龙潭附近，直至唐末此亭被废弃[68]	今于大明湖公园内重建
		宋代	大明湖南岸	在大明湖南岸重修历下亭，但在金末战乱时被毁[54]，元重修，明再次被毁	
		清康熙年间	大明湖南小岛	康熙年间，为满足人们登临怀古之情，在大明湖南小岛重修历下亭	
	李员外新亭	唐天宝年间	历下古城北城墙外	为李邕重孙李子芳所建，杜甫与李邕曾来此亭游历，并留下诗作："新亭结构罢，隐见清湖阴"[69]	无
	鹊山湖亭	始建于北魏时期	与员外新亭相对，具体位置不可考	杜甫、曾巩留下诗作"野亭逼湖水，歇马高林间"	无
	天心水面亭	元代	古城北大明湖上	"臣洞之居，在大明湖上，壅土水中而为亭，可以周览其胜，名之曰'天心水面'"，意取"月到天心处，风来水面时"[70]	重建
	沧浪亭	清乾隆五十七年（1792年）	大明湖北铁公祠旁	位于小沧浪内荷池边，造型为八角形小亭，十分奇巧新雅	重建
楼阁	胜概楼	金代	趵突泉西侧	金代初建，元代重修。刘敏中诗云："泉中就啜无忧水，楼上闲吟胜概诗"，小序"泺水上有楼曰'江山胜概楼'，下有泉曰'无忧'"	于今趵突泉公园内重建
	超然楼	元代	大明湖畔	称为"江北第一楼"，元代学士李洞所建	于2008年重建
	白雪楼	明代	趵突泉畔	是明代"七子"之一李攀龙的藏书阁	中华人民共和国成立前坍塌，后于中华人民共和国成立后重建

续表

类型	名称	建成时期	位置	概述	现状
楼阁	北极阁	元代	大明湖北岸	大明湖北岸的标志性景观建筑，是重要的道教庙宇，建立在高台之上，高度约7m。于明清时期多次整修	1950年拆毁后重建
	汇波楼	宋神宗熙宁五年（1072年）	大明湖东北岸北水门之上	曾任齐州知州的曾巩所建，两层高，是人们登临游览、集宴赋诗之所，八景之一"汇波晚照"	中华人民共和国成立前塌圮，1982年重建

［资料来源：作者根据（清）道光《济南府志·卷十一·古迹》及谢玉堂. 历史文化名城济南［M］. 济南：济南出版社，1994. 整理而成］

　　桥是湖、河、泉之上的风物景致。据记载，清末济南城内外共有石桥六十余座，木桥二十余座，石桥有石拱桥和石板桥两种形式。其中，石拱桥主要位于城内重要街巷和城外河渠之上，有泺源门外泺源桥、北门外汇波桥、大名湖南岸鹊华桥、东护城河巽利桥等共计三十余座；石板桥主要分布于城内水巷，包括曲水之上的百花桥、王府池子下游的起凤桥、趵突泉边的来鹤桥和西花墙子街桥等。木桥数量较少，多为架于城壕之上方便行走的跨河桥，如泺源门外泺源桥、大板桥，西北护城河上的齐川桥、历山桥，南护城河上的东燕窝桥、琵琶桥等，许多木桥在20世纪因被改建为混凝土拱桥而逐渐消失[71]。济南石拱桥数量众多、形制优美、工艺精湛，多被文人墨客赞叹，成为济南古桥的代表（表9-10，图9-23）。

济南主要石拱桥概述

表9-10

名称	建成时期	位置	概述	现状
广会桥	鲁桓公十八年（前694年）	趵突泉下游泺水之上	单孔石拱桥，泺水之上济南最早的桥梁。同治四年（1865年）重修，为"济南一名大板桥，桥南数千米为趵突泉"，后多称大板桥	趵突泉公园内，现已重修
泺源桥	北宋时期	城西泺源门外泺水之上	三孔石拱桥，城西护城河上，为门外水陆交通要道	1951年改为钢混拱桥，后加宽，仍存
坤顺门桥	清光绪年间	坤顺门外，今趵突泉东门北边的护城河上	因坤顺门得名，用坤顺二字寓意柔、顺之意，成为广会桥后城西南的交通要道	后经多次修缮，仍存
汇波桥	北宋时期	古城北水门以内	雕栏石拱桥，曾巩任济南知州时始建，道光十六年（1836年）重修	原汇波桥已毁，后于20世纪50年代初新建

续表

名称	建成时期	位置	概述	现状
鹊华桥	始建于宋代	百花洲通往大明湖的水道	单孔石拱桥，位于百花洲以北，连通大明湖和百花洲，于明清时期进行多次重建	原桥已毁，20世纪50年代重建
泮桥	宋熙宁年间	芙蓉街北首府学文庙内	五孔石拱桥，桥身比例匀称、形态优美，横跨文庙泮池之上，济南现存最早的石拱桥	原桥已毁，现已重修
林家桥	明代	小清河之上	十一孔石板桥，是当时济南最长的石板桥	原桥已毁，现已重修
巽利桥	清光绪年间	巽利门外东护城河上	三孔石拱桥，连接东护城河两岸交通	原桥已毁，现已重修
百花桥	无考	鹊华桥以南	位于曲水亭街，与鹊华桥隔百花洲相望，汇集珍珠泉和濯缨泉水后入百花洲	原桥已毁，现已重修
起凤桥	无考	濯缨泉北	水出桥下，北流后注入百花桥下	原桥已毁，现已重修

[资料来源：作者根据（清）《重修广会桥碑记》、（北宋）苏辙《齐州泺源桥石桥记》及姜波. 济南旧城的古桥［J］. 民俗研究，1995（4）：37–40. 整理而成]

　　济南最早的志书是明崇祯年间刘敕所著《历乘》，在该书第十五卷《景物考》中，刘敕写道："昔人标为八景，而沧桑代变，湮没者多。余广为十六景，以供达人之游览云"[72]。其中，"八景"即明崇祯年间《历城县志》所记载的"历下八景"，刘敕所指"十六景"是其对于济南景观意象的重新诠释。根据各志书中对于八景和十六景的记载，可知各志仍以"八景"为主要说法（表9-11，图9-24、图9-25）。刘敕认为"八景"大多湮灭，然十六景大多是"八景"的拆解和扩充，自明以来，"历下八景"之说始终未变，经过几百年之久仍广为流传。

　　济南重要的城市意象有鹊华意象、大明胜景、泉源奋进和巷里春秋，四者皆与济南"八景"中描绘的重要景致相对应，形成济南独具特色的意象图景。

　　"鹊华意象"——鹊华两山对望、湖水萦绕、烟波浩渺，留下了许多千古题咏的诗篇，其中以李白、曾巩、杜甫、苏轼等的诗文

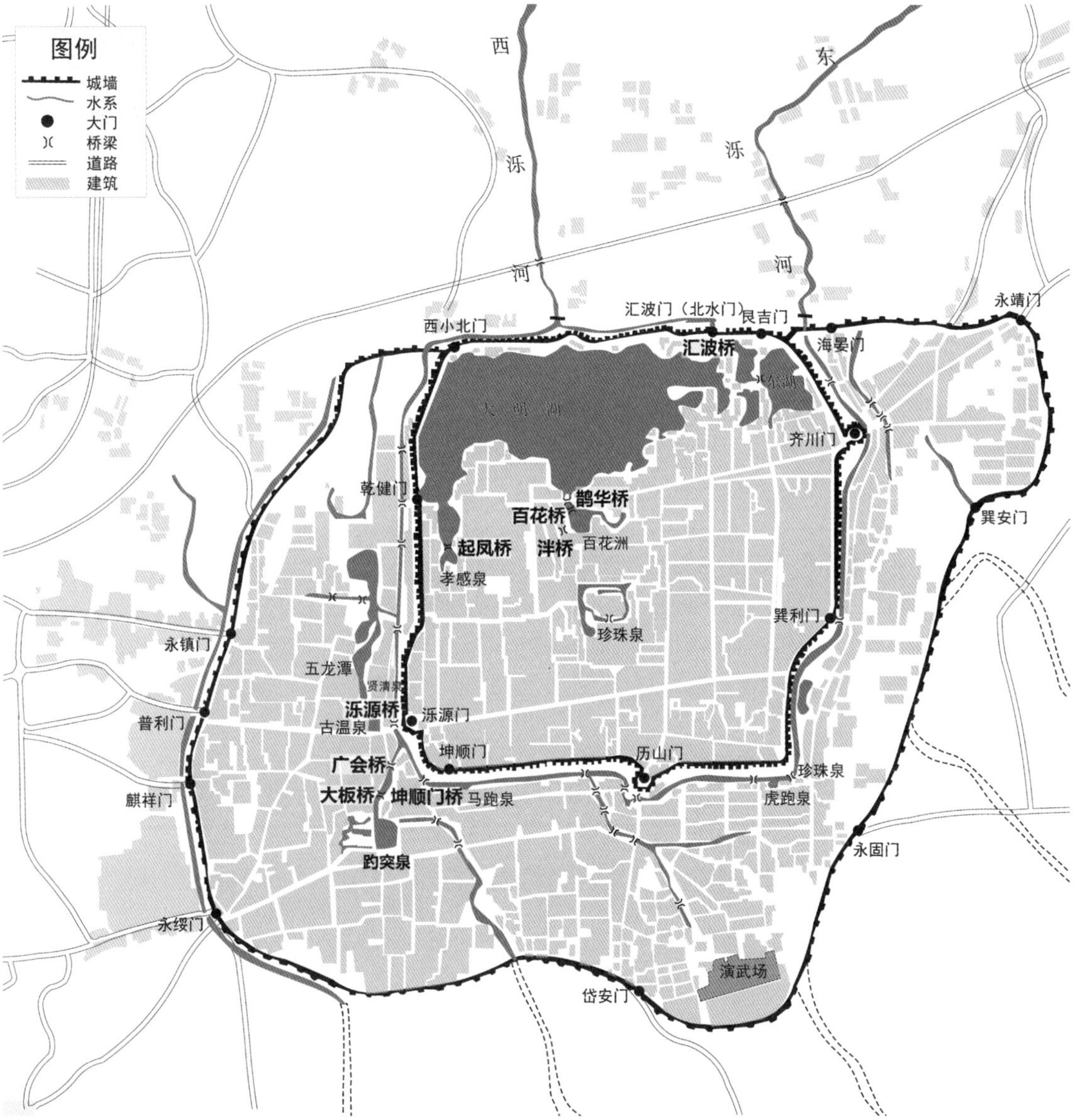

图9-23　明清时期济南主要石拱桥分布

[图片来源：作者自绘]

历代志书对济南"八景"和"十六景"的记载　　　　　　　　　　表9-11

名称	内容	古籍记载
"八景"	"锦屏春晓""趵突腾空""佛山赏菊""鹊华烟雨""会波晚照""明湖泛舟""白云雪霁""历下秋风"	（明）崇祯《历城县志》、（清）康熙《历城县志》、（清）乾隆《历城县志》、（清）道光《济南府志》、（清）康熙《重修历城县志》等

续表

名称	内容	古籍记载
"十六景"	"锦屏耀日"（龙洞锦屏岩）、"玉鼎翻云"（趵突泉）、"幽涧黄花"（佛慧山）、"白云霁雪"（珍珠泉）、"石洞绝尘"（千佛山）、"明湖冷月"（大明湖）、"孤峰凌霄"（华不注山）、"清流注海"（大清河）、"松韵南薰"（舜庙）、"荷香北渚"（大明湖水面亭）、"苍生霖雨"（五龙潭）、"翠屏丹灶"（鹊山）、"岩畔飞泉"（黑虎泉）、"会波返照"（北水门汇波门）、"竹港清风"（大明湖畔小淇园）、"鲍山白雪"（鲍山脚下白雪楼）	（明）刘敕《历乘·卷十五·景物考》

［资料来源：作者根据相关古籍资料整理而成］

图9-24　济南八景分布

［图片来源：作者根据相关古籍资料整理而成，底图来自中国台湾"内政部"典藏地图数位化影像制作专案计划］

（a）锦屏春晓

（b）趵突腾空

（c）鹊华烟雨

（d）明湖泛舟

（e）佛山赏菊

（f）白云雪霁

（g）汇波晚照

（h）历下秋风

图9-25　济南八景图

［图片来源：（清）康熙《历城县志·卷首》］

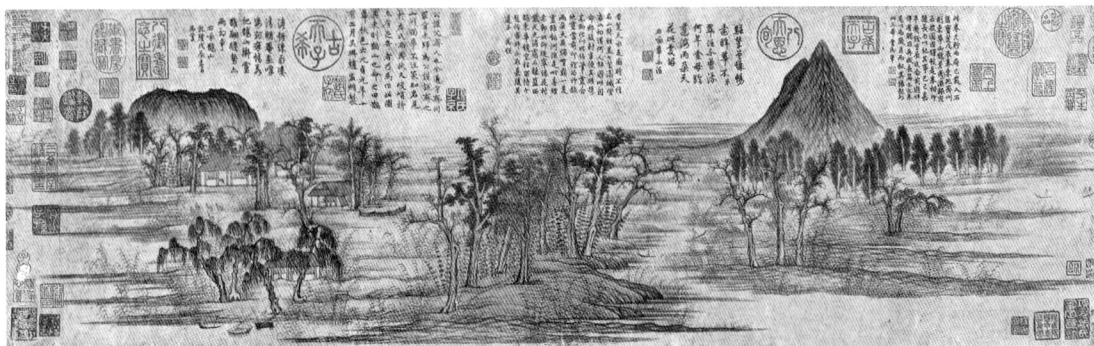

图9-26　赵孟𫖯《鹊华秋色图》
[图片来源：中国台北博物馆藏]

著称。北宋时期，山、泉、湖已成济南的城市灵魂，其自然景观和人文意蕴已经形成。元代赵孟𫖯对济南山水的意象和描画表达了文人士大夫的山水情怀[73]。在《鹊华秋色图》中，华山高耸青翠，鹊山平远漫圆，展现出一幅幽静深远的秋景图。除了绘画，赵孟𫖯在济南期间，还为华山、趵突泉和大明湖这三大绝胜咏诵诗篇。他在《趵突泉》中写道："泺水发源天下无，平地涌出白玉壶。谷虚久恐元气泄，岁旱不愁东海枯。云雾润蒸华不注，波涛声震大明湖。时来泉上濯尘土，冰雪满怀清兴孤[74]"，成为提及济南胜景不可不读的佳句（图9-26）。

"大明胜景"——百花洲畔、七桥风月、历下怀古。

"百花洲畔"：百花洲历史上曾有过三位名士对其建设作过重要贡献，分别是曾巩、边贡和王象春。三人怀着对济南山水的热忱，在百花洲畔筑桥建阁，并留下诸多诗篇描绘百花洲的山水风光。北宋时期，曾巩任知州期间，在百花洲与大明湖之间修筑百花堤，堤上杨柳拂岸、百花争艳。后来乾隆皇帝于寒食节来此巡游，"舍舟行数步"以游览百花洲，并留下"蜿蜒岸几转，芳洲乃微露。是时值寒食，万卉霏香雾"的赞誉，尚未尽兴，次日再次留下："春光大地公鱼鸟，翠色两峰罨鹊华"[75]的诗句。明代学者边贡在百花洲畔修建万卷楼，泛舟明湖之上，留下"湖上扁舟寺里登，水云如浪白层层"[76]的诗篇。明代诗人王象春仕途失意后，曾在大明湖南岸百花洲购宅定居，徜徉山水，筑亭自娱，著有《齐音》107首，对济南山水湖泉一一题咏，诗名远播。

　　"七桥风月"：北宋时期，曾巩在大明湖修建了七桥，用以跨越大明湖各路水系。七桥丰富了大明湖的景观层次，连接湖岸与湖中岛屿，成为大明湖重要的景观意象。曾巩寄情七桥美景，留下"谁对七桥今夜月，有情千里不相忘"[77]的诗句。

　　"历下怀古"：杜甫曾多次来到济南探访历下亭，与友人名流宴饮作诗。天宝四年（745年），杜甫在历下亭与时任北海郡太守名士李邕相约，留下"海内此亭古，济南名士多"[78]的著名诗篇。由于杜、李二人的登临，曾被郦道元称之为"客亭"的亭子被命名为历下亭，成为一时名胜。历下亭在唐末圮废，后曾巩在大明湖南岸重建并袭用历下故名。但随着金元时期社会动荡、战火不断，亭子已无昔日盛景，诗人元好问、刘敕等皆来此凭吊怀古："不见此亭当日古，却逢名士一时多"[79]。追忆历下亭盛会，遥想杜、李二人诗酒酬答，成为后世文人难以泯灭的情结。为满足人们登临思古之情，清康熙年间，山东盐运大使李兴祖在大明湖小岛之上重建历下亭，规模扩大，蒲松龄曾造访记咏："大雅不随芳草没，新亭仍傍碧流开"[80]。后又由乾隆皇帝手书"历下亭"三字匾额，并在亭上将杜甫名篇刻为楹联。自此之后，慕名前来的文人名士络绎不绝。历下亭几废几兴，"亭中坐怀古，桥畔静观棋"成为济南得天独厚潇洒生活的写照（图9-27）。

　　"泉源奋进"——泉水是自然赋予济南的天然名胜，也在历代发展中孕育了深厚的人文景观。趵突泉"三窟鼎沸，水涌若轮"[81]、

图9-27　民国初年大明湖及历下亭景色
[图片来源：牛国栋. 济水之南［M］. 济南：山东画报出版社，2013]

（a）民国时期东南城墙及护城河、黑虎泉一带　　　　　　　　（b）1930年趵突泉畔集市景象

（c）20世纪20年代趵突泉景观　　　　　　　　（d）20世纪20年代珍珠泉景观

图9-28　民国时期城墙、护城河及泉水景观
［图片来源：牛国栋. 济水之南［M］. 济南：山东画报出版社，2013］

黑虎泉"泉溢而出，轰轰下泄，澎湃万状"[82]、珍珠泉"一泓清浅漾珠圆"[83]，别有风姿。泉水不仅是城市山水景观的重要组成，也是居民生活用水的重要来源，泉水人家成为古城重要的城市意象（图9-28、图9-29）。

"巷里春秋"——济南泉水丰沛，宅院多依泉水而建，"家家泉水，户户垂杨"[84]的风貌别具特色。在《水经注》中有这样的记载："历祠下泉源竞发，北流经历城东又北，引水为流杯池，州僚宾宴公私多萃其上"[81]。随着城池的扩展，"流杯池"被纳入城中，现在的"王府池子"就大概在其原来的位置。池水北出曲折而流成曲水河，这里自古便是文人墨客曲水流觞、把酒言欢之所，极富雅兴。清人王初桐有诗云："曲水亭南录事家，朱门紧靠短桥斜"[85]，描绘了

图9-29 民国初年曲水亭街的生活场景
［图片来源：牛国栋. 济水之南［M］. 济南：山东画报出版社，2013］

曲水亭街巷短桥、流水、朱门黛瓦的美好街巷景象；而北临百花洲的曲水亭上对联"三椽茅屋，两道小桥；几株垂柳，一湾流水"[86]，描绘了曲水亭街泉水人家安静祥和的生活状态。

第六节 小结

明洪武九年（1376年）以来，济南成为山东的首府，此后一直是山东的治所和中心城市。独特的山水环境、便捷的交通条件、相对稳定的外部发展环境、地方官员励精图治及名士文化的深厚底蕴，造就了济南城。

济南同样位于泰鲁沂山地山前大道，由于其丰富优质的地下水资源，很早就有人类在此繁衍生息。从西晋兴建历城至今，济南城在原址发展了1700多年。城邑南高北低，南靠千佛山等诸山，北有齐烟九点连亘绵延，大川（不同历史时期分别为济水、大清河和黄河）横贯北部平原。唐宋时期的城池建设、水系梳理和风景营建奠定了山水之城的基础，"一城山色半城湖"的独特景致让济南成为闻名遐迩的游观之地。金代小清河的开挖和元代京杭大运河的开凿，带来水陆交通的便捷，进一步促进了商贸的发展，济南的城池规模、人口数量与经济发展均超越青州，至明洪武年间正式替代青州成为山东的中心城市。

　　唐代之前，济南城内诸泉汇集于历水与泺水，北出入济水，城北水系丰富，早期园林营建集中在西郊和北郊。北宋时期，随着历水陂扩大成西湖（即今天的大明湖），景观建设围绕城内、城边的泉渠和湖泊展开，形成了独特的北国水乡风光。金元时期，济南形成了以趵突泉、大明湖和华不注山为核心的三大名胜区。济南很早就以风光著称，历朝历代定居、旅居、途经济南的名士众多，游览名泉名园和山水之后留下了大量诗词、书画、散曲和著作等流传后世。文人还借助济南自然胜景建造了诸多宅园、墅园，形成别具文人气质的私家山水园林，使济南成为一座具有深厚文化底蕴的山水园林之城。

参考文献：

[1]　济南市公署. 济南市山水古迹纪略·第二编·水[M]. 济南：济南出版社，1942.

[2]　（清）道光《济南府志·卷十一·古迹一》.

[3]　王恩田. 甲骨文中的济南和趵突泉[J]. 济南大学学报（社会科学版），2002，12（1）：39-42.

[4]　（西汉）班固《后汉书·郡国志》.

[5]　（清）道光《济南府志·卷八·城池》.

[6]　康红刚. 济南市城区空间格局演变研究[D]. 济南：山东师范大学，2009.

[7]　马正林. 中国城市历史地理[M]. 济南：山东教育出版社，1998.

[8]　安作璋. 济南通史·魏晋南北朝隋唐五代卷[M]. 济南：齐鲁书社，2008：140.

[9]　陆敏. 济南城市历史地理初探[D]. 西安：陕西师范大学，1991.

[10]　陆敏. 论历史时期济南城市的空间拓展[M]//济南文史论丛. 济南：济南出版社，2003.

[11]　陆敏. 济南地区水文环境的演化及其规律研究[J]. 人文地理，1999

（3）：65-70.

[12]　任宝祯. 大明湖变迁史话[M]. 济南：济南出版社，2009.

[13]　安作璋，党明德. 济南通史[M]. 济南：齐鲁书社，2008.

[14]　（元）元好问《济南行记》.

[15]　杨发源. 清代山东城市发展研究[D]. 成都：四川大学，2009.

[16]　（清）王象春《齐音》.

[17]　（民国）《续修历城县志·卷三·城池》.

[18]　上城区地方志办公室. 历史档案[M]. 北京：新星出版社，1988（3）：41.

[19]　张玲. 济南开埠与清末济南社[D]. 合肥：安徽大学，2007.

[20]　（宋）乐史. 太平寰宇记[M]. 北京：中华书局，2013.

[21]　陆敏. 古代济南的园林建设[J]. 中国历史地理论丛，1998（3）：49-58.

[22]　王保林. 历史时期河湖泉水与济南城市发展关系研究[D]. 西安：陕西师范大学，2009.

[23]　李万鹏. 济南城市民俗[M]. 济南：济南出版社，2001.

[24]　阴慧文. 山东回族聚居区的发展变

迁[D]. 西宁：青海师范大学，2016.

[25]　李兴华. 济南伊斯兰教研究[J]. 回
　　　族研究，2007（3）：42-60.

[26]　赵建，张咏梅. 济南市城市水系及
　　　其变化研究[J]. 山东师范大学学报
　　　自然科学版，2007，22（1）：86-90.

[27]　（民国）济南市公署《济南市山水古
　　　迹纪略·第二编·水》.

[28]　张颖欣. 大明湖文化历史变迁及
　　　其建设研究[D]. 济南：山东大学，
　　　2008.

[29]　（清）乾隆《历城县志·卷八·山水
　　　考三》.

[30]　（唐）李白《陪从祖济南太守泛鹊山
　　　湖三首》.

[31]　陆敏. 济南地区水文环境的演化
　　　及其规律研究[J]. 人文地理，1999
　　　（3）：65-70.

[32]　（金）元好问《济南行记》.

[33]　（明）崇祯《历城县志·卷二·封
　　　域·水》.

[34]　李万鹏. 济南城市民俗[M]. 济南：
　　　济南出版社，2001.

[35]　李铭，郭俊峰. 济南首次大规模城
　　　市考古——高都司巷的发掘[C]//济南
　　　考古研究所. 济南考古. 北京：科
　　　学出版社，2013.

[36]　（清）孙兆溎《济南竹枝词》.

[37]　（清）朱善《观趵突泉记》.

[38]　严可均校. 全上古三代秦汉三国六
　　　朝文[M]. 北京：中华书局，1958.

[39]　（清）乾隆《续修历城县志·卷
　　　十三·建置考一·城池》.

[40]　张杰，阎照，霍晓卫. 文化景观视
　　　角下对济南泉城文化遗产的再认识
　　　[J]. 建筑遗产，2017（3）：71-82.

[41]　（清）乾隆《历城县志·卷十·建置
　　　考一》.

[42]　（清）乾隆《历城县志·卷八·山水
　　　考三》.

[43]　（元）李钦《齐乘·卷一·山川》.

[44]　（北魏）郦道元《水经注·卷八·济
　　　水二》.

[45]　（清）道光《济南府志·卷十一·古
　　　迹一》.

[46]　陆敏. 济南古园林试探[J]. 济南文
　　　史论丛，2003：361-373.

[47]　何庆亮. 历城七处文物国宝[J]. 春
　　　秋，2013（6）：61-63.

[48]　马天成. 神通寺研究[D]. 济南：山
　　　东大学，2012.

[49]　王育济. 济南历史文化的变迁与特

[50]　征[J]. 东岳论丛，2010，31（5）：5-26.

[50]　（清）刘斯湄《曾巩祠碑记》.

[51]　（北宋）曾巩《百花堤》.

[52]　（清）王士祺《香祖笔记·卷九》.

[53]　王保林. 历史时期河湖泉水与济南
　　　城市发展关系研究[D]. 西安：陕西
　　　师范大学，2009.

[54]　（金）元好问《济南行记》.

[55]　陆敏. 济南古园林试探[J]. 济南文
　　　史论丛，2003：361-373.

[56]　（清）董芸《广齐音·芙蓉泉寓舍》.

[57]　陆敏. 古代济南的园林建设[J]. 中
　　　国历史地理论丛，1998（3）：49-58.

[58]　（唐）段成式《酉阳杂俎·卷七·
　　　酒食》.

[59]　（清）王象春《广齐音·使君林》.

[60]　（唐）段成式《酉阳杂俎·卷
　　　十二·语资》.

[61]　（清）孙光祀《砚溪偶吟》.

[62]　（明）徐邦才《刘使君湖上亭》.

[63]　（清）王士祺《游漪园记》.

[64]　（清）董芸《游小沧浪》.

[65]　（清）沈廷芳《贤清园记略》.

[66]　（北宋）曾巩《郡楼》.

[67]　（清）《康熙济南府志》卷十八
　　　《古迹》.

[68]　（清）道光《济南府志·卷十一·古
　　　迹一》.

[69]　（唐）杜甫《同李太守登历下古亭员
　　　外新亭》.

[70]　（元）虞集《天心水面亭记》.

[71]　姜波. 济南旧城的古桥[J]. 民俗研
　　　究，1995（4）：37-40.

[72]　（明）刘敕《历乘》.

[73]　赵夏. 鹊华景观及济南北郊水景的
　　　历史变迁[J]. 中国园林，2006，22
　　　（1）：7-10.

[74]　（元）赵孟頫《趵突泉》.

[75]　（清）乾隆《清明即景》.

[76]　（明）边贡《七月四日泛湖》.

[77]　（北宋）曾巩《寄齐州同官》.

[78]　（唐）杜甫《陪李北海宴历下亭》.

[79]　（明）刘敕《历乘·卷十九·艺文》.

[80]　（清）蒲松龄《重修古历亭》.

[81]　（北魏）郦道元《水经注·卷七·
　　　济水》.

[82]　（明）刘敕《黑虎泉》.

[83]　（清）玄烨《观珍珠泉》.

[84]　（清）刘鹗《老残游记》.

[85]　（清）王初桐《济南竹枝词》.

[86]　郑板桥. 郑板桥全集[M]. 扬州：江
　　　苏广陵古籍刻印社，1997.

第十章

淄川

第一节　稳定变迁的城邑发展历史

淄川县历史悠久，其建置沿革按照清康熙《淄川县志》的记载为："淄川古为般阳地，自西汉初始设；元嘉五年，改为贝丘县；隋开皇十八年，取名淄川县，淄川县始置；明洪武九年，升淄川县为淄川州；洪武十年，又改为淄川县"[1]。自西汉至今，淄川城的建城历史已有两千多年，虽自古分属国、路、州、县，不一而足，但其山川、风物均未有大的改变。淄川位于内陆通往胶莱半岛的东西要道与穿越鲁中山地的南北道路的连接处，自古以来就是兵家必争之地。淄川城邑发展过程主要经历了四个阶段。

西汉年间在淄川设置了般阳县，般阳县因地处般水之阳而得名。《水经注》中曾对般阳城外围的般阳河和孝妇河进行了记载："水出县东南龙山，俗亦谓之为左阜水……西北迳其城南……其水又南屈，西入泷水。泷水北迳县西北……与般水会"，泷水即孝妇河。泷水古称孝水，今称孝妇河。孝妇河西迳莱芜山阴，向北注入般阳城西，般水汇入孝妇河。泷水与般水交汇之后北流，最终注入小清河。般阳古城在西汉建设之初为土城，土城最早的创始不可考，城"周七里零一百尺十步，高二丈"，四门皆以砖砌筑，四门之外各有一桥，是通往四关的咽喉。高城、碧水、城门、古桥构成了般阳古城的城市意象，门外古道远接群山诸峰，景色壮美。

明弘治十四年（1501年），知县杨武将城重新规划如龟，名曰"龟形城"。明嘉靖十四年（1535年），城池"益以雨霖，坍坏益甚"，知县李性再修，加砖垛。明万历七年（1579年），知县王九仪将城池扩治，建立瓮城，设四重门，并建城楼和角楼。明崇祯九年（1636年）知县韩承宣又将土城改建为石城，筑高城墙并增扩女墙，开凿深壕围护。四门分别更改名称，其中南门外门称为"淑圣门"，内门称为"甘泉门"，因城门的西侧城墙下有"秋叶泉"而得名。明崇祯十一年（1638年），知县杨慧芳又在城墙上加盖空心楼十一座，分布于四面，城墙日益坚固。

自元起至明清时期，县城街巷兴建了大批石牌坊，多为城中名门望族所立，"孝义有坊，贞节有坊，科第有坊……往昔淄之坊独伙，且壮丽，他郡不及"[2]。其中，北门的"迎恩坊"是明天启四年（1624年）京官张至发所建，后来成为迎圣旨的地方；古城中心十字街口的"四牌坊"为明弘治十一年（1498年）知县杨武所建，后几经重修，列有历科进士、名宦乡贤及忠臣孝子的名字。

淄川古城地处鲁中南北交通大道之上，地理位置十分重要。为方便跨越河流与其他城市连接，古城内外桥梁众多，因此也被称为"桥城"。位于城南门外的灵虹桥跨越般河，是明清时期淄川至博山驿道所经之地；西关外的六龙桥横跨孝妇河，是向西通往济南、向北通往张店和向南通达博山的三岔路的交汇处，成为联络东西向、南北向的交通"咽喉"，商贸发展迅速。最早以"骡马市"闻名的西关大集始于南北朝时期，兴盛于明清时期，成为全国八大集贸市场之一。明清时期淄川城内园林众多，根据史料记载，有园林二十余座，包括石隐园、志壑堂、万绿园、逸峰园、候仙园和仙洲园等诸多名园[3]。

1904年胶济铁路开通以后，淄川成为支线上的重要城市，设有淄川站、黄山站和大昆仑站，彻底改变了以往依靠鲁中交通大道的商品运输方式，转变为以铁路运输为主的交通方式，铁路也为淄川煤矿的开采及城市经济模式的转变提供了重要支撑。

第二节　倚山夹谷的自然山水格局

从区域尺度来看，淄川城具有"倚泰山，襟夹谷，原山阻障，淄水潆流"的特征；从城市尺度来看，具有"泷水（即孝妇河）潆洄，般流如带"的特点。"淄川之为邑，其镇曰'万山'，曰'夹谷'，则南连泰岱；其浸曰'般水'、曰'淄河'，则北通渤海。东望牛山，西瞻济水……发之而为贤，依之而为险，固山川之所系不少也"[4]。淄川位于鲁中山地群山夹持的河谷与山前平原的过渡地带，西有凤凰山、箕山、长白山、焕山、冲山、豹山、瑚山等一系列山体形成的连绵不绝的群山，东南有笠山、大堆山、丘山等群山，其中昆嵛山位于县西南二十余里。梓橦山峙于淄川西北，般水、淄水在东南交汇，"乃青齐之要冲，济南之名邑"[4]（图10-1）。

淄川"前有般水，右带孝河，昆嵛诸峰罗列几案间矣"[4]，孝妇河与般水环绕淄川县城，逶迤曲折。孝水"源出颜文姜祠下，经县治北流，至长山新城等县入海"，水流清澈，成为淄川县八景之一"孝水澄清"（图10-2、图10-3）。

图10-1　淄川幅员图
［图片来源：（清）乾隆《淄川县志·卷首·幅员图》］

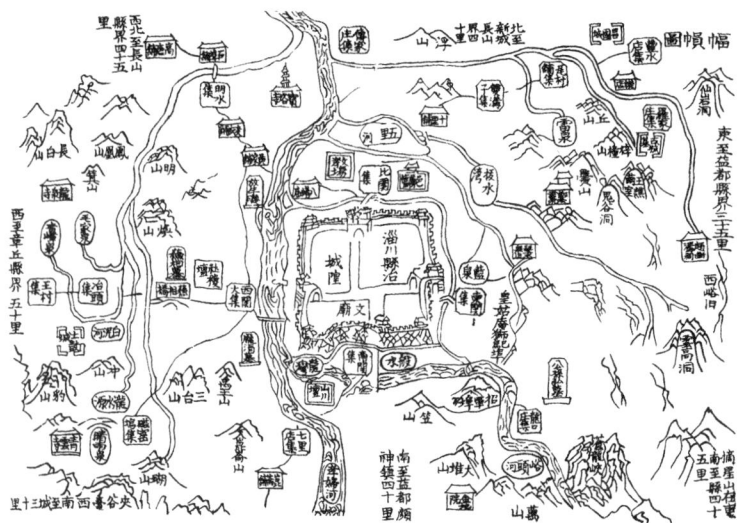

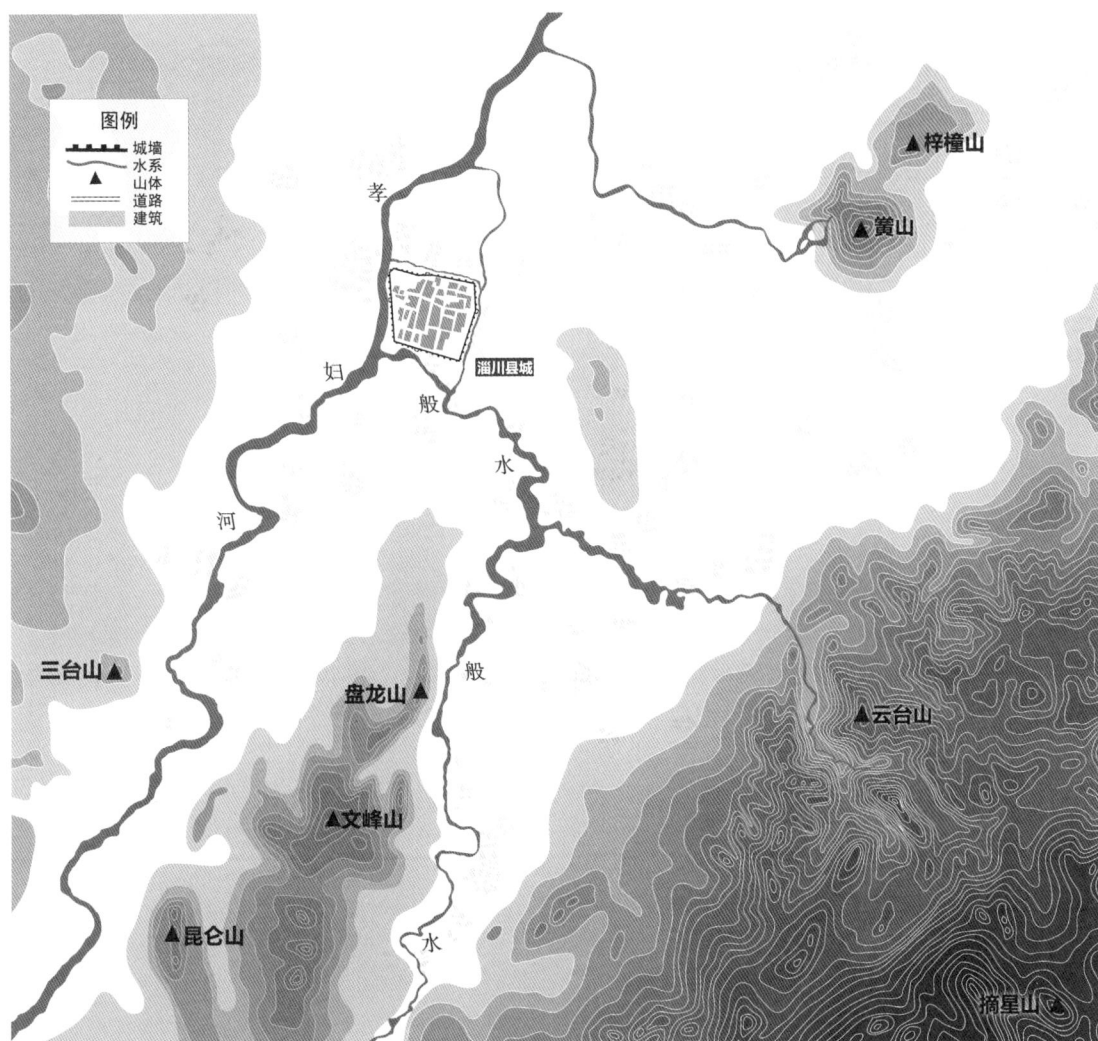

图10-2　淄川县城区域山水关系概况
［图片来源：作者自绘，底图来自中国台湾"内政部"典藏地图数位化影像制作专案计划］

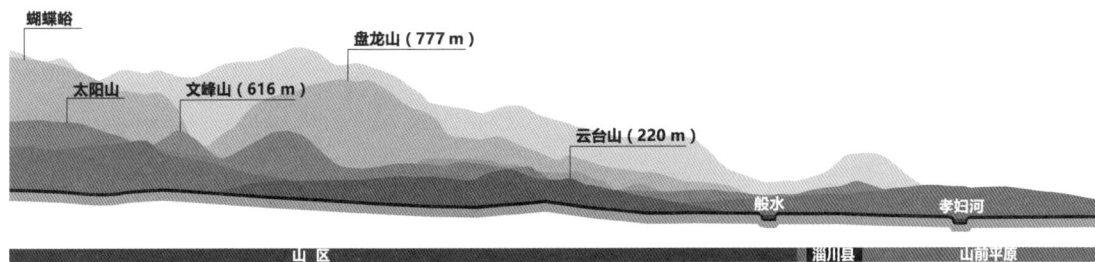

图10-3　淄川区域山水环境剖面
［图片来源：作者自绘］

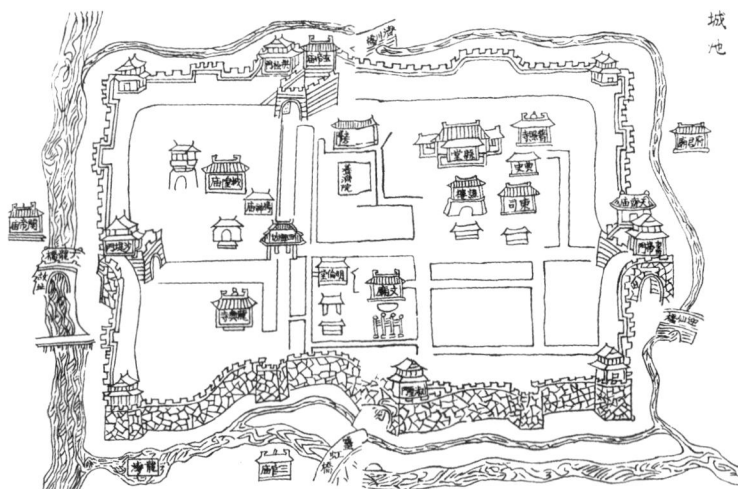

图10-4　象天法地的淄川城市形态构筑
［图片来源：（清）乾隆《淄川县志·卷首·城池图》］

淄川般阳古城形态似龟，也叫"龟城"。传说般阳古城在城壕挖掘之时发现"神龟"，借其长寿吉祥的寓意，明弘治年间进行般阳城重修时将旧城按照地形特征规划为龟形。淄川城池西南为首，四门为足，城内街道为龟纹，东北为尾。般水自般阳古城西侧、北侧环城而出，最终注入孝妇河，形态如龙。龟形城池形态的选择与古代的龟崇拜有关。龟象征极强的生命力，能护佑平安。龟也是古"四灵"之一，"灵龟背阴向阳，上隆象天，下平法地，槃衍象山，四趾转运应四时……左睛象日，右睛象月，下气上通，能知凶吉存亡之变"[5]，是天人合一的宇宙模型（图10-4）。

第三节　十字中心的城池空间结构

淄川城在西汉时期最早建成土城，四个城门上均有城楼。东曰"迎禅"，后改为"迎仙"；南曰"迎薰"；西曰"迎清"；北曰"迎恩"。四门外有四桥，分别是东关河上的"迎仙桥"、西关孝妇河上的"六龙桥"、南门外南下百米的"灵虹桥"和北门外的"迎恩桥"。其中，西关六龙桥是自淄川横跨孝妇河通往西关商埠及博山、济南的重要通道。由于孝妇河水流湍急，六龙桥曾经历了多次重修。

明弘治十四年（1501年），知县杨武修理了城池，气象胜旧。

明嘉靖十四年（1535年），知县李性用砖砌成女墙，加砖垛。嘉靖
二十四年（1545年），大水冲坏了城池。"淄川城池，西门枕河，日
受冲坠之患；东门积潦，复成覆隍之忧淄民恐恐"，至冬，知县王
琮重又编工修理，令僚佐分河流以杀水势，修雉堞以严防，城池完
固[6]。明万历七年（1579年），知县王九仪重加拓治，始构以重门，
下为河，登楼四眺，尽观雄壮。明崇祯九年（1636年），知县韩承宣
始议建石城，城池规模较之前增大，并筑有堑石围护的河岸和护城
河。四门以石，内外坚致。东门内为"山"，外为"书带"；西门内
为"孝水"，外为"沙堤"；南门外为"淑圣"，内为"甘泉"；北门
外为"拱极"，内为"万年"。西门外设楼，称雄丽焉[7]。至清乾隆
年间，城池的四座角楼唯有西南角楼尚存。

　　淄川般阳古城内，东街、西街、南街与北街以十字街口为中
心，串联东、北两座城门，通往般水之上的桥梁及城池外的城关集
市（图10-5）。淄川城在明清之际，"分四图，分五街"，曰"县前
街""东街""南街""北街""西街"，加上"学前街""局子街"，形
成了"两横三纵"的街道骨架。在古城中心，有一个十字街口，矗
立着独具特色、可四面观瞻的木结构"四牌坊"，风格古雅，独具特
色。明清两代，淄川在京、府、州为官者达数百名，获明熹宗皇帝
盛赞，并亲赐"恩荣"二字刻于"四牌坊"东西牌匾中，以示荣光。
其他方向的匾额，南曰"桂林"，北曰"宰相"[8]。古城内直通四门
的街道主要有四条，一条是贯穿全城的东西大街，自东至西分为三
段，称为"进士坊街、十字街、城隍庙街"，后俗称为"东街、中
街、西街"；另外两条是沟通南北向的大街，分别是"泮宫街"，连
接庙前东街与南城门，后俗称"南街"；此外还有连接学前街与东西
大街"十字路口"并直通北城门的"绣孛坊街"，后俗称"通济街"
和"北街"。

　　"四牌楼"所在的十字街口是淄川城市的中心地带，县署在十
字街口西南，县署西侧为布政分司，东侧为按察分司；十字街口西
北有文庙，东南有总铺、城隍庙（图10-5）。祠寺分布在县治西南、
西侧、北门内等多处，有社稷坛、山川坛、土地祠、梓橦祠及各先

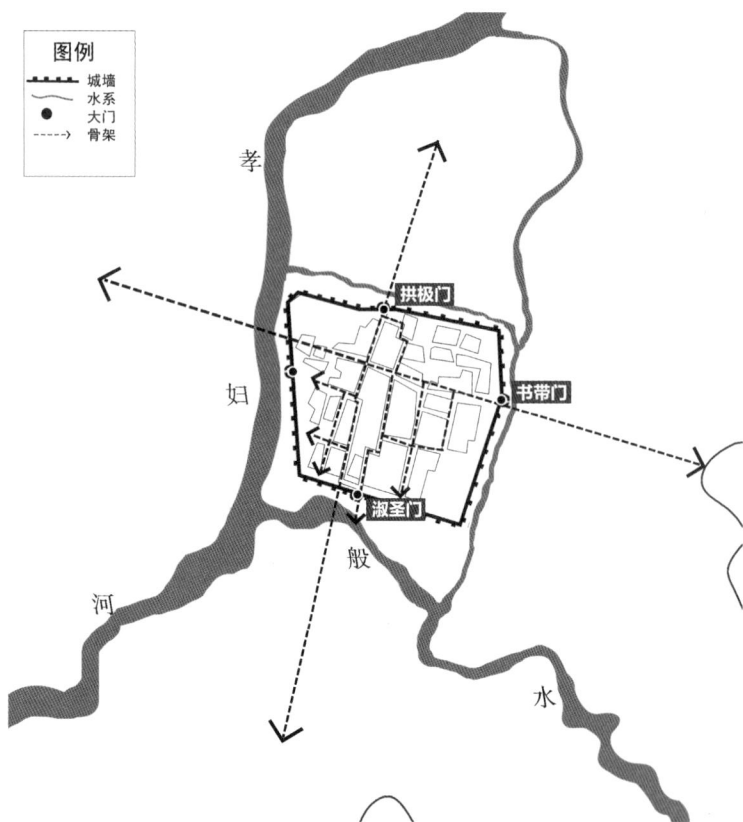

图10-5　淄川城池骨架格局
[图片来源：作者自绘]

贤祠庙，书院主要位于县治西南[9]。集市主要分布在东关、北关及南门附近[10]。淄川城"四门、四关、四水、四桥、五街、十巷"，坊表林立，市井繁华，般水一碧如带，"民气和乐，室家盈宁"[11]。

第四节　般水萦回的城市水系格局

淄川之地四周山峦环绕，河流湍急，容易发生洪水，营建水利设施成为必然。"淄邑界包山原，河湍飞急，凡河流所经之处旱则仅可引以灌园，潦则泛滥坏稼穑……为民之害可忧也。求其治之法，亦惟平时视其水之激者分之，以杀其害；堤之漏者，障之以成其利，则善矣"[12]。明嘉靖四十四年（1565年），县令侯居艮在城东南二里的般水之上筑石堰以障水，民称之曰"官坝"。淄川城在官坝修建之后，对般水进行了有效调蓄。般水进入官坝之后，"蓄泄有法，调节有度，资其灌溉，民食利之"，最终注入孝水后一起流入小清河。官坝北岸西头设闸，可在需水季节开闸放水。此外，官坝引般水向北注入护城河，并绕般阳城北流后西流而下，注入孝水。城内雨水排入般水、孝妇河及护城河，形成天然水系与人工沟渠结合的排水体系，在城池防御、景观营造等方面起到重要作用。

官坝是淄川重要的水利工程，也是邑内著名的二十四景之一，官坝南岸是又一胜景"官坝崖"。时邑人高司寇留下艺文《修般水官坝记》，作诗"城腰高泻银河水，稻浦莲溪指顾成。市门官署红香起，分来一区大明湖"。此时淄川城"环城皆水，颇称奇胜焉"，邑内名门望族纷纷沿水建园，一时名园横出。据《淄川县志》记载，淄川城内外共有二十八处私家园林，分布在淄川、张店、博山、周村等地，其中较著名的有韩氏的"石隐园"、高念东的"载酒园"和"栖云阁"、唐豹岩的"志壑堂"等。

第五节　环城奇胜的城市景观格局

淄川城地处鲁中山区山谷平原，般水之阳，历史时期的城池位置、规模均未有较大变动。淄川城池被般水、孝妇水环绕，形成独特的山水城邑景致（表10-2，图10-6）。此外，城池周边古桥分布众多，方便淄川城与周边地区的交通联系。

淄川位于群山之中，孝水与般水汇之，自然环境颇佳。在此山水之间，稍加人力，辄为园林。清乾隆《淄川县志》共记载淄川城内二十六处园林，其中大多为邑内名士所修，用于游赏居住和交友赋诗。高珩、唐梦赉、蒲松龄等文人墨客常于园林中吟咏诗赋、品评文章，留下了诸多诗词、文集和小说传记等流传至今。石隐园是明末大臣毕自严的私人宅园，倾注了其对园林的喜好和毕家几代人的心血，毕自严还在园中留下了《石隐园诗文藏稿》等数百卷著述。石隐园位于今淄川西铺村严宅旧址，"大不十亩，多桧柏。取石于甘泉山，杂置树间。入门以天然柏为屏，杂花为篱，中有亭，曰'远心'，方而四敞，风从树中来。迤北为同春堂，左右修竹，堂前有

图10-6 明清时期般阳古城园林分布情况
［图片来源：作者自绘，园林分布以（清）
乾隆《淄川县志·卷二·园林》为主要依据］

台，可以邀月。北为池，又北为振衣阁，池左垂槐一，黝然作象鼻形，因名'玄象'。园内四周无墙，栝比桐梓榆柳，皆成乔木"[13]。蒲松龄在毕家坐馆三十余年，也曾长居石隐园，他倾注大半生精力完成的小说集《聊斋志异》，给淄川的文化注入了神秘的色彩，形成了独特的文化意蕴。至民国末年，石隐园日渐荒芜，但大体保持当年规制。1954年，蒲松龄故居重建之时，将石隐园大部分文物移送至故居，再现石隐园当年风采。志壑堂是唐太史唐梦赉的宅园，他自幼颖悟，仕途失意后寄情山水，著有《铜钞疏》《备边策》等，并在方志研究中颇有造诣，编纂了《济南府志》和《淄川县志》，其诗文成就颇高。志壑堂"前凿池种芙渠，池边修竹千竿，绿荫萧萧。堂东筑为高阁，垒石为山。山旁周以回廊，杂植花木，堂前作花墙引缀薜萝，墙外为圆亭，青桐覆之"。侯仙园为唐梦赉的别业，"园北旧第弘丽，园南为溪道开村，诸泉由琐石岭东注。入园门，高桧扶立，缭迎春花蔓为壁。循桧南行，花林缘天、西出见侯仙轩，崇台四级，短垣绮窗。轩北湖石参立，葡萄老蔓成株……南起竹台溪

光入座，西立一石。小山出墙外，龙爪槐下，石几列坐。西北编为
柏墙，为芍药径……"载酒堂园主人为高珩，官至刑部左侍郎，为
清初的著名诗人，著有《栖云阁诗集》等诗作文集数十卷。"载酒
堂，东门外，堂之前后汇为巨湖，种植艺蒲，高柳杂树，宛似江乡。
右为浴室，室南于丛竹中筑台，台上为行亭，复匠意疏引般水，数
折而下与湖通"。高珩曾于栖云阁邀请唐梦赉来此吟诗会友，该园因
此成为淄川文人雅集的著名园林[3]（表10-1～表10-3）。

明代以前淄川主要园林　　　　　　　　　　　　　　表10-1

类型	名称	始建年代	位置	概述	现状
寺庙园林	龙兴寺	北魏初年	淄川城西南隅	龙兴寺所在为孝水与般水交汇处，东南万山环绕，山水相映[14]	寺庙已无，仅存石碑和古塔
	普照寺	南朝陈废帝光大元年（567年）	淄川城东北隅	"城内东北隅，有石佛高丈余，俗名'石佛寺'。旧有峻塔，为邑景之一"	无
	华严寺	隋朝	淄川城西三十余里	古淄川城八大寺之一，自隋初建后历经多年重修，鼎盛时期有十三个院落	仅存玉皇阁、魁星楼、文昌阁三座建筑

［资料来源：作者根据（清）乾隆《淄川县志·卷四·建设志》、（元）于钦《齐乘·卷二·般阳水》等资料整理而成］

明代淄川主要园林　　　　　　　　　　　　　　表10-2

类型	名称	始建年代	位置	概述	现状
私家园林	载酒堂/栖云阁	明崇祯年间	城东门外	园主高珩，载酒堂西倚城墉、北望城楼，堂前汇为巨湖，室南筑台，引般水为湖。栖云阁为高珩精读之所	无
	仙洲园	明代	城东北丰水之侧	明隆庆年间王象乾诗曰："万里红尘走未休，却凭高阁豁双眸，岳云翠结三千丈，海气霞蒸十二楼"，明末逐渐废弃："试问当年同醉客，如今还有几人来"	无
	毕氏庄园	明末	王村西铺	明末天启崇祯两朝户部尚书毕自严居所，著有《石隐园藏稿》。其前后几代人修建毕氏庄园，因奇石而名	旧址已毁，于聊斋城内新建
	是亦园	明代	南定庄西北隅，南与梓橦山相对	据高玮自记："北倚三泉，懒水、漫漈二河绕其右，石山临其左。予养痾无聊，作垣周之。满种桃李及山中杂树，其中门内竹篱曲折环之"	无

续表

类型	名称	始建年代	位置	概述	现状
寺庙园林	华严寺	隋朝	淄川城西三十余里	明嘉靖年间进行多次修葺	仅存玉皇阁、魁星楼、文昌阁三座建筑
	青云寺	明正德年间	淄川城西南二十五里	明清时期淄川八大寺庙之一，为淄川"二十四景"之一，蒲松龄诗中描述："西林香谷，披妙鬟之风云；鸳瓦鱼鳞，睹琉璃之宫阙"	尚存
	宝塔寺	始建无考	县治北	寺内有鲁中、鲁北唯一砖结构宝塔，为可供登览的七级八角楼阁式砖塔	寺已不在，仅存杨寨塔
	般河庵	明末	县治东南五里	风光秀丽，明清时期吸引许多文人墨客来此游赏[15]	无
	碧霞行宫	明嘉靖三十九年（1560年）	县治东黄山上	"中为正殿，崇基数仞，左右廊庑，十有余楹。右北上则为玉帝宫，石蹬参差，仿佛泰岳"	后扩建为莲花庵，尚存
	三台山寺	明代	城西南二十余里三台山上	西台佛院幽回，松柏庇荫。绝巅复有一庙，登路崎岖。东台俯临绝壑，有九莲阁，龙洞诸胜[16]	不详

［资料来源：作者根据（清）乾隆《淄川县志·卷四·建设志》、（元）于钦《齐乘·卷二·般阳水》等资料整理而成］

清代淄川主要园林　　　　　　　　　　　　　　表10-3

类型	名称	始建年代	位置	概述	现状
私家园林	载酒堂/栖云阁	明崇祯年间	城东门外	园主高珩，载酒堂西倚城埠、北望城楼，堂前汇为巨湖，室南筑台，引般水为湖。栖云阁为高珩精读之所	无
	石隐园	原为毕氏庄园，清为石隐园	现淄川王家镇西铺村	清康熙年间为蒲松龄教书、著书之所。园以古柏为屏，引般水为月河，两旁松竹林立，道尽筑有高台，台上筑阁，阁下叠石成峰	旧址已毁，于聊斋城景区内新建
	志壑堂	清顺治年间	城东南隅五亩地北	为唐太史府第，东筑高阁，曰"林皋"；西有"庄山"，堂外有亭，曰"画余亭"；西有长廊，号"思桐书屋"	无
	万绿园	清代	淄川城中	孙蒉岩先生的园林。园内入门即"乐孺堂"，西有"点易斋"，东有"柿庐"和"西爽"亭，亭北有"罗月山房"，房中南出长廊"迎旭留霞"。廊下环以水塘，西有叠石	无

续表

类型	名称	始建年代	位置	概述	现状
私家园林	侯仙园	清顺治年间	萌水西侧、箕山东麓	为唐梦赉的别业。园北旧第弘丽，园南为溪，溪南为山，入园为高大松柏，西有侯仙轩，轩北一石，湖石参立	清道光年后，侯仙园倾圮，复为耕地
	似懒园	清康熙年间	城南石沟河西岸	孙州佐私家园林，园内"因高筑台，踞台为亭……亭北一亭，言其室曰'石香坊'。西为曲房，俯临荷沼。南出一径，竹外小亭，洵为胜概也"[9]	无
寺庙园林	华严寺	隋朝	淄川城西三十余里	清乾隆和同治年间华严寺均经过大的修葺，鼎盛时期有十三个院落	仅存玉皇阁、魁星楼、文昌阁三座建筑
	青云寺	明正德年间	淄川城西南二十五里	明清时期淄川八大寺庙之一，为淄川"二十四景"之一，蒲松龄诗中描述："西林香谷，披妙鬟之风云；鸳瓦鱼鳞，睹琉璃之宫阙"	尚存
	宝塔寺	始建无考	县治北	寺内有鲁中、鲁北唯一砖结构宝塔，为可供登览的七级八角楼阁式砖塔	宝塔寺已无，仅存杨寨塔
	莲花庵	明天启年间建碧霞行宫，后于清乾隆年间扩建	淄川城东北二十余里	"其地山回水绕，林木葱茂，南与藤岩结引，北与双塔对峙，亦幽栖胜地"	尚存
书院园林	般阳书院	清康熙三十一年（1692年）	今淄川区政府内	清康熙年间由知县周统创建，乾隆十四年（1749年）、二十三年（1758年）又增建东西舍各十四间；光绪十六年（1890年）知县王延骏又建考棚数间	1904年改为淄川高等小学堂
	康成书院	无考	县东梓潼山十里许	亦称郑公书院，古淄川八景之一。书院中有一处晒书台为郑玄晒书之处，至今遗址尚存[14]	存郑玄晒书处遗址

[资料来源：作者根据（清）乾隆《淄川县志·卷四·建设志》、（元）于钦《齐乘·卷二·般阳水》等资料整理而成]

淄川因桥梁众多而被称为"桥城"，淄川的桥梁主要用于沟通城门、城关及城外的交通，将淄川与济南府城、博山、张店等地联系起来。城池内外的主要桥梁有灵虹桥、六龙桥、迎仙桥、齐川桥、通济桥、花石桥、苏相桥、唤阳桥、上天桥、下天桥、郑公庙桥等（表10-4）。

淄川城外主要桥梁   表10-4

名称	建成时期	位置	概述	现状
灵虹桥	明成化十年 （1474年）	南门外般水上	八孔石桥，桥拱顶为雕刻的虎头石，连接淄川与博山的通道	原桥不在，现已重修
六龙桥	明万历年间	城西门外孝妇河之上	位于淄川前往府城、博山、张店的三岔路口上，有"喉道"之称	原桥不在，现已重修
迎仙桥	明弘治十一年 （1498年）	东关护城河	沟通东门与城关、城外的交通联系	原桥不在，现已重修
齐川桥	无考	北门外	沟通北门与城关、城外的交通联系	原桥不在，现已重修

［资料来源：作者根据（清）乾隆《淄川县志·卷二·桥梁》、（清）乾隆《淄川县志·卷二·续桥梁》及诗文作品整理而成］

明嘉靖《淄川县志》和明万历《淄川县志》都有淄川"八景"的记载，但两个版本有所不同。其中，嘉靖版的淄川"八景"包括郑公书院、季子石桥、万山石桥、丰水牧唱、梵刹浮屠、文庙故桧、般阳晓钟、昆仑山色（图10-7）。与嘉靖版淄川"八景"将般水列入"八景"不同的是，万历版将孝水列入"八景"之一。其余七景，两版选取的自然风景相同，但景观名称有所区别。清乾隆年间《淄

图10-7   淄川八景分布
［图片来源：作者根据（明）万历《淄川县志》整理而成，底图来自中国台湾"内政部"典藏地图数位化影像制作专案计划］

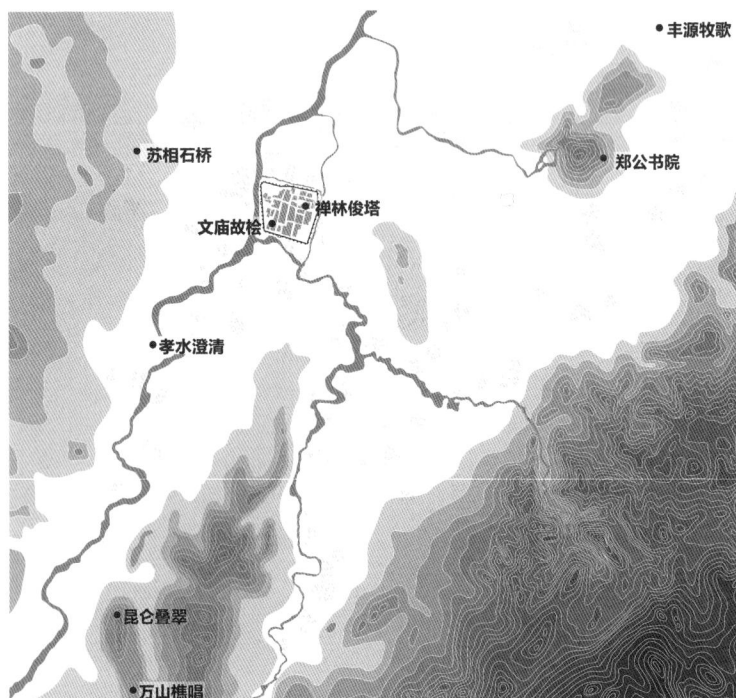

川县志》重新定义了般阳"二十四景",其命名方式与地点选择与明代淄川"八景"有所区别,分别是圣庙古桧、般水、昆仑山、孝水、夹谷台、三台山、万山、苍龙峡、黉山涌翠、瀑水湾、苏相石桥、焕山、长白山、青嶂泉、青云谷寺、晴雨泉、龙泉寺、放生叽、宝塔寺、明山倒影、丰水、断沟翠萌、豹山、仙岩云雨(图10-8)。

图10-8 般阳二十四景
[图片来源:(清)乾隆《重修淄川县志目录·序·图》]

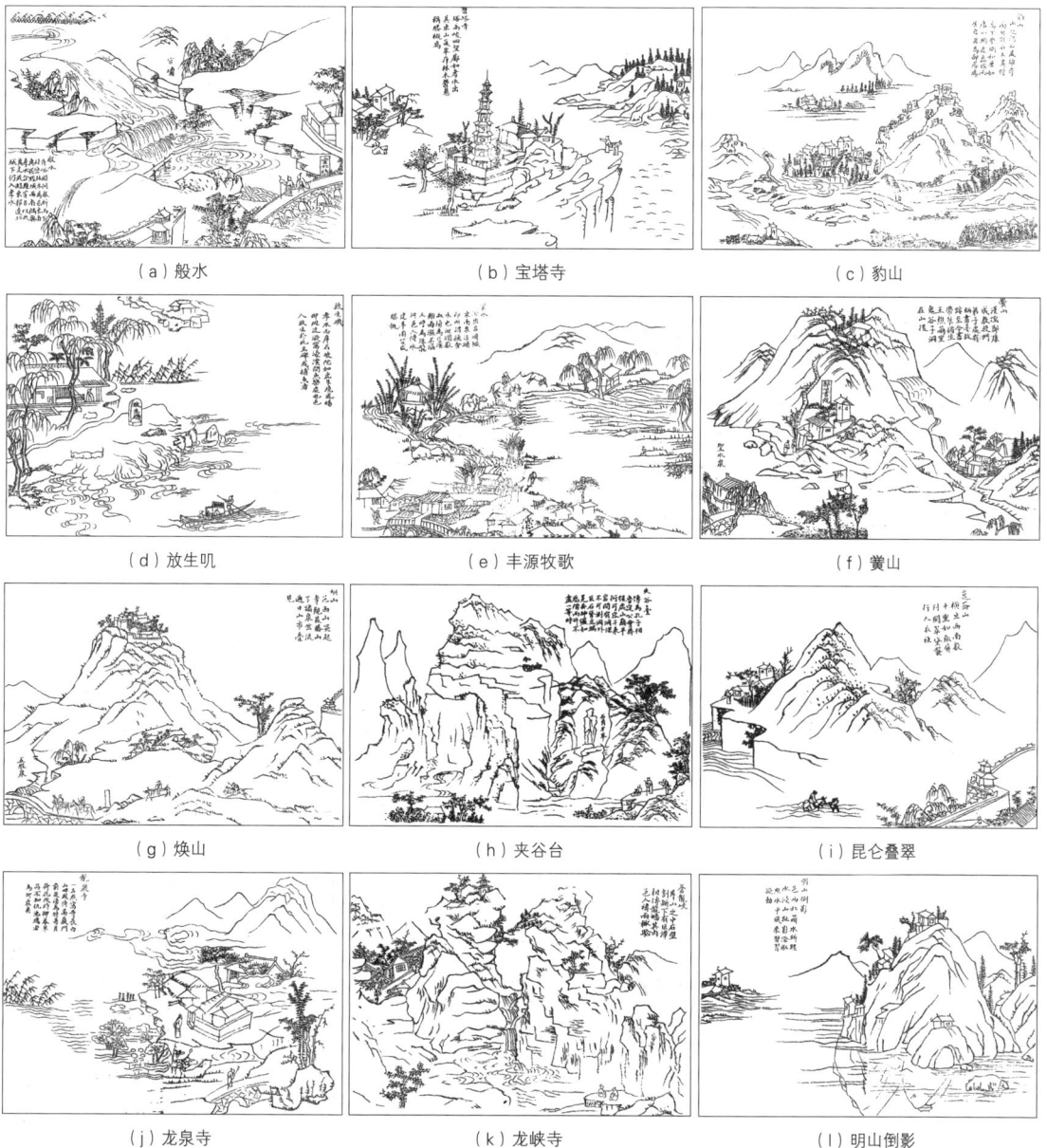

(a)般水	(b)宝塔寺	(c)豹山
(d)放生叽	(e)丰源牧歌	(f)黉山
(g)焕山	(h)夹谷台	(i)昆仑叠翠
(j)龙泉寺	(k)龙峡寺	(l)明山倒影

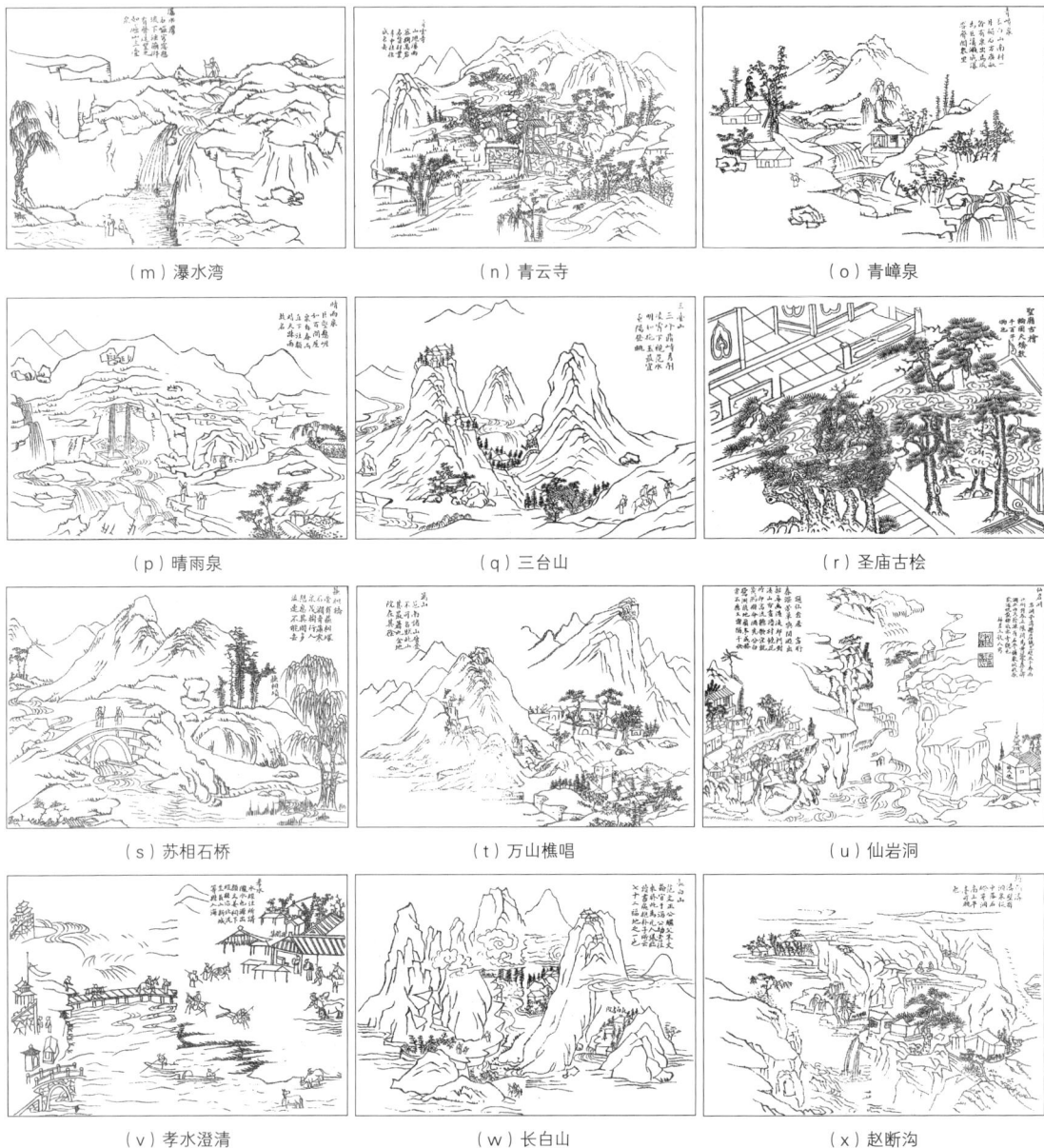

（m）瀑水湾　　　　　　　（n）青云寺　　　　　　　（o）青嶂泉

（p）晴雨泉　　　　　　　（q）三台山　　　　　　　（r）圣庙古桧

（s）苏相石桥　　　　　　（t）万山樵唱　　　　　　（u）仙岩洞

（v）孝水澄清　　　　　　（w）长白山　　　　　　　（x）赵断沟

图10-8　般阳二十四景（续）
[图片来源：（清）乾隆《重修淄川县志目录·序·图》]

第六节　小结

　　淄川历史悠久，但经济和文化繁荣的时期主要在明清。便捷的
交通条件、优越的自然环境和繁荣的地方文化促进了淄川城市的发

展。淄川古城地处鲁中南北交通大道沿线，是青石关道上的重镇。明清时期，泰鲁沂山地山前东西大道从白云山北侧迁至南侧，淄川与东西大道的空间距离大大缩短，成为连接东西向和南北向交通的重要节点，商贸发展迅速。淄川城位于山脉半包围的谷地，三面环山，般水、孝妇水交汇于城西南，官坝拦蓄河水引渠绕城，护卫城池，山水基底优良。经济的繁荣带来文化的兴盛，明清时期的淄川文人辈出。这些文人不仅创作了大量优秀的诗篇著作，还在城池内外和郊野乡村建造宅园和别业，在其中读书治学、交友论道，留下了一批著名的私园。淄川"山川环秀，人物都雅"，具有独特的景观风貌。

参考文献：

[1] （清）康熙《淄川县志·卷一·沿革》.
[2] （清）乾隆《淄川县志·卷二·坊表》.
[3] 李化斓. 淄博古代园林[C]. 济南：山东建筑学会，2005.
[4] （明）嘉靖《淄川县志·卷一·山川》.
[5] （汉）刘向. 说苑校证·卷十八·辨物[M]. 北京：中华书局，1987.
[6] （明）嘉靖《淄川县志·卷三·城池》.
[7] （清）乾隆《淄川县志·卷二·建置志》.
[8] （明）万历《淄川县志·卷二十四·坊表》.
[9] （明）万历《淄川县志·卷七·学校》.
[10] （明）万历《淄川县志·卷五·城池》.
[11] （明）万历《淄川县志·卷六·县署》.
[12] （明）嘉靖《淄川县志·卷四·建设志·堤防》.
[13] （清）乾隆《淄川县志》.
[14] （清）乾隆《淄川县志·卷二·寺观》.
[15] （清）唐梦赉《募修般河庵疏》.
[16] （清）乾隆《淄川县志·卷二·重续寺观》.

第十一章

小清河流域城市传统地域景观特征

小清河流域地理位置重要，历史上一直是经济较为发达的地区，城镇建设的历史悠久。齐临淄故城、青州城、济南府城、淄川县城四座城池位于泰鲁沂山地北麓，具有相似的地理环境，在中国传统城市营建方法的持续作用下，它们具有一些共同的特征。但这些城池始建于不同的朝代，鼎盛于不同的时期，城市地位有很大的差别，因而在城市景观的特征和风格方面也有相当大的不同。本章从度地、营城、理水、塑景、成境五个方面分层解析城市传统地域景观的特征。

第一节 度地："枕山臂江"的城市选址

山水环境

选址对于城邑的安全和发展至关重要，也对城池的形态与结构起到决定性作用。《管子·度地》曰："故圣人之处国者，必于不倾之地，而择地形之肥饶者。乡山，左右经水若泽。内为落渠之写，因大川而注焉。乃以其天材、地之所生，利养其人，以育六畜"[1]，说的是建设都城要选择平稳可靠、土地肥沃、靠山临水的地方，利用其自然资源满足生产生活的需要。《管子》虽然传为管仲所著，但现代史学家们都公认是稷下管子学派的文集汇编。这一城市建设的学说思想产生在临淄，必然会对临淄城及周边地区后世的城市建设带来深远的影响。

　　齐临淄故城东临淄水，西临系水，南有泰、沂群山作为天然屏障，地势平缓，正是《管子》城池度地理论的完美体现（图11-1）。青州历史上筑过五座城池，西汉初年于北阳河东侧建广县城，高亢的地势成为城池防御的天然屏障；两晋十六国时期于北阳河与南阳河之间建立广固城，城池西靠群山、北控沃野，是交通的要冲，也具有重要的军事价值；东晋时期在广固城以东、南阳河以北建立东阳城，城南有群山，河岸地势高耸，城市有很好的天然防御优势；北魏时期建立南阳城，北临南阳河，南靠云驼群山，依仗南阳河崖壁建立城墙，易守难攻；清雍正年间，为巩固青州的军事地位，于东阳城北建立满洲驻防旗城，南望群山，北临平原沃土，是东西、南北方向的交通要塞（图11-2）。济南历史上共有两座城池，战国初年在武原水、巨合水、关卢水交汇处的东岸建立东平陵城，是齐国的西大门；先秦时期，历城南倚历山，位于古泺水、历水之间，之后城市逐渐扩张到明清府城范围（图11-3）。淄川城的历史可以追溯到西汉时期的般阳城，城池东靠沂山，西临原山，淄水、系水绕城而过。这些城池都是背山临水，周边又有广阔的原野，既拥有天然

图11-1　临淄区域山水关系鸟瞰图
[图片来源：作者自绘]

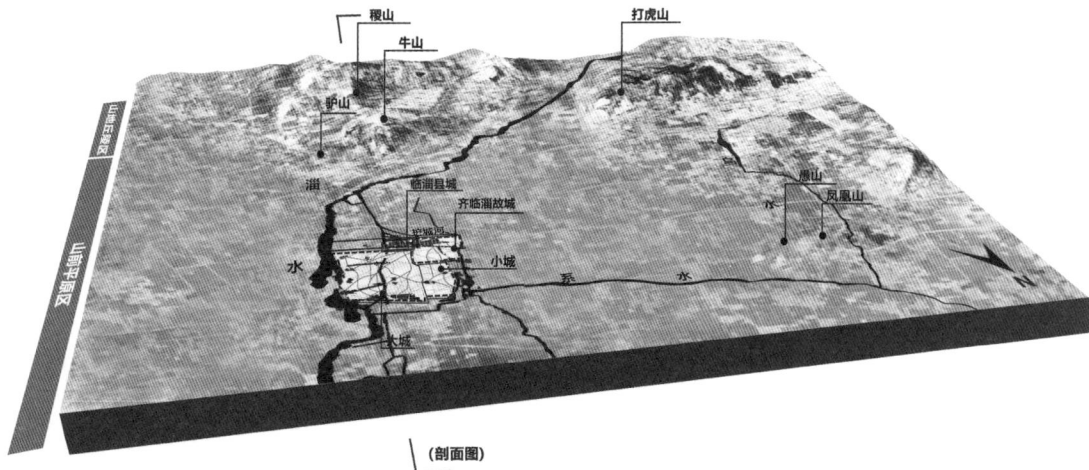

(剖面图)

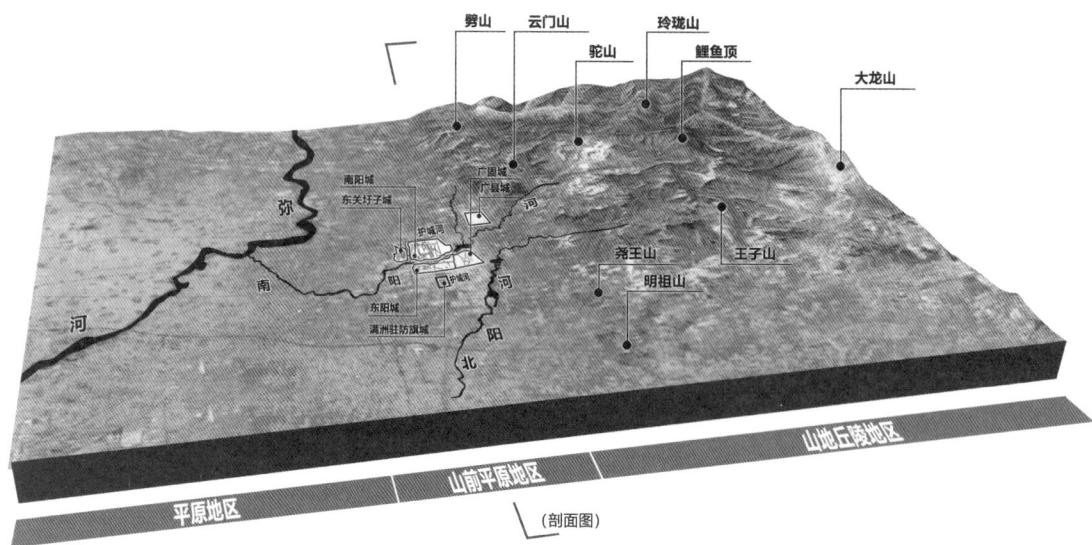

图11-2 青州区域山水关系鸟瞰图
[图片来源：作者自绘]

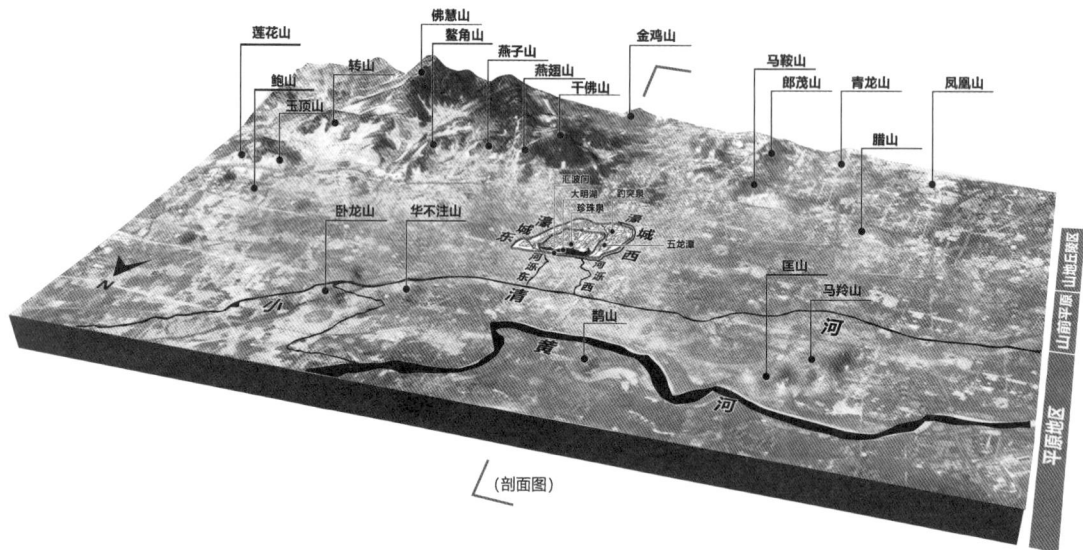

图11-3 济南区域山水关系鸟瞰图
[图片来源：作者自绘]

的防御屏障，又有可供耕作的土地和充足的灌溉水源（图11-4）。城市选择这样的地理环境是基于安全和生存的需要，但同时也奠定了良好的山水基底（表11-1）。

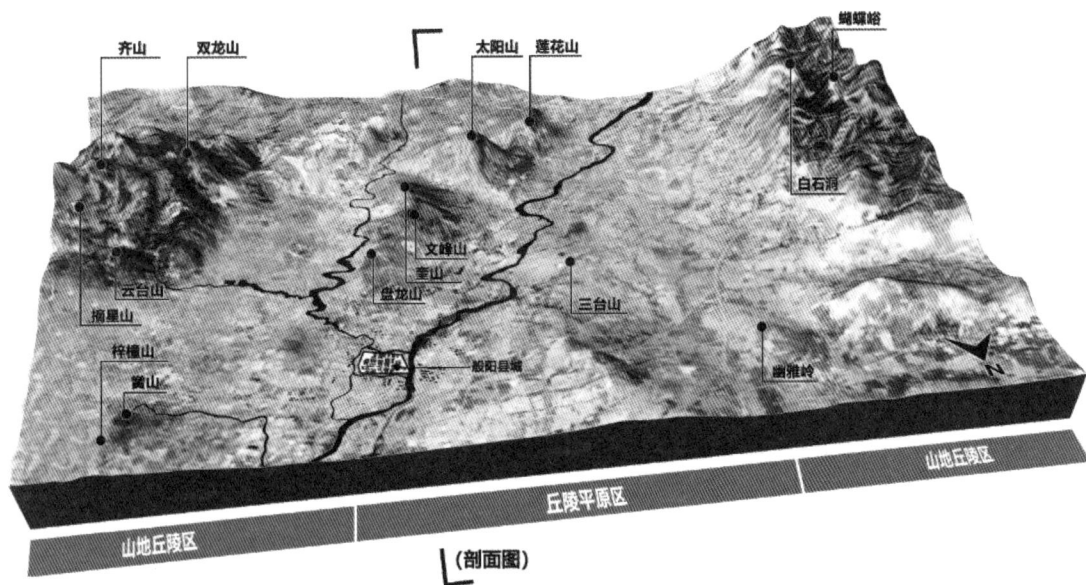

图11-4　淄川区域山水关系鸟瞰图
[图片来源：作者自绘]

四邑城池选址分析　　　　　　　　　　　　　　　　表11-1

城市	城池	建设时间	选址特征
临淄	齐临淄故城	西周时期	"齐带山海，膏壤千里"。南当泰、沂群山，近牛、稷山，东临淄水，西接系水，地势平缓，沃壤千里
青州	广县城	西汉初年	背山面水，水源丰沛，地势高爽。南依群山，西临北阳河，地势较高，避免洪水冲击，并具天然城防
	广固城	两晋十六国时期	"居全齐之地，规为鼎峙之势"，城池依山傍水，西靠崇山，北控沃野，是东西、南北的交通扼要之地
	东阳城	东晋义熙六年（410年）	城北一片沃土，南有群山，东、西是东阳城的古城驿站，是东、西、北三大官道的汇集之处
	南阳城	北魏熙平二年（517年）	北临北阳河，河岸陡峭如绝壁，南靠云驼群山，易守难攻。以阳河为隍，以崖为壁建立南阳城池
	满洲驻防旗城	清雍正八年（1730年）	南望群山环抱，北临平原沃土。东、西皆为东阳城驿站，向东可达登、莱二州，以至东海；向西可达济南，以至中原腹地
济南	东平陵城	战国初年	坐落在泰山北麓冲积平原中心，武原水、巨合水、关卢水在城西交汇，是海岱地区通往中原的交通要道，是齐国的西大门
	济南	先秦时期	选址地势险要，位于古泺水、历水之间，靠山面湖，便于防御
淄川	般阳城	西汉时期	东靠沂山，西临原山，淄水、系水绕流，地处平原谷地

[资料来源：作者根据相关古籍资料整理而成]

山水秩序

古代城池在一定的山水环境中择址而立，也需要遵循一些公认的原则，如道家的风水学说和儒家的礼制思想，从而使城邑与山水环境形成一定的秩序联系。

依据风水学中"藏风聚气""得水为上"的说法，城市需要选址在山环水抱的环境中，才能适宜居住并兴旺昌盛。中国古代大多数城市都是采用坐北朝南的方位，利用北部的山峦阻挡北风，防止生气失散。但小清河流域四座历史城市均位于泰鲁沂山地北麓，因此城池都是南倚群山、北望平原，地势南高北低，属于"倒座"的形式，体现了传统营城方略适应具体环境条件的调适。抛开朝向不提，济南城具有典型的风水格局。城池坐落于泰山北麓，反绕山势，面向广阔的鲁西北平原和大河，南侧山峦呈"拱围""揖合"的态势，还有北部"齐烟九点"九座小山散布平原之上，堂局阔展，脉远穴广，藏风聚气；加之此地泉水众多，汇成溪流湖泊等大小水面，能够蕴养天地之气。风水思想使城市在营建之初就与环境建立起了紧密的联系，符合风水模式的城市普遍具有良好的生态环境，为城市景观风貌的形成奠定了基础。

城邑的营建往往也在大尺度的空间中寻找山川作为参照，将自身的方位、轴线与远处的山川确立一定的朝对关系，并以此为基准发展城市空间格局。例如，齐临淄故城为不规则的矩形形态，小城南垣东侧城门的道路延长线与稷山相对，大城的南门道路延长线也与稷山相对，西垣横轴与西侧的凤凰山相对，横轴与纵轴交会在春秋时期临淄城宫城范围[2]（图11-5）。通过山川定位，能够确立城市空间发展的地理基准位置，也使得山水纳入了城市景观的整体之中。

山水空间

山体位于城市的外围，山势连绵，护卫城池，景色优美，形成城市重要的背景、对景与衬景。但外围山体至城池的距离不同，对城市景观的影响力也有较大的差异。青州距离山体最近，其南城墙距离云门山山脚仅有1.5 km，西侧距离王子山、大龙山等山体也只有3～4 km，山体对城市的空间围合最易被感知。其次是济南，内城

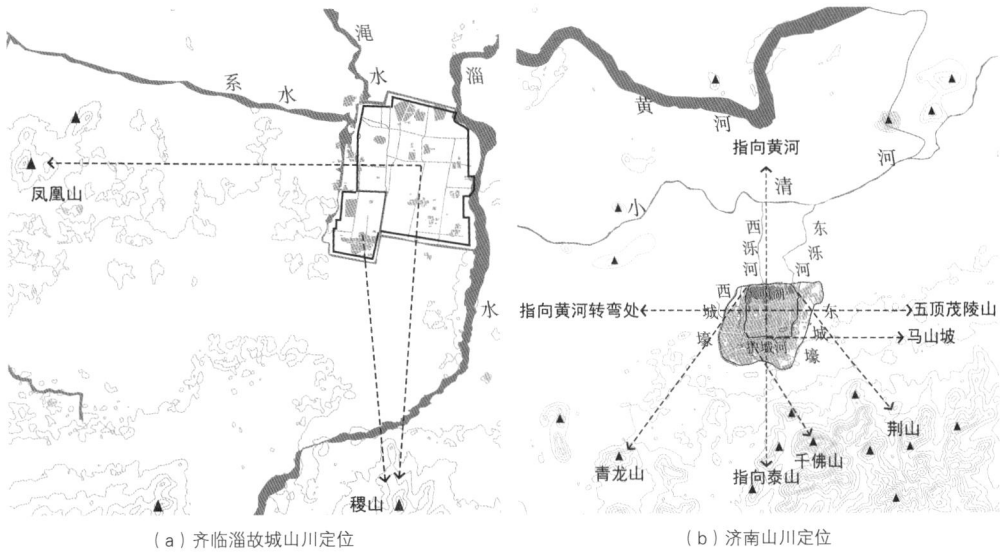

（a）齐临淄故城山川定位　　　　　（b）济南山川定位

南护城河距离千佛山只有1.8 km，外城则距离更近，只有不到1 km。
这两个城市与山体的联系更紧密，山势更显高耸，青翠葱茏。距离
淄川城最近的山体在城南约2.5 km，城东、西方向远处也皆有起伏
连绵的山地，在城市中能够感受到淄川位于河谷与山前平原过渡地
带的空间氛围。而临淄故城离城市的对山牛山足有8 km的距离。因
此，对于临淄故城而言，城周围平原广阔、沃壤千里，城市周边孤
峰点点，南边远山连绵（图11-6）。

图11-5　济南与齐临淄故城山川定位分析
［图片来源：作者自绘］

图11-6　四邑城市与山、水格局的关系
［图片来源：作者自绘］

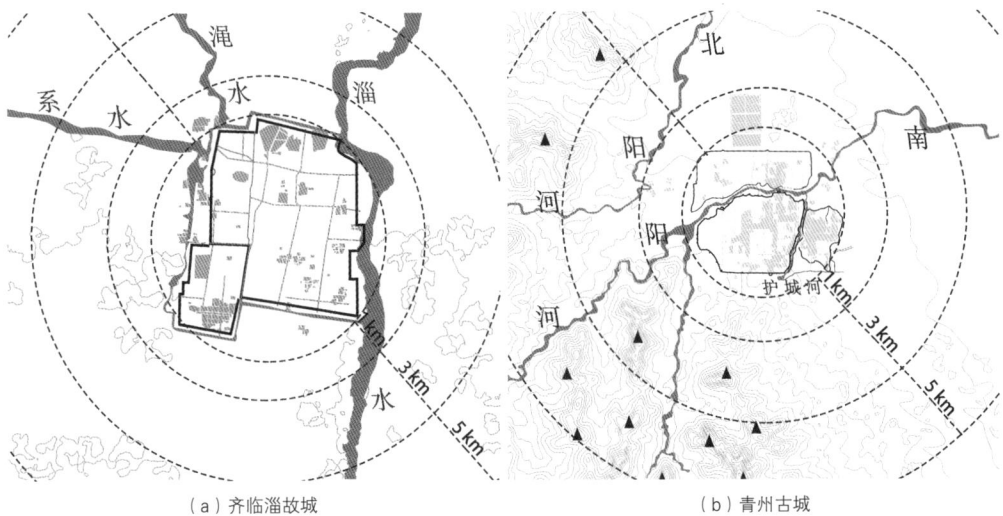

（a）齐临淄故城　　　　　（b）青州古城

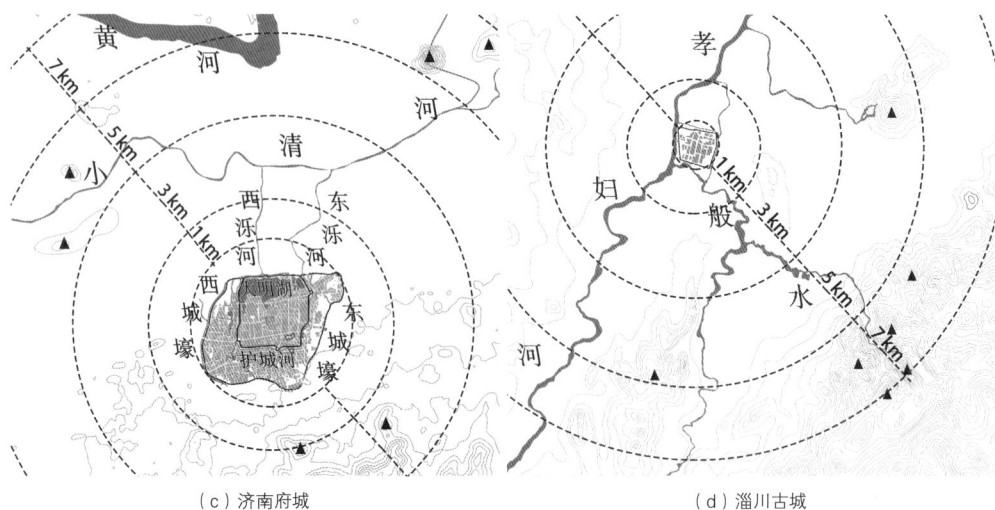

（c）济南府城　　　　　　　　　　　　　　　（d）淄川古城

图11-6　四邑城市与山、水格局的关系（续）
[图片来源：作者自绘]

第二节　营城："随形就势"的城市营构

城市基址处于山环水抱之中，为了使城市更好地契合周边的山水环境，古代的城市建设者会对城郭的规模、朝向、形态、结构进行调整，从而形成最适宜的山—水—城关系格局。

城池规模

齐临淄故城由大城、小城构成，大城周长4247丈（1丈=3.33 m），面积约12.5 km²，城门6座，为西周时期始建；小城周长2182丈，城门5座，面积约3 km²，是大城面积的四分之一，为齐临淄故城的宫城。青州广县城、广固城城池规模均已无从考证，益都县城由东阳城、南阳城、东关圩子城和满洲驻防旗城组成，其中，东阳城、南阳城均周长1950丈，东阳城面积约2.5 km²，南阳城面积约4.8 km²；满洲驻防旗城尺度较小，周长900丈，面积约0.75 km²。济南在清雍正年间形成内、外两重城池的形制，其中外城圩子城周长3670丈，面积约7.65 km²；内城1848丈，面积约3.3 km²。淄川西汉时期始建的般阳土城1050丈，明崇祯年间重修扩建为般阳石城，周长1200丈，面积约2.8 km²。四座城池中，齐临淄故城规模最大，其次为济南府城（表11-2，图11-7）。

各城市历史上存在的城池规模及概况 表11-2

城池		周长/丈	面阔/丈	高度/丈	广/丈	表/丈	城门/个	始建年代	定型年代
临淄	齐故都临淄 大城	4247	无考	4	995	1563	6	西周周武王时期	战国时期
	齐故都临淄 小城	2182	无考	无考	421	682	5	战国田氏代齐时期	战国时期
	临淄县城	1050	无考	3	无考	无考	无考	元末	明代
青州	益都县 广县城	无考	无考	无考	270	180	无考	秦汉	无考
	益都县 广固城	无考	无考	无考				西晋	无考
	益都县 东阳城	1950	无考	3.5	300	无考	4	东晋	
	益都县 南阳城	1950	无考	3.5	750	600	无考	北魏	明洪武年间
	益都县 东关圩子城	无考	无考	1.5~1.8	210	90	5	金元时期	清朝
	益都县 满洲驻防旗城	900	无考	1.25	280	240	4	清雍正八年（1730年）	清雍正十年（1732年）
济南	内城	1848	5	3.2	无考	无考	8	汉	清光绪年间
	外城（圩子城）	3670	无考	1.2	无考	无考	11	清咸丰年间	清同治年间
淄川	般阳土城	1050	无考	2	2	无考	4	无考	西汉时期
	般阳石城	1200	1	3.2	无考	无考	4	明崇祯九年（1636年）	

注：1丈=3.33 m。

[资料来源：作者根据相关考古资料及〔元〕于钦《齐乘》、〔清〕道光《道光济南府志·卷八·城池》、〔民国〕《续修历城县志》、〔清〕康熙《临淄县志·卷一·古迹》、〔明〕嘉靖《淄川县志·卷三·城池》整理而成〕

空间结构

4座城池的空间结构有很大的不同。临淄故城年代久远，早已湮废，其结构代表了先秦时期诸侯王城的营建特点，比较特殊。青州古城与济南古城的性质比较接近，都曾作为地区的行政中心城市，也一直发展至今，城市结构有相似之处，也有很大差异。淄川古城为低一级的县城，规模较小，城市结构也更为简单。本节从轮廓、轴线、骨架、群域等要素分析四座城邑的空间结构特征。

轮廓。城邑轮廓表达了城邑的空间形态、范围和规模，具有空

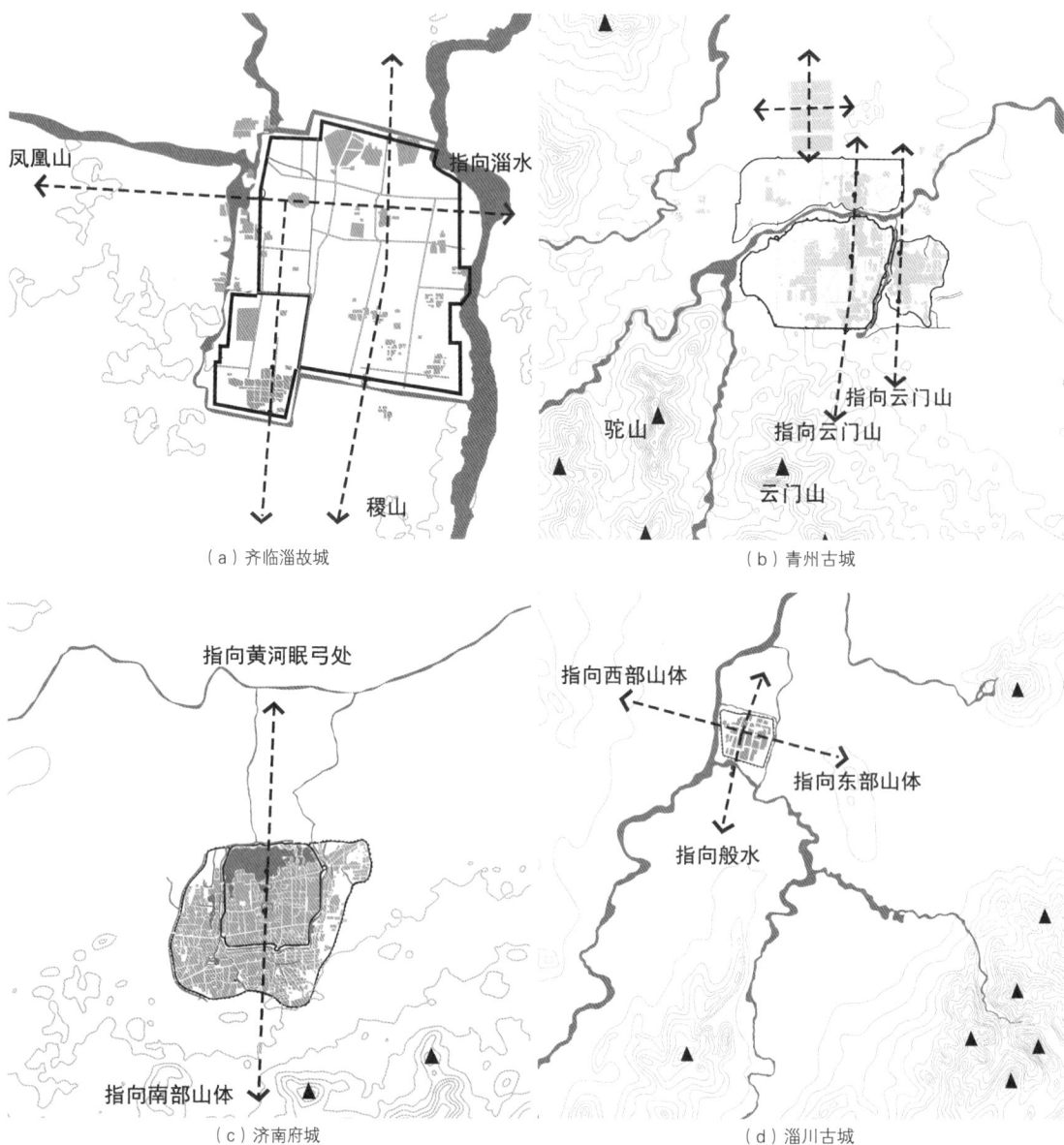

（a）齐临淄故城

（b）青州古城

（c）济南府城

（d）淄川古城

图11-7　四邑轴线结构
［图片来源：作者自绘］

间限定的意义。它受到地形地貌、城池规模、风水思想等的影响，也显示出城市与自然之间的融合与关联。

　　临淄古城的城市结构独特，为西南小城结合东北大城的双城结构。大城建于春秋时期，为百姓居所，有大量的手工业作坊；小城建于战国时期，为王宫所在。据杨宽先生研究，齐临淄故城的大小城格局，是从西周初期东都成周开创的西"城"东"郭"都城格局演变来的。春秋战国时期，诸侯大国争霸又先后称王，这一王都的城市格局被齐、郑、韩、晋、魏、赵等几大诸侯国的都城所采用[2]。

青州东阳城建于战乱的东晋时期，城池踞南阳河天险而建，东、北、西三面规整，南面临河一侧依据河流走向形状极不规则。后来因城市经济发展、人口增多，在河对岸又筑新城南阳城。新城不仅逐渐取代了东阳城，还在东门外发展出圩子城。河南岸距离山地较近，受河流走向、山麓地形和泄洪水道的影响，南阳城不仅临河一面城池轮廓凹凸不平，东西两侧城墙也不规整，东关圩子城的形态也是如此。只有清代在东阳城北面平原上建立的旗城，因不受地形的影响，是规整的长方形城池。

济南城依泺水与历水而建，但两条河流都是泉水发源的小河，泉源就在城池边上，水流稳定且不易洪泛。而且这一方土地地下潜流丰富，有大量的泉源。济南以泉水为水源，建城时可以纳泉入城，城市建设受到的水文条件制约较少。因此城市地形近方形，形状比较规整，但东西轮廓的小转折，应当也是为了顺应泉眼的位置和已有的泉流湖塘走向而产生的变化。济南的外城形状不太规整，是由于距离山体较近，受到天然排洪沟位置影响所致。

淄川在孝妇河与其支流般水交汇处建城，从西汉时期的土城到明清时期的石城，城址一直未变，城池规模扩展有限。城池用地限制条件少，形状较为规整，但在西侧城墙顺应孝妇河走向有所侧斜。

几座城池的建设很好地体现了《管子》所说的"因天材，就地利，故城郭不必中规矩"的城市建设思想。

此外，在寻求城市形态与城市山水结构的均衡与协调的过程中，古人基于城市外围空间的限制和"象天法地"的风水观点，常常通过"喝形"使复杂的城市形态与山水要素紧密配合形成具有象征意义的形态[3]，以动物为多。这一引类譬喻的表达方式，将山水环境变为可以感知的环境意象，让人产生心理认同感。例如，淄川般阳古城形态似龟，也叫"龟城"；而青州南阳城城池形态似牛，俗称"卧牛城"。

轴线。对于中国古代城市而言，山水虚轴与城市实轴共同构成了城市空间轴线。它们连接了城市实体要素与山水要素，是确立城市骨架、控制城市空间、形成城市方位感的重要因素。

　　齐临淄故城大、小城具有各自的轴线。青州由四座城池组成，除了旗城为规整结构，具有明显的十字轴线外，其余几城均为不规则形态，没有明显的中心。南阳城曾经建有明代齐王府，但王府建于城西，自成一体，未对城池结构起到统领作用。相反，因衙署官学等机构坐落于城东，促成南北大道成为城市核心，通过南门指向云门山，穿过北门经万年桥联系了东阳城。济南府城城池较为方整。明代，德王府选择在城中珍珠泉一带建设，使得城市具有了明显的中心和南北轴线。从此，济南的中轴线以珍珠泉大院为基准，向南通至历山门，遥指千佛山，向北则因大明湖水面和周边景物的影响，轴线并不明显。淄川般阳古城规模较小，具有古代县城的一般模式，即以十字街为中心展开道路，连接四面城门和城门外的桥梁及城关集市。这些城市的轴线实际上并非严格的直线，而是多少会有偏移和转折。如般阳的十字街偏于西北，四条街道也并非径直通往城门，而是略有折曲，以至城门并不相对，也带来街道景观的变化。

　　骨架。骨架是城市中支撑城市空间的道路体系与水网体系，是连接城市各项功能性空间的主要因素，也是城市风貌的重要组成元素。

　　与多数先秦诸侯王城一样，齐临淄故城尺度较大，道路宽阔。城内道路，小城内有三条，大城中有七条，最宽的南北道路有20 m左右。其余三城更符合宋以后州城和县城人性化的尺度，无论城市轮廓是否规整，街道基本上呈现横平竖直的网状骨架。只是由于地势变化等原因，一些街巷和水系不规则分布。如青州，由于排洪沟的存在，南阳城与东关圩子城的边界并不规则，两城内几条主要街巷也顺应地形呈不规则分布。济南府城内城街巷呈棋盘式分布，外城由于城内外山水沟的分布，多条街巷走向随着排水沟渠而呈现自由排布的趋势。因此，这四座城池的骨架很好地体现了"道路不必中准绳"的营建思想[4]（图11-8）。

　　群域。群域是城市中不同功能性空间在城市中的分布，是城市

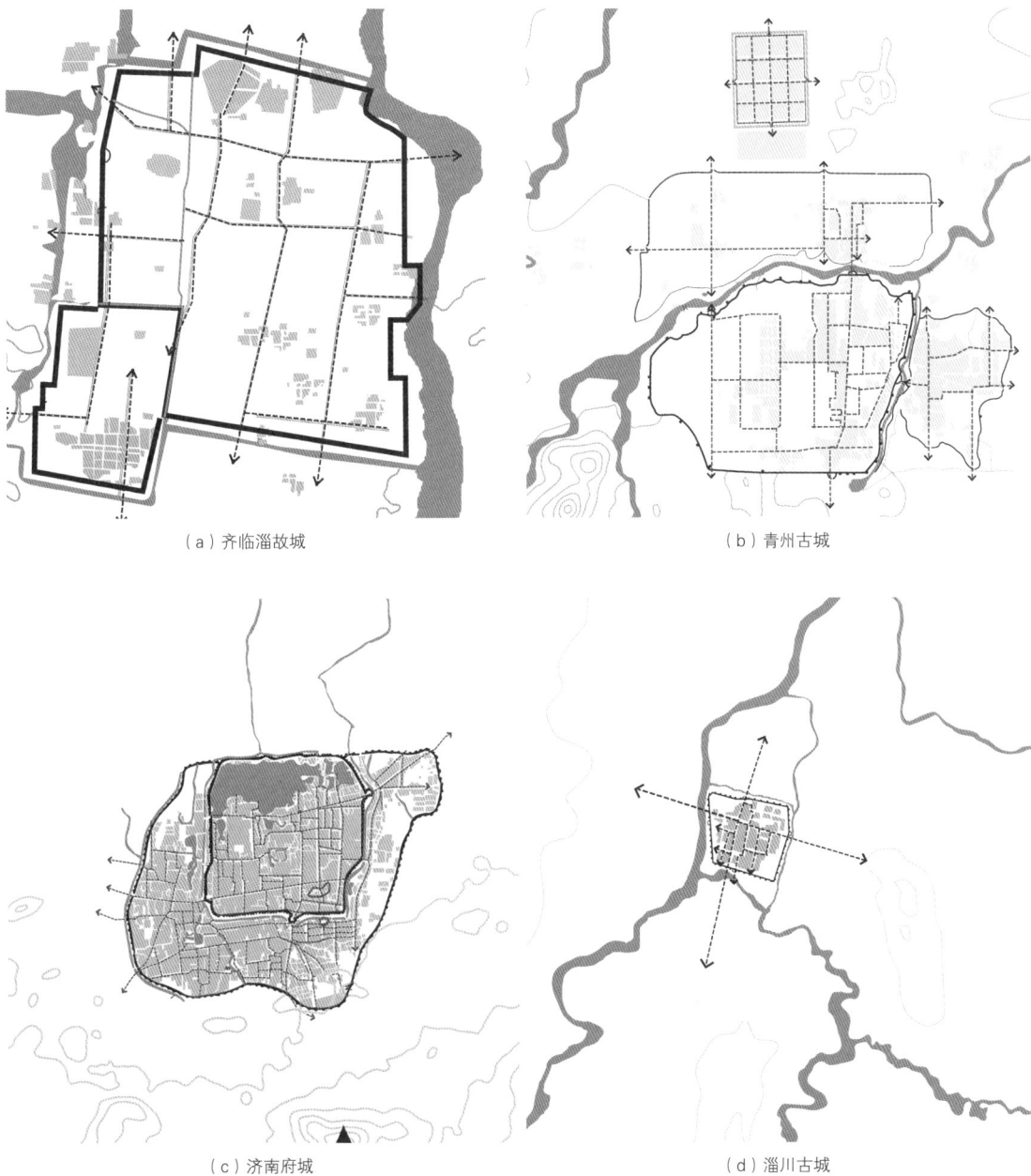

（a）齐临淄故城

（b）青州古城

（c）济南府城

（d）淄川古城

图11-8 四座城池骨架格局
［图片来源：作者自绘］

社会、经济、文化、宗教在空间的反映。小清河流域的城市中，行使行政职能的区域，包括州城的布政司、府城和县城各级衙署、署府等，均位于城市的中心位置，位于主街或者十字街附近。以祭祀功能为主的功能空间，包括庙宇、寺观、祭坛等，或是分布在行政性群域的周边，或是分布在城郊。以科教为主要功能的空间，如贡院、书院、考棚等，大多位于城邑内的重要位置，如青州贡院位于经济、商贸发达的偶园街片区。生活性空间，如会馆、茶楼、酒馆、商铺、住宅等，则在行政、文教和祭祀性建筑之外，见缝插针地布置。在行政中心附近，往往形成商业街道，如济南的后宰门街和芙蓉街。各城关皆有集市分布，商贸活动频繁。受到历史上商贸和军事因素的影响，青州、济南两个城市都有大量的穆斯林定居，于城门附近形成了回民聚居区，并发展为重要的商业区。

宗教建筑群在城池内外均有分布。青州、济南和淄川都拥有一些历史悠久的佛教寺院。自东汉以来，佛教在中国传播，到两晋时期，已在小清河流域影响广泛。大量寺观庙宇在城邑内外兴建，无数佛教造像在城南部山区的岩石上雕刻，形成了如青州云门山和济南千佛山这样的城郊宗教场所。青州和济南还拥有规模较大的清真寺。

城防体系

城邑的城防体系由城墙、护城河和自然山水共同构成，是自然与人工结合的防御体系。小清河流域地处交通要冲，又掌控肥沃的山前平原，历来是兵家必争之地，历代城池都有很强的防御性，主要体现以下三个方面：

跨山据河，设险屏外。城邑的选址有良好的防御条件，有险可依。如齐临淄故城选址在淄河西岸，以防来自胶东半岛的东夷人[5]。青州城"西连泰岱，东俯沧溟，南枕山麓，北临河流，乃关中之巨障"[6]。这里的青州城指的是南阳城，城西、北均被南阳河围绕，南有驼山、云门山拱卫，东有大河弥河作为天然防御，其据山靠河，具有极佳的地理位置优势，易守难攻。

据高望远，就势筑城。城池选址占据地利，然筑城还需依据地势因地制宜，取得最好的防御效果。齐临淄故城大城东面城墙依淄河河道走势而建，在河水冲刷成的天然峭壁上加筑城墙，具有天然军事防御的优势[7]。南阳河水急沟深，为天然绝涧，青州"因涧为城"，形成坚不可摧的防御工事。

城池一体，护卫城关。城邑不仅占据险要的地势，又有高大的城墙，还依靠宽深的护城河，使得城邑有固可守。齐临淄故城大小城均有护城河，与东西两面的淄水、系水贯通，构成环绕城池四周的护城河水系。青州城的东阳城、南阳城和满洲驻防旗城均设有护城河，结合南阳河、北阳河，共同构成自然与人工相结合的护城河防御体系。济南内城护城河宽10～30 m，绕城一周；外城护城河在圩子墙东、西、南三面环绕城池而建。淄川般阳古城位于般河与孝妇河交汇处，通过筑坝修渠，于城东、南、北三面引水绕城，人工护城河与孝妇水结合，完善了淄川的城防体系。

第三节　理水："因势利导"的水系梳理

小清河自西向东流入大海，其支流大多发源于南部山地，河流密集，总体为南北流向，局部河段有时呈现东西走向。四座城池均选址于河畔，以河流作为防御屏障，同时也利用水源和地形地势建造沟渠等水利设施，保证了城池的水源和排涝的便捷。城市水体较多的地方也成为风景营建的主要场所。

贯通内外

四邑城池皆临河而建，人工修筑的护城河、城内泉渠和排水沟渠，与城外河流相连，形成相互贯通的水系网络，成为城市引水和排水的基础设施。

齐临淄故城东依淄水、西临系水，二水夹城，城址平坦，人工开凿的护城河水系与淄水、系水相连，城垣西扩时留下来的原城壕和小城东北方向的护城河构成了都城的内部水系。

青州据南阳河之险而建，随着城市的发展，形成一水两岸多座城池并存的状态。城内无引水河渠，只有排水沟渠与城外河道相连。

济南泉水资源丰富，古时的历水、泺水都是泉水汇流而成，秦汉历城县城位于两水之间。随着城池扩张，历水被纳入城内，泺水分为东、西二流，从两侧环城后于北侧合流。城邑外围的泉水进入护城河，内部的泉水汇聚成了城中或明或暗的泉渠，汩汩流淌，穿

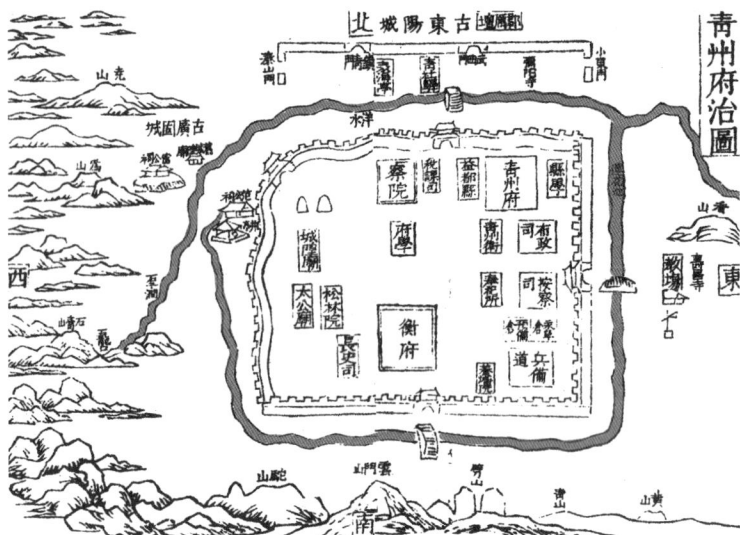

图11-9　明代青州南阳城护城河
［图片来源：（明）嘉靖四十四年《青州府志》］

城走巷，汇入城北的大明湖，再由水门泄入北护城河，最后流向小清河，形成贯穿城市内外的复杂的水系网络，奠定了山水城市的水文基础。

淄川的孝妇河构成般阳古城的西边界，其支流般水位于城南，但因水势汹涌，并未被直接作为护城河。古人在般水上游筑堰引水，分出支流绕城南、东、北三面，与般水主流和孝妇河构成环绕城池的水系（图11-9）。

护卫城池

如前所述，四座城池均以人工河渠与天然河流结合，形成护城河体系。但护城河的水源来源和引水方式还是有较大差异的。齐临淄城的护城河水源来自淄水、系水；青州与济南的护城河汇聚了周边的泉水；般阳城以孝妇河为东面天然屏障，采用了水利工程筑坝开渠引水入护城河。

青州南阳城靠近山脚，南北高差较大。南阳河在城北，因其为深涧而成为天然护城河，但水位低下，无法为城东、西、南护城河提供水源。从嘉靖年间的舆图看，此时南阳城西、南、东均有护城河，而源头处为城外西北角的范公井。可见，应是范公井之类的泉水为护城河提供了水源。又据清代舆图和文献资料，从清代早期开

图11-10　清代早期青州护城河
［图片来源:(清)康熙六十年《青州府志》］

始，南阳城西、南方向护城河已经消失，仅余东侧护城河，南接柳泉，中途还汇集黑虎泉、刘家泉、大泉、小泉等泉水，向北汇入南阳河（图11-10）。

对济南而言，从秦汉始，发源于趵突泉的泺水就一直是城市的西边界，随着城池的扩张，泺水汇聚城南的黑虎泉等众多泉源后分东、西二流成为城市的护城河，水流清澈稳定，既为城池防御提供了屏障，也汇聚了一系列环城风景名胜。

泄水防洪

防洪排涝是城市水系的重要功能。四座城邑都位于近山之地，城市泄水防洪的措施都比较完善，主要的防洪排涝措施有设闸调蓄、沟渠排水和水门引排。

早在春秋战国时期，临淄城就设有人工沟渠和天然河道相结合的排水系统。青州南阳城地势西南高、东北低，排水体系由人工沟渠和泄洪沟堑组成，引导雨水顺地势通过东北方向城墙上的三个水门排入南阳河。水闸对于洪水蓄泄具有重要作用。淄川般阳河河浅，雨季容易泛滥，人们在城东南般水上修官坝，通过水闸引般水注入护城河，这一分流措施在雨季时可有效减缓般水的水势。

济南城内百泉喷涌、湖水丰盈、水系发达，水利调控的设施最为完善。内城有一套由明渠和暗渠组成的复杂渠网，将城中的泉水和雨水引入大明湖，外城则有护城河与山水沟排泄雨水。内外城共有六个水门，内城的汇波门最为重要，是大明湖连通北护城河的闸口，其余水门均位于外城墙上，是排洪沟渠穿过城墙的通道。汇波门有水闸调蓄大明湖水位，确保多余水量排入北护城河，汇入泺河。泺河既为内城东、西护城河，也是济南通往小清河的航道和周边农田的灌溉水源。因地势南高北低，为保持水位，泺河及支流上的水闸数量较多，西泺河上有永清闸、广济闸、卧虎闸、广惠闸、五柳闸、听水闸，东泺河上有坛闸、新闸、平水闸、利田闸、呼雷闸、斜河闸、崇正闸等。这些水闸可调节河流水位高低，旱季蓄水溉田和保障航行，雨季开启泄洪。王世桢曾有诗作描绘河上的水闸景观："七十二闸远钩带，如棋布子交回环"[8]，可见水闸数量之多、分布之广。

便利民生

城市的水系统为城市的生产生活提供了便利。这些城邑据河而建，天然河流不仅是城池防御的天险，也是城市的主要水源。此外，泰鲁沂山地得天独厚的地质条件使得城邑拥有优良丰富的泉水，尤以济南和青州为甚。

青州城有刘家泉、小泉、大泉、北泉、北营街双井、万年桥南北侧井、北阁街官井、昭德街官井、东关真教寺井、城里清真寺井、双井街双井、南门四井口、疙瘩庙井、胭脂井、上马石井、文庙街井、冠街井等泉井，一方面为城邑提供生活用水；另一方面补充护城河水源，还为生产提供便利。青州城东城壕周边有南北荷花池和大片蔬菜园地，灌溉水源来自周边十几眼泉水[9]。

济南被称为"泉城"，遍布全城的泉井、水渠、泉池为日常生活提供了清澈甘甜的水源。人们在利用泉水的过程中，形成了围泉而居、引渠入院等独特的宅院形式，以及在穿街走巷的泉渠旁汲水、洗涤的生活场景。泉水汇至护城河和大明湖，再沿泺水北流，也为生产提供了方便，如大明湖中有莲藕等水生作物，周边散布有不少水田，城外，河上有水磨，河流湖泊周边分布有一些菜园，北郊的低洼地更是有大片的稻田。

第四节　塑景："城景一体"的景观格局

得益于悠久的历史和丰富的文化积累，临淄、青州、济南和淄川历史上产生了从皇家园林、私家园林到自然山水园等广泛的园林类型（图11-11）。

园林

皇家园林。临淄作为齐国王都，曾拥有多座苑囿和高台，这些都是中国最早期的园林形式。桓公台是齐故城的王宫所在，雪宫台曾是齐宣王会见孟子的宫苑，梧台是齐王田建接见楚国使者之处，这些遗留至今的遗迹彰显了小清河流域悠久的园林文化。至明代，藩王就藩济南、青州，在两城中大兴土木，修建了富丽堂皇的王府和精美的园林。其中，济南的德王府最为突出，不仅规模接近济南府城的三分之一，而且里面泉水濯濯、风景如画。《历乘》中有载："德藩有濯缨泉、灰泉、珍珠泉、朱砂泉共汇一泓，广数亩……亭台错落，倒影入波，龙舟清泛，箫鼓动天"，可见园林之盛况。

衙署园林。青州、济南长期作为地方行政中心城市，官府衙门数量众多。清代，济南巡抚衙门在原德王府基础上修缮而成，由于保留了原有的泉石花木而形成了一座园林式的官署，康熙、乾隆南巡时也驻跸于此。位于小明湖东岸的布政司署西花园风格古朴、水面开阔，建有诸多亭台楼榭，景色优美。

私家园林。济南、青州和淄川历史上都产生了不少私家园林，尤以明清时期的建设活动最为广泛。私家园林寄托了士人寄情山水的隐逸情怀，也是文人墨客吟诗作对、把酒言欢的场所。济南私家园林数量最大，时常借助小尺度泉水，形成独具特色的小型园林，或是多处园林共享一处水面，形成泉水湖岸园林。济南最早的使君林和房家园就是圈泉入园及借湖建园的泉水园林典范。以大明湖、趵突泉为核心的泉水园林，构成济南泉城独特的园林景致。青州不同时期都有一些著名的私家园林，包括宋代的矮松园，明代的软绿园、偕园，清代的偶园等，主要分布在南阳城东面和南面。淄川的私园有的位于城内，有的位于城外护城河边，还有一些是位于郊野和山林的别业。

（a）齐临淄故城景观格局

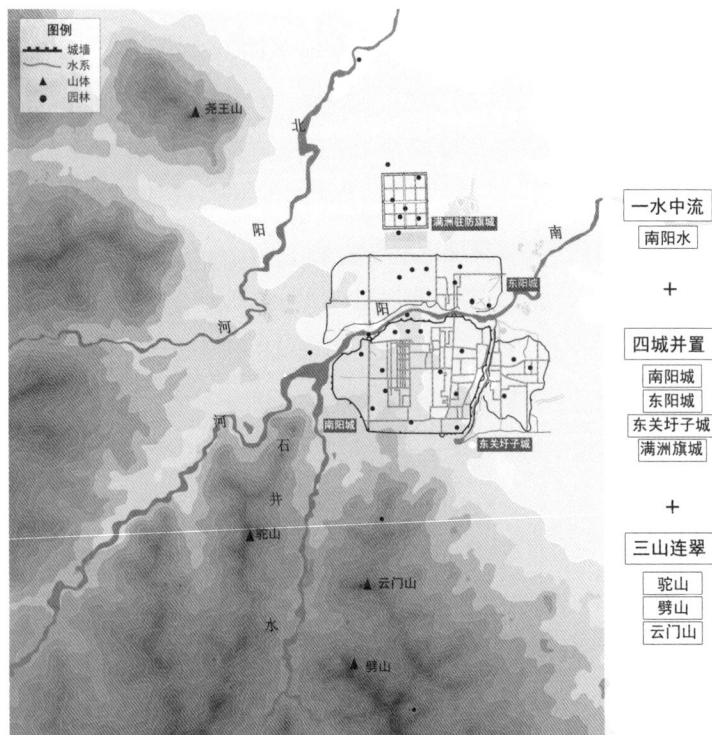

图11-11　城邑景观格局
[图片来源：作者自绘]

（b）青州城邑景观格局

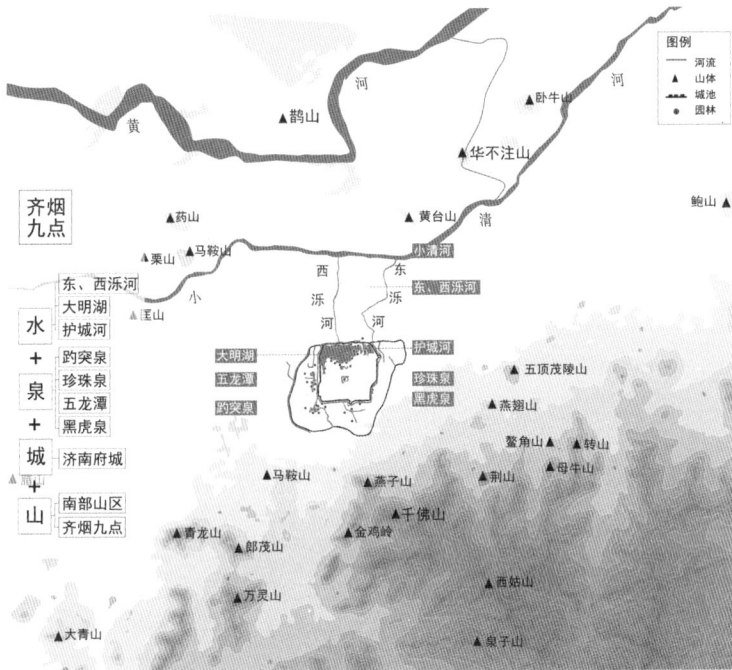

（c）济南城邑景观格局

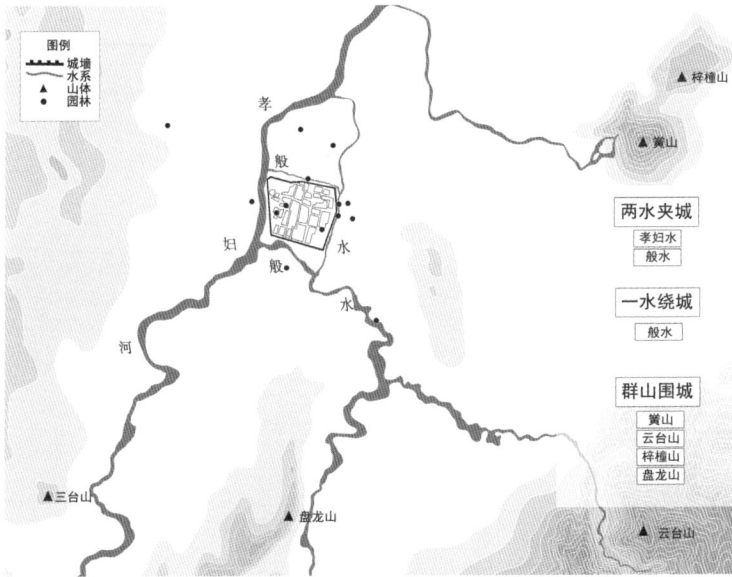

（d）淄川城邑景观格局

图11-11　城邑景观格局（续）
［图片来源：作者自绘］

寺庙园林。青州为山东佛教最早兴盛的地方，大量寺庙、佛教造像和摩崖石刻在历代不断兴建。济南与淄川也建有大量寺院。寺院中有佛教、道教及多教合一的不同形式，呈现出多样的风格。寺院建筑结合周边山水与庭院布置，形成优美的环境空间，成为达官贵人和布衣百姓皆可游赏的公共园林。由于本地区泉水众多，以龙文化为主导的水神信仰空间往往围绕泉水而展开。许多泉水深潭被视作龙王栖息之地，以"龙"命名，人们还在泉水边建设龙王庙并设置龙王神龛以示敬奉。每逢大旱，当地官员和民众便齐聚龙王庙祈雨，以求天降甘霖、风调雨顺。济南就有不少以龙命名的寺院，如芙蓉街上的龙神庙，还有原来五龙潭边的五龙庙。五龙庙是元代为祈雨而建，泉水因此而得名，明清两代改五龙庙为龙祥观，周围还有许多不同时期的建筑。寺观、亭台与周边的众多泉眼构成了秀丽的园林景观，吸引了历代文人前往游赏。

书院园林。小清河流域是齐文化的发源地，战国时期齐王建有"稷下学宫"，广招贤士，促成了"百家争鸣"的学术繁荣。学宫位于临淄小城西门外，规模宏大，环濠绕学宫而过，在北部与系水相接形成较大湖泊。汉代以后，儒学被奉为官学，齐鲁大地作为孔孟之乡，始终学风斐然，小清河流域各城邑都分布有较多书院。这些书院有许多都依傍山岳湖泊风景而建，或是从历史名园改建而来，有着较好的环境。青州城内著名的松林书院前身是北宋名园矮松园，海岱书院在倭家花园内创办。济南城明代的历山书院、清代的白雪书院和尚志书院等都选址在趵突泉附近，书院内有泉池、绿树和亭台楼阁，景色清雅。淄川康城书院位于城东名胜梓橦山，前身是古淄川八景之一的郑公书院。

风景名胜

四座城邑内外的风景名胜包括山岳、河湖和泉池等不同的形态。

山岳型。几座城邑都位于山麓，城郊的山岳不仅是城市重要的对景，还是人们郊游踏青的目的地。临淄牛山风景秀美，春秋战国时期就负有盛名，到清代又建起了众多庙宇，成为当地的八景之一"牛山春雨"；青州云门山、劈山、驼山"三山联翠，障城如画"，因山色、石窟造像和自然景致而著名；济南千佛山、佛慧山及齐烟九点构成济南重要的山岳景观；淄川梓潼山山势高耸，蔚然深秀。

河湖型。临淄淄水水波浩荡，孕育了史前文明和古齐文化；青州南阳河水出南山，三面积石，高深一匹有余，长津激浪，崖壁陡峭，自然景致独具特色；济南山水相依，百花洲、大明湖、鹊山湖等湖泊杨柳交匝，龙舟荡漾，又点缀以亭台楼榭，成为济南城的重要湖泊景观；淄川从般水引渠绕城而出，水岸有大片田园和一些私家园林，成为城外的重要景观带。蒲松龄曾作《般河》诗："般河浅碧映沙清，芦笛萧骚雁鹜鸣。细柳常依官路发，夕阳多向乱流明。来从远树仍穿郭，去作长溪更绕城。村舍开门全近水，谁家修竹傍墙生"，可见般水与其支渠周边景色秀丽。

泉池型。由于小清河流域特殊的地质构造，山前平原地区有大范围的泉水露出点分布，以泉水为中心形成许多独特的景观，一些泉池因优美的景致而成为文人墨客的游赏之地。临淄城南，有上古名泉天齐渊，"齐"地因泉而名。《水经注》记载，淄水"东得天齐水口，水出南郊山下，谓之天齐渊。五泉并出，南北三百步，广十步"[10]。从周代的齐国到秦汉，这里一直是天主神的祭地，秦始皇和汉武帝都曾在此祭天。后来，这里又成为人们上巳修禊之所。清代，天齐渊旁修建了"管鲍祠"，祭祀管仲和鲍叔牙。三千年来，天齐渊一直是临淄的名胜。古青州、济南城邑内外分布有较多泉井景观。青州有范公井、黑虎泉、马刨泉、龙渊等泉井景观，云门山、驼山也分布有龙潭、龙湫等名胜。济南拥有以趵突泉、珍珠泉、黑虎泉、五龙潭为代表的泉水景观群。泉群大多以多个泉眼组成，泉眼周围建立亭台楼榭，草木茂盛，景色优美。一部分泉眼分布在城邑外的高山石壁上，形成独特的风景。

标志性景观建筑

标志性景观建筑是城市空间中最具识别性的空间要素，是城市意象的重要组成部分。

城池中总有一部分建筑因高大而被瞩目，成为空间中的标志物，如塔和楼阁。古塔在历代多有营造，如淄川的杨寨塔，矗立于城北，构成明清淄川八景之一的"禅林峻塔"。各个城池城关之上的楼阁是城市的显著标志，也有军事瞭望的作用，还是登高赏景之处。清康熙年间，青州南门城楼重修后，知府陶锦作记："登跻其上，徘徊引眺，千岩万壑，竞秀争流。企首南望，与南山之洞门，通达相对，山则层峦嵯峨，楼则结构巍峨"[11]。青州南门城楼是青州十景"南楼夜雨"之所在，济南的汇波门也成就了济南八景"汇波晚照"，可见城楼与城市风景的关系。还有一些楼阁分布在河湖泉水之畔，既是观景建筑，也是视线的焦点，起到组织空间和视线的作用。青州曾有凝翠楼，位于南阳城东门内，楼上悬钟，"凝翠晓钟"曾是城邑的重要景观。济南的楼阁主要分布在大明湖、趵突泉等泉群周边，其中超然楼是"江北第一楼"，是大明湖的景观视线焦点，成为城邑重要的标志性景观建筑。

还有一部分建筑因位于公共空间的中心而成为焦点，如公共园林中的亭台和交通要道上的跨水桥梁。亭台在历代多有营造，青州南阳河北岸的表海亭留有范仲淹、欧阳修的诗作，范公亭位于南阳河畔为纪念范仲淹而建，四松院内的四松亭因四株古松而得名，此外还有富公亭、水磨亭等。济南的天心水面亭、沧浪亭等，可周览明湖胜景，构成大明湖的标志性景观空间。桥梁既是重要的交通设施，也是与河、湖、泉及水岸植物紧密结合的风物景致，是许多古城中重要的景观。小清河流域历史时期河网密布，城邑、村镇之间设置有许多石质、木质桥梁。据记载，济南城内外共有石桥六十余座，木桥二十余座，包括泺源桥、汇波桥、林家桥、坤顺桥、艮吉桥、永固桥、东燕窝桥、西燕窝桥、琵琶桥等，主要分布在趵突泉、百花洲、小清河及城外水陆交通要道之上，城内大明湖有百花桥等著名的七桥景观；青州城池内外知名古桥有八十余座，如狮子桥、汇流桥、转云桥、三元桥、三福桥、圣水桥、辛店桥、双龙桥、坡子桥、云山桥、斜身桥、官桥等，其中城区有十余座；淄川有通济桥、花石桥、苏相桥、唤阳桥、上天桥、下天桥、郑公庙桥等桥梁，沟通城门、城关及城外的交通联系，将城市与济南府城、博山、张店等地联系起来。

第五节 成境:"情景交融"的意境感知

"八景"意象与意蕴升华

城市"八景"是基于古人对城市意象的理解而形成的景观集成,是古代城市景观风貌的集中反映。城市"八景"的命名方式大多采用"地点+景观"的方式。八景景目随着"八景"诗文和图像被方志辑录而得以流传,也随着文人墨客的游览吟诵而广泛传播,对于了解历史时期城市山水风貌和景观特征具有重要意义。"八景"的作用主要体现在以下两个方面。

一方面,形成城市审美意趣与意象图景。地方风景往往植根于地方的自然山水,其中诸多景观的命名与山水有关。城市"八景"以自然山水为依托,界定了山水环境的意境空间范围,形成了城邑内外皆美景的空间意识。古代修志者对此颇有体会:"志与史不同,史兼褒诛,重垂戒。志则志其佳境奇迹,名人盛事,以彰一邑之盛"[12]"以证灵杰"。例如,济南"八景"以城内外山水为依托,城内大明湖、趵突泉、珍珠泉有"汇波夕照""历下秋风""明湖泛舟""白云雪霁""趵突腾空"五景,涵盖了城内主要的意象图景;城外以华山、鹊山、千佛山和云洞山为依托,形成北郊"鹊华烟雨"的山水意象和城南郊"佛山赏菊""锦屏春晓"的群山环绕的意象图景。城内外重要的山水环境均涵盖在"八景"之中,是人们感知古城意象的重要依据。

另一方面,形成地域特色认知与文化传承。"八景"作为地方的景观集成,具有典型的地域性特征,是一个地区自然风光和历史文脉的综合。根据不同的城市特征,八景可能包含自然、地质、动植物资源及文化历史、人类活动等多方面要素。如临淄的"桓公台"和"晏相冢"是怀古凭吊的历史景观,济南"白云雪霁"和"鹊华烟雨"是山景,"孝水澄清""明湖泛舟"和"范井甘泉"则分别是水景中的河、湖、泉之景,还有体现田园风光的"万山樵唱",以及城楼、亭台之建筑景观等。这些景观为形成地方文化记忆和文化认同提供了重要媒介,具有浓厚的心理想象色彩和文化创造意味。通过具有文学性和形象化的景名，"八景"强化了人们对城市景观的认知，更便于传播和宣扬地区的景观文化，增强当地民众的自豪感，形成对景观的集体印象，并通过志书等的记载实现景观文化的传承。

山水文化与人文教化

俗话说"有山皆图画，无水不文章"，中国历史上许多文人雅士创作的诗词画作均以山水环境为依托寄情畅怀。这些诗作文章，赞扬了城市山水文化，描绘出城市的意象图景，也从侧面反映出城市的建设活动与山水变迁。对于小清河流域而言，区域大尺度的山水环境奠定了城市发展的基础。人文山水与人文之城形成独具地域特征的人文胜迹，山、水、城成为城市精神与历史文脉的载体。

一、济水——悠久灿烂的"济源文明"与文人推崇、水神祭祀不绝的"济水现象"。

济水是古四渎之一，古九川之一，与"五岳"齐名，在中国古代政治、经济、文化方面都存在重要影响。早在夏朝时期，济水沿岸就有了人类文明，古人认为济水下潜穿过黄河而不浑，因此历代都有诸多诗人咏赞，成就了文坛之上特殊的"济水现象"。南北朝时期，吴均在《酬别江主簿屯骑》中写道："济水有清源，桂树多芳恨"，表达了对清源、芳香等美好事物的向往；白居易在《题济水》中写道："一道截中贯，肯随浊河流。山川自改色，湛湛澄霸秋"，凸显了济水的象征意义。济水"至清"，与浊流有别，扬波千里，直奔东海，所经之地，山川澄澈，气候清明。于是济水成为诗人渴望谋求高洁志向、远离官场污秽志趣的表达，也成为历代帝王尊崇祭祀的重要河流。济水虽不如其他四渎广阔，但其位于四渎之中，独流入海，多被人称赞为顽强的象征。学者郑樵云："济水劲疾，能穴地伏流，隐见无常，乃其本性，非真涸也"，济水曲折千里入海，其高洁的品性和独特的流向，在四渎中最具特色。因此，历代对济水品质的推崇和对水神的祭祀长久不衰。

二、淄水——"千古流长、壮阔浩渺"的自然胜景与"礼法结合、义利并重"的齐地文化。

淄水流域气候条件适宜，土壤肥沃，山川林地遍布，与济水共同形成了广阔的冲积平原，分布着大量原始社会晚期人类活动的遗迹。淄水沿途汇集多条河流沟渠，多渗漏，有伏流，有着淄水"十八漏"之谓，因此成为沿途地下水的重要补给。淄水也是城市的代表性景观，"淄江晚钓归来晚"是临淄八景之一。淄水凭借其优越的地理优势，成为便利齐地交通、拱卫都城的重要水道。千百年来，淄水一直滋养着古齐大地，成为临淄城的重要供给，孕育出举世闻名的先齐文化，是自然风光与人文意蕴荟萃的悠悠古河[13]。

三、孝妇水——"养姑尽孝、执德惟常"的孝妇文化与"祈雨利民、福庇灵助"的祭祀文明。

孝妇河流域文化在北宋时期初步形成，至明代成型。北宋时期，随着儒家思想的传播，以及统治者对于以孝治国的政治诉求，孝妇颜文姜的传说故事开始受到重视。北宋熙宁八年（1075年），"泷水"被正式命名为"孝妇水"，颜文姜也始有"孝妇"之名。熙宁十年（1077年），宋神宗下旨以"孝妇颜神《图经》具载祈雨获应"[14]，从而形成了孝妇水春秋祀典的风俗。颜神也在历代多次被加封，"宋熙宁间为'顺德夫人'"[15]，金元时期为"武安顺德夫人"和"仁孝卫国顺德夫人"。明代，孝妇河流域开始形成固定的颜神祀典，"每岁秋，颜神通判致祭"。清康熙年间，青州人孙廷铨曾赞扬道："猗猗孝妇，烁烁颜姜。视远惟迩，执德惟常"[16]，拜祭颜文姜祠庙成为民间的普遍风俗。由此，孝妇河便形成了特定的文化标签：养姑尽孝、祈雨利民、福庇灵助、执德惟常。受孝妇文化的影响，孝妇河沿岸许多家族都承继好善乐施、仗义疏财的优良传统。

明清时期，孝妇河流域文人辈出、文化活动频繁、文学作品丰富，形成了独特的地方文化。文学家族的兴盛和对教育的重视带来了众多私家园林和诸多书院，许多园林更是成为文人交游的场所，在孝妇河流域形成了影响深远的文化，波及山东地区乃至全国文坛。历代诗人都对孝泉的景致和颜神的"纯孝""祈雨"及诸多神功进行颂扬，使孝妇河平添了文学色彩和宗教内涵，孝不再只是美德的象征，而是成为庇佑一方百姓、寄托灵魂精神之所。

城市精神与文化传承

特定的地理环境、气候条件和历史传统孕育了独特的城市文化，也影响了当地人的思想观念和性格特征，这两者共同凝聚为具有地方性的城市精神，反映了一座城市的独特气质。

一、临淄：稷下学宫与百家争鸣。

齐国历史上以尊贤尚功立国，是先秦最为重视人才的国家。尤其是战国时期建立在齐都临淄稷门之下的稷下学宫，是当时中国思想文化教育和百家争鸣的中心，是奇才贤士聚集的圣地。稷下学宫创立于诸侯纷争的时期，前后共存在一百余年。稷下"招致贤才而争宠之"[17]，其中凡大夫者，"开康庄之衢，高门大屋，尊宠之"[18]。在齐宣王尊崇文学游说之士的风气之下，"自如邹衍、淳于髡、田骈、接舆、慎到、环渊之徒七十六人"[19]皆被尊崇为上大夫，使得稷下成为人才聚集之地，同时也促进了齐国经济、文化的繁荣发展。稷下学宫除了礼待贤士，还宽容各家学说的争鸣，从而成为各学派交流思想之处，学术活跃，思想平等，极大地促进了学术的发展和进步。

二、青州：文人之城与多教融合。

青州文化史上有两个最为繁荣的时期：一是北宋，二是明清时期。北宋初年，青州先后诞生了被誉为"古今第一"的山水画家李成、科学家兼诗人燕肃、才子"贤相"王曾、经学家李之才等名人。范仲淹、欧阳修、夏竦、文彦博、曾布等人曾在此为官，宋代王曾曾在松林书院读书，名臣范仲淹曾在执政时期修建范公井，欧阳修曾在云门山上留下题刻，此外还有诗人黄庶和黄庭坚父子，以及李清照与丈夫赵明诚曾在此旅居多年。有明一代，青州境内进士八十余名。明嘉靖年间，致仕归乡的"青州八君子"著有《海岱会集》，文集是诗社成员唱和作诗而成，在当时"台阁体"和"前七子"拟古之风盛行之时，不为风气所动，直率娴雅，在明代文学史上占有重要地位。

除了文人汇集外，青州还是一座多教融合、多民族共存的古城。唐朝时期，海上丝绸之路带动了青州商贸的发展，便捷的交通条件吸引了许多穆斯林迁往青州居住。自元开始，更多的穆斯林官宦携家眷来青州定居，从而在东关圩子城形成了稳定的回民聚居区。满洲驻防旗城建成以后，汉、满两族交往密切，并通婚共事。青州城内回、汉、满、蒙多民族杂居并且和睦相处，促进了文化的交融和发展。

三、济南："山水文化"与"名士文化"。

唐代大诗人杜甫曾写下"海内此亭古，济南名士多"的千古名句，可见，济南的名士文化很早便是城市的一大特色。古代文人都有着浓厚的山水情怀，他们寻幽访古、遍览名胜、寄情山水、咏诵诗文。李白、杜甫、曾巩、苏辙、蒲松龄、赵孟頫、王士禛、张养浩、王象春、蒲松龄、刘鹗等皆曾到过济南，或为官旅居，或探古寻幽，留下寄情济南山水的诗篇。山水也激发了本土诗人的创作灵感，孕育出"济南二安"——婉约派词人李清照和豪放派词人辛弃疾，并留下了水仙祠、南丰祠等多处遗迹。

名士文化赋予济南山水环境和园林景观以诗意和生命力，同时也因名士的聚集而对城市景观风貌产生了影响。他们或是建立了独特的泉水文化，如聚集流杯池举行曲水流觞的传统；或是修建园林、寄情山水，如张养浩在济南旧城北郊开辟的云庄别墅；或是在济南为官，整治河湖，改善风貌，如曾巩为知州时对大明湖的整治和建造；或是留下诗篇文字，让城市景观成为历代怀古凭吊之处，如杜甫三登历下亭留下诗联。名士文化源于山水文化，也为山水文化注入了意蕴与情感。

四、淄川：聊斋文化与"鬼谷"兴学。

清康熙年间，淄川文人荟萃。"国初诗人，山左为盛"[20]"著作如林"[21]。淄川文人圈以蒲松龄、高珩、唐梦赉、张笃庆、张元等人为主。高珩著有《栖云阁诗文集》《荒政考略》等多部著作，而唐梦赉著有《志壑堂诗文集》，并参与了《济南府志》《淄川县志》的编纂[22]。《聊斋志异》及相关作品形成了淄川文化中最具代表性和最有特色的部分。对《聊斋志异》的评点是清末民初文坛的一大风气，自文坛名流王世禛开始索阅加墨起，包括狄平子在内的文坛十多位评点家从思想内涵、美学规律和社会现实方面对《聊斋志异》大加评判，深入挖掘了其美学、文学方面的艺术价值，形成了影响深远的聊斋文化。

鬼谷子兴学之处位于黉山。黉山，即梓橦山，位于淄川东北十里。黉山北麓连绵延伸之处有一条沟谷，常年流水不绝，鬼谷洞即在此谷东侧。此处与孝妇河通衢，丛林掩映，地势平缓，环境安静隔绝，非常适合办学兴教。鬼谷子是先秦时期纵横家、兵家之祖，门下有庞涓、孙斌、苏秦等著名纵横家。其中，苏秦、庞涓之墓就在梓橦山附近[23]。

第六节 小结

小清河流域城镇群在不同时期始终呈现多线发展的趋势，并发生三次城镇群发展重心的迁移，其中临淄为海内名都、皇权之城，青州为海内名都、东方巨镇，济南为山东首府、山水之城，地处交通要道的淄川为青齐要冲、商繁文昌。四座核心城邑具有"枕山臂江"的城市选址、"随形就势"的城市营构、"因势利导"的水系梳理、"城景一体"的景观格局和"情景交融"的意境感知特征，形成独特的城市空间结构与景观体系、文化特征与营建智慧。

参考文献：

[1] （战国）《管子·度地篇》.
[2] 杨宽. 中国古代都城制度史研究[M]. 上海：上海人民出版社，2016.
[3] 杨柳. 风水思想与古代山水城市营建研究[D]. 重庆：重庆大学，2005.
[4] （春秋）《管子·乘马》.
[5] 侯仁之. 临淄市主要城镇的起源与发展[M]//历史地理学的理论与实践. 上海：上海人民出版社，1979.
[6] （清）光绪《益都县图志·卷十三·营建志上》.
[7] 吴庆洲. 中国古城的选址与防御洪灾[J]. 自然科学史研究，1991（2）：195-200.
[8] （清）王世桢《归经过鹊华二山间即目》.

[9]　孟庆刚. 青州古城[M]. 北京：新华出版社，2002.

[10]　（北魏）郦道元《水经注·卷二十六》.

[11]　《益都县图志》.

[12]　（清）康熙《黎城县志·凡例》.

[13]　韦力文. 历史文献中关于淄水记载的初步研究[D]. 济南：山东师范大学，2012.

[14]　（清）孙廷铨《颜山杂记》.

[15]　（清）康熙《青州府志·卷十·艺文》.

[16]　（清）孙廷铨《修灵泉庙碑记》.

[17]　（战国）徐干《中论·亡国》.

[18]　（西汉）司马迁《史记·孟子荀卿列传》.

[19]　（西汉）司马迁《史记·田敬仲完世家》.

[20]　（清）赵尔巽. 清史稿·列传·文苑[M]. 北京：中华书局，2012.

[21]　（清）王培荀《乡园忆旧录·卷一·淄川先贤》.

[22]　袁爱国. 淄川文人圈与泰山[J]. 蒲松龄研究，2000：323-329.

[23]　郑铁生.《鬼谷子》谋略思想及学术价值[J]. 福州大学学报（哲学社会科学版），2004（2）：79-85.

结语

　　地域景观的营建经历了一个风景和文化建构的过程，与自然、经济、政治有着复杂的关联，是创造记忆、塑造身份和传承信仰的写照，在长期人地关系的互动中建立了人居营建的基本规则。本书聚焦的小清河流域，北以黄河为天然屏障，西依太行山脉、商山，南靠泰鲁沂山地，拥有广阔的平原腹地，地貌类型多样，河网水系密布，形成了"海岱合围"这一相对独立稳定的地理单元。在不同历史时期分别以济水、大清河和小清河为主干水道，小清河开凿疏浚以后，河水南岸汇入孝妇河、淄水、北阳水等多条支流，沿途串联了麻大泊、会城泊、浒山泊、白云湖等多个内陆湖泊。作为区域重要的泄洪、盐运和灌溉河道，小清河于明清时期开始治理，采用修筑堤坝、裁弯取直的方法，开挖支脉沟、预备河，形成三河并行的格局，保持了小清河的长期安流。密布的河网、丰富的泉源资源、适宜的气候条件和广袤的适宜耕作的土地孕育了较早的聚落与城市文明。在黄河改道、大运河贯通、小清河开凿，以及泰鲁沂山地北麓东西、南北交通大道和铁路开通的影响下，区域发生了临淄—青州—济南的两次中心城市迁移，并沿水陆交通要道形成城镇密集带，兴起了以陆路商埠、内河码头、海港和手工业镇为代表的商贸型市镇。

通观区域中心城市的营建与发展，不难体察古人对人地关系发展的认知、适应与调和。小清河流域复杂的水文环境变迁和政治、经济背景，塑造了不同时期的典型城市形象。作为齐国政治、经济、文化中心的故都临淄城，经历了西周建城、春秋盛世与元代中衰的跌宕历史。齐临淄城尊周循制的空间结构、精密排布的水系格局和多层分明的景观格局，体现出礼治秩序下的城市营建模式。西晋末年，昔日盛极的临淄城在纷飞的战火中日渐颓败，南燕国都广固城的建立取代了临淄中心城市的位置。百年后随着广固城毁于战火，东晋义熙年间所建的东阳城成为齐鲁第一重镇，于康乾盛世达到顶峰，成为三齐重镇。南阳河谷深陷形成绝壁涧谷，为城邑提供防御的天险。青州城池巨丽、寺庙林立、碧水萦绕、古树繁盛，是风景壮美、自然清幽的东方巨镇。相对稳定的政治、经济大环境，造就了青州、济南两大"会府"城市。明洪武九年（1376年），山东政使司由青州向济南移治，结束了青州持续了一千余年的中心地位。明清济南城内外双城并置，南部山峦起伏，群峰环抱；中部舒缓平坦，百泉喷涌；北面"齐烟九点"拱卫，"黄河玉带"环绕。内外贯通的河、湖、渠、泉，配合水门、水闸等水利设施，形成动态调蓄的水网系统，也营造出独特的北国水乡风光。位于鲁中南北交通要道的淄川城，自西汉建城，至今已有两千年历史，具有倚山夹谷的山水格局、般水潆回的水系脉络及环城奇胜的景观格局，更是留下了"聊斋"文化传颂至今。

然而，城市的快速建设使得传统的印记逐渐湮灭。现代科学技术的思维方式过度依赖人工控制，一定程度上激化了人与自然的对立与冲突，带来了城市的生态问题与文化断层。如济南北郊的"鹊华烟雨"意蕴难寻，空留建筑与城市道路包围下的两座山体，景观意象的消失令人惋惜（图12-1）；作为济南的标志性景观大明湖，拥有现代化的城市背景和重新定义的城市天际线，与大明湖贯通的护城河、泉水体系也成为现代化建设中的附属品，隐匿在街旁巷尾，难觅踪迹；临淄城东南的牛山，随着林木砍伐的加剧，山体风貌早

图12-1　如今于千佛山上远眺鹊华二山，
只能望见高楼包围中的华山山顶
[图片来源：作者自摄]

已不复往日"牛山春雨"的胜景，成为无人问津的郊野孤山；淄川的般水规模减小，上游河段几近消失，文人争相传颂的奇绝风光难寻踪迹。景观的"地方性"逐渐削弱，使得传统的地方情感和地方文化式微。古人在长期的人地互动中积累了丰富的土地改造、空间塑造和山水审美等营建智慧，所创造的人居环境随着外部条件变化呈现出不同的适应性特性，是古人与自然和谐共存的体现。回归历史语境挖掘传统地域景观的营建机制，可以为今天解决人工营建与自然环境之间的矛盾、寻求本土化的空间发展路径提供理论参照。

地域景观具有"历时性"与"共时性"的双重内涵，记录了人类活动历史信息与地方知识体系，也呈现出不同物质空间层累叠合的特征。本书基于水利史、营城史、园林史及考古学的研究基础，尝试从区域和城邑两个层级梳理小清河流域传统地域景观的内在建构逻辑。在区域尺度，基于"自然环境—水利建设—农业生产—交通发展—城乡营建"五个方面，逐层剖析小清河流域地域景观的复杂系统。在城邑尺度，分析四座典型城市的历史变迁、城市选址、空间结构、水系梳理和景观格局的特征，并从城市比较视角，从"度地—营城—理水—塑景—成境"五个方面，对比研究不同历史和地理背景下城市地域景观营建的基本逻辑和影响城市发展的因素。

这有助于突破单体城市研究的局限，更好地认知城市发展的共性与个性，从而深入揭示城市发展的深层规律。

对于传统地域景观，需要立足于整体性和典型性进行全面保护，并形成系统的保护机制。不仅要保护自然山水要素，更需要修补山—水—城的关系，重建城市内外的自然系统。城市空间肌理、水网格局、城市天际线和景观视廊等都是城市地域景观特色的重要体现，在如今的开发建设中尤其需要关注。要保护城市与山水的眺望体系，维护城市空间格局，避免盲目的旅游开发与文化嫁接。先人在应对自然灾害、创建水工设施、营建城市、创造景观等方面的宝贵经验与生态智慧，仍然值得如今的人们学习并传承转译。同时，需要修复人与土地的关系，重建本土文化体验中的归属感和认同感。地方性的复现与重构，能够很好地激活人们的情感认知，从而更好地维护地域文化的原真性与完整性。

漫漫历史长河中，人地关系一直呈现复杂、动态和系统的变化，塑造了具有地域分异和区域适应性的景观。回归历史的地域景观研究，能够追溯景观演变的过程，揭示景观的地方性，是衔续地方情感认知、挖掘时代精神和传承文化价值的重要途径。

后记

　　国土景观是一个国家领土范围不同区域的景观的综合，反映了
这个国家不同地区的人民适应自然、改造自然的历史，以及与自然
长期依存的关系。二十多年来，我们团队持续地进行区域景观相关
的研究和规划设计实践，希望通过深入探讨不同区域的景观的形成、
演变、特征及风景文化，揭示中国国土景观的类型、成因及其蕴含
的环境营建思想，并希望随着研究的不断深入及范围的不断拓展，
最终形成对中国国土景观的整体性认知。

　　本书是"中国国土景观研究书系"之一。山东所处的东方文化
区是中国史前文化大区之一，是中国古代文明的主要源头之一。小
清河流域北依黄河、南靠泰鲁沂山地，地貌类型多样、河网密布、
土壤肥沃，拥有广阔的平原腹地，形成了"海岱合围"这一相对独
立的地理环境，是山东文化发源的核心地带。历史时期区域水系变
迁频繁，分别形成了济水、黄河、大清河和小清河的水系主干，水
患治理和运河开凿是影响区域经济发展和人居营建的核心驱动力。
在长期的人地关系发展过程中，先人通过动态调蓄的水利营建保障
安全、提供水源，通过因地制宜的农业生产开垦田地、栽培作物，
借助横纵交织的交通体系发展贸易、振兴城镇，形成了"山—河—

海"之间独特的地域景观。小清河流域的相关历史资料较为分散，
当代也鲜有对该地区历史地理、水利、农业和城镇的整体性梳理。
本书在国土景观研究的大框架下，从区域尺度和4座典型城邑尺度，
由宏观至微观探究了山东小清河流域的传统地域景观特征与营建智
慧，探讨了自然、人文、社会、交通等因素对空间营建的影响；依
托历时性的地域格局变迁与风貌演化及共时性的城市比较研究，阐
释了传统地域景观的内在建构逻辑与层累特征。希望本书能够为该
地区城乡建设借鉴传统人居经验与营建智慧、保护地域景观、延续
历史文脉和重建文化认同提供理论参照。

感谢北京林业大学郭巍教授对这本书的建议与审阅，感谢中国
建筑工业出版社杜洁主任、李玲洁编辑的帮助和建设性意见，感谢
帮助过我们的所有同事和学生。

作者简介

王越，山东人，1991年生，山东建筑大学建筑城规学院学术副院长、副教授、硕士生导师，北京林业大学风景园林学博士，中国风景园林学会国土景观专业委员会青年委员、女风景园林师分会委员。主持教育部人文社会科学基金、山东省高等学校"青创团队计划"、山东省自然科学基金、山东省本科教学改革研究重点项目等科研教学课题8项。迄今在《中国园林》《风景园林》《城市发展研究》等核心刊物发表论文10余篇。获山东省青年教师教学比赛二等奖、山东省普通高等学校教学创新大赛三等奖。

林箐，浙江人，1971年生，北京林业大学园林学院教授、博士生导师。中国风景园林学会国土景观专业委员会副主任委员，中国风景园林学会理论与历史专业委员会副主任委员，中国建筑学会园林景观分会理事，中国勘察设计协会园林景观分会理事，《风景园林》杂志编委，北京多义景观规划设计事务所主持设计师。获第14届中国青年科技奖，作品获美国ASLA奖、IFLA APR设计奖、英国LI景观奖以及中国风景园林学会规划设计奖等多项专业奖项。

王向荣，甘肃人，1963年生，北京林业大学园林学院教授、博士生导师。第四、五届中国风景园林学会副理事长，中国科协特聘风景园林规划与设计学首席科学传播专家，中国风景园林学会国土景观专业委员会主任委员、中国建筑学会园林景观分会副主任委员，第五届中国城市规划学会常务理事，住房和城乡建设部科技委园林绿化专业委员会委员，自然资源部高层次科技创新人才工程国土景观创新团队首席专家，国家林业和草原局风景园林工程技术研究中心主任，中国城镇化促进会城镇建设发展专业委员会专家委员，《中国园林》主编，《风景园林》创刊主编，北京多义景观规划设计事务所主持设计师。